高职高专"十二五"规划教材

★ 农林牧渔系列

宠物行为与驯导

XINGWEI YU XUNDAO

CHONGWU

高利华　林长水　主编

化学工业出版社

·北京·

内 容 简 介

本书以培养学生技能为主线,在简要阐明动物行为基本理论的基础上,重点讲授了宠物驯导技术和方法。全书以常见的宠物品种为例重点讲述了宠物驯导前的场地与器具准备、宠物品种准备、犬的驯导和调教、猫的驯导、鸟的驯导方法等知识。力求内容规范严谨、技术简明易懂。各章后根据教学需求设计有启发性复习思考题,并设有14个技能训练项目供学生操作练习。

本书适合作为高职高专宠物类相关专业师生的教材,同时也可供宠物行业培训人员、宠物管理和宠物训练人员及广大宠物爱好者参考。

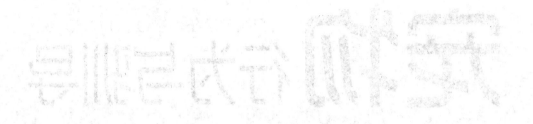

图书在版编目(CIP)数据

宠物行为与驯导/高利华,林长水主编. —北京:化学工业出版社,2011.8(2024.9重印)
高职高专"十二五"规划教材★农林牧渔系列
ISBN 978-7-122-12029-8

Ⅰ.宠… Ⅱ.①高…②林… Ⅲ.观赏动物-驯养-高等职业教育-教材 Ⅳ.S815

中国版本图书馆 CIP 数据核字(2011)第 154283 号

责任编辑:梁静丽 李植峰	文字编辑:焦欣渝
责任校对:宋 玮	装帧设计:史利平

出版发行:化学工业出版社(北京市东城区青年湖南街 13 号 邮政编码 100011)
印　　装:大厂聚鑫印刷有限责任公司
787mm×1092mm 1/16 印张 13¼ 字数 304 千字 2024 年 9 月北京第 1 版第 14 次印刷

购书咨询:010-64518888　　　　　　　　售后服务:010-64518899
网　　址:http://www.cip.com.cn
凡购买本书,如有缺损质量问题,本社销售中心负责调换。

定　价:42.00元　　　　　　　　　　　　　　　版权所有　违者必究

《宠物行为与驯导》编写人员名单

主　　编　高利华　林长水

副 主 编　任建存　宋予震　刘国芳

编　　者　（按姓名汉语拼音排列）

　　　　　　高金英　黑龙江生物科技职业学院

　　　　　　高利华　江苏农林职业技术学院

　　　　　　韩　周　辽宁农业职业技术学院

　　　　　　赖晓云　无锡派特宠物医院

　　　　　　林长水　黑龙江生物科技职业学院

　　　　　　刘国芳　江苏农林职业技术学院

　　　　　　任建存　杨凌职业技术学院

　　　　　　宋予震　郑州牧业工程高等专科学校

　　　　　　谭胜国　湖南生物机电职业技术学院

　　　　　　王彩丽　黑龙江科技职业学院

　　　　　　王　韫　保定职业技术学院

　　　　　　吴玉臣　郑州牧业工程高等专科学校

　　　　　　张伟东　南京艾贝尔宠物医院

高职高专规划教材★农林牧渔系列
建设委员会成员名单

主 任 委 员　介晓磊
副主任委员　温景文　陈明达　林洪金　江世宏　荆　宇　张晓根
　　　　　　窦铁生　何华西　田应华　吴　健　马继权　张震云
委　　　员　（按姓名汉语拼音排列）

边静玮	陈桂银	陈宏智	陈明达	陈　涛	邓灶福	窦铁生	甘勇辉	高　婕	耿明杰
宫麟丰	谷凤柱	郭桂义	郭永胜	郭振升	郭正富	何华西	胡克伟	胡孔峰	胡天正
黄绿荷	江世宏	姜文联	姜小文	蒋艾青	介晓磊	金伊洙	荆　宇	李　纯	李光武
李彦军	梁学勇	梁运霞	林伯全	林洪金	刘　莉	刘俊栋	刘　蕊	刘淑春	刘万平
刘晓娜	刘新社	刘奕清	刘　政	卢　颖	马继权	倪海星	欧阳清芳	欧阳素贞
潘开宇	潘自舒	彭　宏	彭小燕	邱运亮	任　平	商世能	史延平	苏允平	陶正平
田应华	王存兴	王　宏	王秋梅	王水琦	王秀娟	王燕丽	温景文	吴昌标	吴　健
吴郁魂	吴云辉	武模戈	肖卫苹	解相林	谢利娟	谢拥军	邢　军	徐苏凌	徐作仁
许开录	闫慎飞	颜世发	燕智文	杨玉珍	尹秀玲	于文越	张德炎	张海松	张晓根
张玉廷	张震云	张志轩	赵晨霞	赵　华	赵先明	赵勇军	郑继昌	周晓舟	朱学文

高职高专规划教材★农林牧渔系列
编审委员会成员名单

主 任 委 员　蒋锦标
副主任委员　杨宝进　张慎举　黄　瑞　杨廷桂　刘　莉　胡虹文
　　　　　　张守润　宋连喜　薛瑞辰　王德芝　王学民　张桂臣
委　　　员　（按姓名汉语拼音排列）

艾国良	白彩霞	白迎春	白永莉	白远国	柏玉平	毕玉霞	边传周	卜春华	曹　晶
曹宗波	陈传印	陈杭芳	陈金雄	陈　璟	陈盛彬	陈现臣	程　冉	褚秀玲	崔爱萍
丁玉玲	董义超	董曾施	杜护华	段鹏慧	范洲衡	方希修	付美云	高　凯	高　梅
高志花	弓建国	顾成柏	顾洪娟	关小变	韩建强	韩　强	何海健	何英俊	胡凤新
胡虹文	胡　辉	胡石柳	黄　瑞	黄修奇	吉　梅	纪守学	纪　瑛	蒋锦标	鞠志新
来景辉	李碧全	李　刚	李继连	李　军	李雷斌	李林春	梁本国	梁称福	梁俊荣
林　纬	林仲桂	刘方玉	刘革利	刘广文	刘丽云	刘　莉	刘振湘	刘贤忠	刘晓欣
刘振华	刘宗亮	柳遵新	龙冰雁	罗　玲	潘　琦	潘一展	邱深本	任国栋	阮国荣
申庆全	石冬梅	史兴山	史雅静	宋连喜	孙克威	孙维平	孙雄华	孙志浩	唐建勋
唐晓玲	田　伟	田伟政	田文儒	汪玉琳	王爱华	王朝霞	王大来	王道国	王德芝
王　健	王立军	王孟宇	王双山	王铁岗	王彤光	王文焕	王新军	王　星	王学民
王艳立	王云惠	王中华	吴俊琢	吴琼峰	吴占福	吴中军	肖尚修	熊运海	徐公义
徐占云	许美解	薛瑞辰	羊建平	杨宝进	杨平科	杨廷桂	杨卫韵	杨学敏	杨　志
杨治国	姚志刚	易　诚	易新军	于承鹤	于显威	袁亚芳	曾饶琼	曾元根	战忠玲
张春华	张桂臣	张怀珠	张　玲	张庆霞	张慎举	张守润	张堂田	张响英	张　欣
张新明	张艳红	张祖荣	赵希彦	赵秀娟	郑翠芝	周显忠	朱金凤	朱雅心	卓开荣

高职高专规划教材★农林牧渔系列
建设单位
（按汉语拼音排列）

安阳工学院	黑龙江农业工程职业学院	濮阳职业技术学院
保定职业技术学院	黑龙江农业经济职业学院	青岛农业大学
北京城市学院	黑龙江农业职业技术学院	青海畜牧兽医职业技术学院
北京林业大学	黑龙江生物科技职业学院	曲靖职业技术学院
北京农业职业学院	呼和浩特职业学院	日照职业技术学院
长治学院	湖北三峡职业技术学院	三门峡职业技术学院
长治职业技术学院	湖北生物科技职业学院	山东科技职业学院
常德职业技术学院	湖南环境生物职业技术学院	山东省贸易职工大学
成都农业科技职业学院	湖南生物机电职业技术学院	山东省农业管理干部学院
成都市农林科学院园艺研究所	怀化职业技术学院	山西林业职业技术学院
	吉林农业科技学院	商洛学院
重庆三峡职业学院	集宁师范高等专科学校	商丘职业技术学院
重庆文理学院	济宁市高新技术开发区农业局	上海农林职业技术学院
德州职业技术学院	济宁市教育局	深圳职业技术学院
福建农业职业技术学院	济宁职业技术学院	沈阳农业大学
抚顺师范高等专科学校	嘉兴职业技术学院	沈阳农业大学高等职业技术学院
甘肃农业职业技术学院	江苏联合职业技术学院	
广东科贸职业学院	江苏农林职业技术学院	苏州农业职业技术学院
广东农工商职业技术学院	江苏畜牧兽医职业技术学院	宿州职业技术学院
广西百色市水产畜牧兽医局	江西生物科技职业学院	乌兰察布职业学院
广西大学	金华职业技术学院	温州科技职业学院
广西职业技术学院	晋中职业技术学院	厦门海洋职业技术学院
广州城市职业学院	荆楚理工学院	咸宁学院
海南大学应用科技学院	荆州职业技术学院	咸宁职业技术学院
海南师范大学	景德镇高等专科学校	信阳农业高等专科学校
海南职业技术学院	昆明市农业学校	杨凌职业技术学院
杭州万向职业技术学院	丽水学院	宜宾职业技术学院
河北北方学院	丽水职业技术学院	永州职业技术学院
河北工程大学	辽东学院	玉溪农业职业技术学院
河北交通职业技术学院	辽宁科技学院	岳阳职业技术学院
河北科技师范学院	辽宁农业职业技术学院	云南农业职业技术学院
河北省现代农业高等职业技术学院	辽宁医学院高等职业技术学院	云南省曲靖农业学校
	辽宁职业学院	云南省思茅农业学校
河南科技大学林业职业学院	聊城大学	张家口教育学院
河南农业大学	聊城职业技术学院	漳州职业技术学院
河南农业职业学院	眉山职业技术学院	郑州牧业工程高等专科学校
河西学院	南充职业技术学院	郑州师范高等专科学校
黑龙江科技职业学院	盘锦职业技术学院	中国农业大学烟台研究院
黑龙江民族职业学院		

序

当今,我国高等职业教育作为高等教育的一个类型,已经进入到以加强内涵建设,全面提高人才培养质量为主旋律的发展新阶段。各高职高专院校针对区域经济社会的发展与行业进步,积极开展新一轮的教育教学改革。以服务为宗旨,以就业为导向,在人才培养质量工程建设的各个侧面加大投入,不断改革、创新和实践。尤其是在课程体系与教学内容改革上,许多学校都非常关注利用校内、校外两种资源,积极推动校企合作与工学结合,如邀请行业企业参与制定培养方案,按职业要求设置课程体系;校企合作共同开发课程;根据工作过程设计课程内容和改革教学方式;教学过程突出实践性,加大生产性实训比例等,这些工作主动适应了新形势下高素质技能型人才培养的需要,是落实科学发展观,努力办人民满意的高等职业教育的主要举措。教材建设是课程建设的重要内容,也是教学改革的重要物化成果。教育部《关于全面提高高等职业教育教学质量的若干意见》(教高[2006]16号)指出"课程建设与改革是提高教学质量的核心,也是教学改革的重点和难点",明确要求要"加强教材建设,重点建设好3000种左右国家规划教材,与行业企业共同开发紧密结合生产实际的实训教材,并确保优质教材进课堂。"目前,在农林牧渔类高职院校中,教材建设还存在一些问题,如行业变革较大与课程内容老化的矛盾、能力本位教育与学科型教材供应的矛盾、教学改革加快推进与教材建设严重滞后的矛盾、教材需求多样化与教材供应形式单一的矛盾等。随着经济发展、科技进步和行业对人才培养要求的不断提高,组织编写一批真正遵循职业教育规律和行业生产经营规律、适应职业岗位群的职业能力要求和高素质技能型人才培养的要求、具有创新性和普适性的教材将具有十分重要的意义。

化学工业出版社为中央级综合科技出版社,是国家规划教材的重要出版基地,为我国高等教育的发展做出了积极贡献,曾被新闻出版总署领导评价为"导向正确、管理规范、特色鲜明、效益良好的模范出版社",2008年荣获首届中国出版政府奖——先进出版单位奖。近年来,化学工业出版社密切关注我国农林牧渔类职业教育的改革和发展,积极开拓教材的出版工作,2007年年底,在原"教育部高等学校高职高专农林牧渔类专业教学指导委员会"有关专家的指导下,化学工业出版社邀请了全国100余所开设农林牧渔类专业的高职高专院校的骨干教师，共同研讨高等职业教育新阶段教学改革中相关专业教材的建设工作，并邀请相关行业企业作为教材建设单位参与建设，共同开发教材。为做好系列教材的组织建设与指导服务工作，化学工业出版社聘请有关专家组建了"高职高专规划教材★农林牧渔系列建设委员会"和"高职高专规划教材★农林牧渔系列编审委员会"，拟在"十一五"、"十二五"期间组织相关院校的一线教师和相关企业的技术人员，在深入调研、整体规划的基础上，编写出版一套适应农林牧渔类相关专业教育的基础课、专业课及相关外延课程教材。专业涉及种植、园林园艺、畜牧、兽医、水产、宠物等。

该套教材的建设贯彻了以职业岗位能力培养为中心，以素质教育、创新教育为基础的教育理念，理论知识"必需"、"够用"和"管用"，以常规技术为基础，关键技术为重点，先进技术为导向。此套教材汇集众多农林牧渔类高职高专院校教师的教学经验和教改成果，又得到了相关行业企业专家的指导和积极参与，相信它的出版不仅能较好地满足高职高专农林牧渔类专业的教学需求，而且对促进高职高专专业建设、课程建设与改革、提高教学质量也将起到积极的推动作用。希望有关教师和行业企业技术人员，积极关注并参与教材建设。毕竟，为高职高专农林牧渔类专业教育教学服务，共同开发、建设出一套优质教材是我们共同的责任和义务。

介晓磊

前言

随着我国宠物行业的发展，基础知识扎实、实践动手能力强的高职高专宠物保健类学生供不应求。宠物行为与驯导是宠物医学、宠物护理与美容及宠物养护与疫病防治等专业的主干课程，对于学生专业技能的培养具有重要的意义。

本教材本着"以岗位为目标，以就业为方向"的原则，以能力为本位，突出新颖性、实用性和适用性。

1. 新颖性：根据宠物驯导行业的特点，注重吸纳宠物行为研究的新成果、新知识，与宠物驯导的新方法和新素材；

2. 实用性：依据宠物驯导的目的，选择实用的宠物行为基础内容，并讲述具体的行为调教、纠正方法，贴近行业实际，便于学生掌握；

3. 适用性：根据课程培养目标，本教材在每章后面都附有复习思考题，以利于学生掌握知识和自测，提高学生分析问题、解决问题的能力，力求对学生就业、从业提供指导意义。

本教材的编写人员来自全国高职高专宠物类专业的骨干教师和多名宠物医院具有丰富临床经验的宠物医师。各位编者根据自己的特长，进行了精心的编写工作，主编高利华负责全书的统稿和定稿工作。

本教材的编写得到了全国兄弟院校、南京艾贝尔宠物医院、无锡派特宠物医院等知名宠物医院的大力支持，在此一并表示感谢！由于本教材涉及学科面广、时间仓促，加之编者的知识水平和临床经验有限，不足之处，诚恳广大读者和同行批评指正。

编　者

2011 年 7 月

目录

第一章 常见宠物简介 …… 1

第一节 宠物犬 …… 1
一、宠物犬简介 …… 1
二、宠物犬常见品种 …… 2

第二节 宠物猫 …… 6
一、宠物猫简介 …… 6
二、宠物猫常见品种 …… 7

第三节 观赏鸟 …… 12
一、观赏鸟简介 …… 12
二、宠物鸟常见品种 …… 12

第四节 其它常见宠物 …… 16
一、观赏鱼 …… 16
二、宠物龟 …… 18
三、宠物兔 …… 18
复习思考 …… 19

第二章 宠物的生物学特性 …… 20

第一节 犬的生物学特性 …… 20
一、犬的解剖生理特点 …… 20
二、犬认识世界的途径 …… 26

第二节 猫的生物学特性 …… 29
一、猫的解剖生理特点 …… 29
二、猫认知世界的途径 …… 32

第三节 宠物鸟的生物学特性 …… 35
一、鸟的解剖生理特点 …… 35
二、鸟类的繁殖特性 …… 37
复习思考 …… 39

第三章 宠物的行为 …… 40

第一节 犬的行为 …… 40
一、犬的心理行为 …… 40
二、犬的行为表达 …… 44
三、犬的本能行为 …… 51
四、犬的社交行为 …… 55

第二节 猫的行为 …… 58
一、猫的行为表达 …… 58
二、猫的本能行为 …… 65
三、猫的异常行为 …… 68

第三节 观赏鸟的行为 …… 70
一、定向和导航行为 …… 70
二、领域行为 …… 71
三、繁殖行为 …… 72
四、利他行为 …… 74
五、语言行为 …… 75
六、本能与学习行为 …… 76
复习思考 …… 76

第四章 宠物驯导的基本原理——反射活动 …… 77

第一节 宠物行为与机体反射 …… 77
一、反射简介 …… 77
二、反射弧通路 …… 78
三、行为发生的过程 …… 79

第二节 宠物行为发生的生理和物质基础 …… 79
一、躯体感觉 …… 79

二、内脏感觉 …………………… 82
　三、神经中枢 …………………… 82
　四、神经系统与激素 …………… 83
　五、神经的兴奋和抑制 ………… 83
第三节　非条件反射和条件反射 … 84
　一、反射与动机的形成 ………… 84
　二、动物的本能行为——
　　　非条件反射 ………………… 85
　三、动物的学习行为——
　　　条件反射 …………………… 89
复习思考 …………………………… 94

第五章　宠物驯导前的准备 …… 95

第一节　驯导场地与器具的准备 … 95
　一、驯导场地的准备 …………… 95
　二、驯导器具的准备 …………… 96
　三、驯导人员的准备 …………… 98
第二节　犬的准备 ………………… 99
　一、犬的基本神经类型 ………… 99
　二、犬的选择原则 ……………… 100
　三、犬的选择方法 ……………… 101
第三节　猫的准备 ………………… 103
　一、猫的选择原则 ……………… 103
　二、猫的选择 …………………… 105
第四节　观赏鸟的准备 …………… 106
　一、观赏鸟的分类 ……………… 106
　二、观赏鸟的选择原则 ………… 108
　三、观赏鸟的选择 ……………… 109
复习思考 …………………………… 115

第六章　犬的驯导与调教 ……… 116

第一节　幼犬的训练与调教 ……… 116
　一、犬的反射活动 ……………… 117
　二、驯导员的素养 ……………… 117
　三、基本的驯犬方法 …………… 119
　四、幼犬的基本训练科目 ……… 120
　五、幼犬不良行为的纠正 ……… 124

第二节　成年犬的驯养 …………… 126
　一、成年犬基础科目训练 ……… 126
　二、犬的玩赏科目训练 ………… 132
　三、成年犬不良行为的纠正 …… 133
复习思考 …………………………… 134

第七章　猫的驯导 ……………… 135

第一节　猫驯导的基础 …………… 135
　一、猫的反射活动 ……………… 135
　二、驯猫的基本方法 …………… 136
　三、训练时应注意的几个问题 … 137
第二节　猫的常见科目训练 ……… 138
　一、如何训练猫不上床 ………… 138
　二、如何训练猫到固定地点
　　　便溺 ………………………… 138
　三、对猫进行"来"的训练 …… 139
　四、对猫进行打滚训练 ………… 139
　五、对猫进行"跳环"训练 …… 139
　六、磨爪的训练 ………………… 140
　七、纠正猫的夜游性 …………… 141
　八、训练猫不吃死鼠 …………… 141
　九、纠正异食癖 ………………… 141
　十、衔物训练 …………………… 141
　十一、躺下、站立的训练 ……… 142
　十二、散步训练 ………………… 142
　十三、"再见"的训练 ………… 143
　十四、"建立友情"的训练 …… 143
第三节　猫异常行为的纠正 ……… 143
　一、训练猫与其它小动物
　　　和平相处 …………………… 143
　二、异常母性行为的纠正 ……… 144
　三、异常攻击行为的纠正 ……… 144
　四、异常性行为的纠正 ………… 145
　五、异常捕食行为的纠正 ……… 146
　六、对主人攻击行为的纠正 …… 146
　七、逃走行为的纠正 …………… 146
复习思考 …………………………… 146

第八章　观赏鸟的驯导 ……… 147

第一节　观赏鸟的基础训练……… 147
一、驯鸟的基本要求……… 147
二、驯鸟的主要手段……… 148
三、驯鸟的基础科目训练……… 150

第二节　观赏鸟的鸣唱与说话训练……… 155
一、简介……… 155
二、观赏鸟不鸣叫的原因……… 156
三、训练鸟说话……… 156
四、几种观赏鸟的鸣唱与说话训练……… 157

第三节　观赏鸟的放归训练……… 163
一、八哥的放飞训练……… 163
二、鸽子的竞翔技艺训练……… 164

复习思考……… 174

技能训练指导 ……… 175

实训一　健康犬、猫的选择……… 175
实训二　犬亲和关系的训练……… 176
实训三　犬良好饮食和排泄的训练……… 178
实训四　犬坐下、站立科目的训练……… 180
实训五　犬卧下、躺下科目的训练……… 183
实训六　犬吠叫、安静科目的训练……… 185
实训七　犬前来、延缓科目的训练……… 186
实训八　犬随行、游散科目的训练……… 189
实训九　犬拒食科目的训练……… 191
实训十　犬衔取科目的训练……… 193
实训十一　猫来、打滚和散步科目的训练……… 195
实训十二　猫使用便盆科目的训练……… 196
实训十三　猫使用抓挠柱科目的训练……… 197
实训十四　猫跳环和衔物科目的训练……… 198

参考文献 ……… 200

第一章 常见宠物简介

知识目标：掌握各种常见宠物的形态特征，熟悉其生活习性，了解其发展史。
能力目标：能够熟练识别常见宠物犬、宠物猫、宠物鸟的类别。

第一节 宠 物 犬

一、宠物犬简介

1. 宠物犬的历史

世界上犬的品种有 1400 余种，其中经过系统定类的有 500 多种，而现存的犬有 450 种左右（世界名犬里收录的大约有 240 多种）。在众多宠物犬的品种里，有 100 种以上的名犬为人们所喜欢。犬的祖先是狼，人类大约从 10 万年前就开始养犬了，并有选择性地将不同种类的犬用做不同的用途。比如将身材"娇小"的犬用来猎狐或猎兔；用身材高大的犬看护畜群，甚至协助士兵作战等。

人类社会进入近代以后，狩猎不再是人类的生存方式而是一种爱好，并越来越被认为是不符合现代文明、甚至不合法的活动，原来用以狩猎的许多犬种，已变成宠物犬。

畜牧业也广泛采用封闭式的圈养方式，原先畜牧业的天敌因濒临灭绝而成为保护动物（如狮、虎甚至野狼），牧羊犬也逐步失去原有的作用而成为宠物犬；原先用来看家护院的警卫犬，也逐步被现代的安防措施所替代。

2. 宠物犬的分类

大体上来说，除了一些特定领域外，如军犬、警犬、导盲犬等，其它大部分功能性的工作犬，基本上已经"失业"而变成宠物犬。但从宠物犬的分类来说，仍然沿袭了原来的用途。

由于宠物犬的品种较多，形态血统十分复杂，而在用途上也可兼用，所以目前尚无一种完善的分类方法。所以，宠物犬的准确分类有一定的难度，从不同的标准出发，宠物犬通常有以下几种分类：

（1）根据用途不同可分为家犬、牧羊犬和猎犬三大类。

(2) 根据不同的功能可分工作犬、家犬兼工作犬、狩猎犬、运动犬及玩赏犬等。

(3) 根据体型大小可分为小型犬（体重不足 12.7kg）、中型犬（体重 12.7～20.5kg）、大型犬（体重超过 20.5kg）三类。本书将以此分类，讲述相关内容。

二、宠物犬常见品种

1. 小型犬

(1) 贵宾犬（迷你贵宾、玩具贵宾） 贵宾犬（Poodle），德语名字 Pudel，意为溅起水花；法语名字 Caniche，意为鸭子犬。标准型、迷你型、玩具型和巨型的贵宾犬各项指标的标准都是一样的（除了高度）。其中迷你贵宾和玩具贵宾属于小型犬，标准型和巨型贵宾属于中型犬。

贵宾犬是一种擅长游泳的拾猎犬，亦能作为护卫犬、牧羊犬和狩猎犬。这种贵宾犬在水中工作时，为减小阻力，人们便为它剪掉部分毛发，这种"工作造型"就成了贵宾犬美容的依据。

贵宾犬是很活跃、机警而且行动优雅的犬种，性情温顺，极易近人，是一种忠实的犬种。贵宾犬拥有很好的身体比例和矫健的动作，显示出一种自信的姿态。经过传统方式修剪和仔细梳理后，贵宾犬会显示出与生俱来的独特而又高贵的气质。

(2) 博美犬 博美犬（Pomeranian）属于德国狐狸犬，属尖嘴犬系品种，祖先为北极的雪橇犬。

博美犬是一种紧凑、短背、活跃的犬种。它具有警惕的性格、聪明的表情、轻快的举止和好奇的天性。博美犬的步态骄傲、庄重而且活泼。它的气质和行动都是健康的。这种犬不胆小也不好斗，极易驯养，不信任生人。虽属于小型犬种，但遇到突发状况会展现勇敢、凶悍的一面。

(3) 腊肠犬 腊肠犬（Dachshund）是一种短腿、长身的犬种。其名源于德国，原义"獾狗"。此品种被发展为追踪及捕杀獾类及其它穴居动物的品种。根据体型分，腊肠犬有三种类型，即标准型、迷你型、兔型。

腊肠犬身躯长，靠近地面，腿短，但行动灵活而有弹性，也不显得艰难。腊肠犬精力充沛且肌肉发达，皮肤有弹性且柔韧，没有皱纹。头部自信地昂起，面部表情聪明、警惕。在捕猎时，依靠它的鼻子、大嗓门及与众不同的身体结构，使它适合在地下或灌木丛中工作。它敏锐的嗅觉使它能远远超越其它品种。由于它是一种猎犬，疤痕是光荣的象征，不属于缺陷。

腊肠犬性格相当活泼、开朗、勇敢、谨慎且自信。在户外，腊肠犬勇敢、精力充沛和不知疲倦；在室内，它慈爱而敏感，安静时友善，玩时需要欢闹，对陌生人比较警惕。依据腊肠犬的被毛特点，可分为短毛、刚毛和长毛三种类型，有单色、双色和斑纹色三种颜色特征。

(4) 吉娃娃犬 吉娃娃（Chihuahua）也译作芝娃娃、奇娃娃、齐花花，属小型犬种里的最小型（体重通常不超过 2.7kg），优雅、警惕、动作迅速，以匀称的体格和娇小的体型广受人们的喜爱。

吉娃娃犬分为长毛种和短毛种两种，这种犬身体紧凑。很重要的一点是其头骨为苹果形，尾巴长度适当且高高举起，不卷曲也不成半圆形，尾尖指向腰部。重要比例：从肩点到臀端的长度略微长于马肩隆的高度（即身长略长于身高）。身体最好近似正方形。在雄犬中，拥有较短躯干是最理想的；雌性由于其生育特点，其体长可以更长一些。

吉娃娃犬不仅是可爱的小型玩具犬，同时也具备大型犬的狩猎与防范本能，具有类似猩类犬的气质。这种犬体型娇小，对其它犬不胆怯，十分勇敢，能在大犬面前自卫，对主人极有独占心。

（5）蝴蝶犬　蝴蝶犬英文名 Papillon，法语为蝴蝶之意，又称蝶耳犬和巴比伦犬。体高 20～28cm，体重 3～5kg。原产于法国。起源于 16 世纪，是欧洲最古老的品种之一。1935 年正式获得纯正血统的认定。

蝴蝶犬是一种小巧、优雅的玩具犬，骨骼纤细，动作轻巧、优美，与其它品种最大的区别在于其状似蝴蝶的耳朵。

蝴蝶犬极容易亲近，聪颖、活泼、警惕、友好。体格比外表看起来强壮，喜欢户外运动。对主人极具独占心，对第三者会起妒忌之心。蝴蝶犬极爱玩耍嬉戏，最好能饲养两只，以让其有同伴一起戏耍，减轻主人的负担。这种外观高贵的玩赏犬虽有弱不禁风的模样，但实际上它适应气候及各种环境的能力相当强，因此极适合陪伴主人至各地旅行。

（6）北京犬　北京犬（京巴狗）属东方犬种，体型小，粗短但非常匀称，外形高贵、有品质。北京犬距今已有 4000 年的历史，护门神"麒麟"就是它的化身。这种珍奇的小型犬，被中国宫廷里的人当作"袖犬"放在宽大的袖口里面行走。

北京犬是一种平衡良好、结构紧凑的犬种，前躯重而后躯轻。由于其形状似狮子，又名狮子犬。北京犬聪慧、机灵、勇敢、倔强，性情温顺可爱，有个性，表现欲强。它代表的勇气、大胆、自尊更胜于漂亮、优雅或精致。对主人极有感情，对陌生人则表现猜疑和警惕。

2. 中型犬

（1）松狮犬　英文 Chow Chow，常简称为 Chow。松狮犬是原产于中国西藏的古老犬种，至少已经有 2000 年的历史。汉朝有些文物中也可见到。19 世纪末在英国出现并加以改良。松狮犬体格强健，身体呈方形，肌肉发达，骨骼粗壮，结合紧密，适合寒冷地区。活跃、身材紧凑、短小，尾巴高举在背上，有和谐、高傲、威严的狮子样的外表，故名松狮犬。

松狮犬十分文静，性格高雅，从不搞破坏。它们是最容易学会如厕的犬种。但松狮犬的性格独特，它们像猫一样非常自我、独立、固执。它们不太喜欢被人逗着玩。松狮犬性格聪明但不容易教，因为它们本性不是取悦主人，它们自我为中心的性格不能用一般的驯犬手法。它们不会因受体罚而妥协，更加不会做自己不想做的事情。它们的喜恶随着自己的情绪，不理会别人或其它动物，是一种极其傲慢和有性格的犬种。它们往往会被误为一种十分野性及有攻击性的动物。事实上，它们十分具有领地意识，不喜欢陌生人，只要在它的地域上，它会保卫所有的东西，也会对陌生人表现出十分不友善，所以松狮犬需要一个坚强而又固执的主人。

（2）哈士奇犬　几个世纪以来，哈士奇（西伯利亚雪橇犬）一直生长在西伯利亚地区。20 世纪初，被毛皮商人带至美国，一转眼，哈士奇犬便成为举世闻名的拉雪橇竞赛之冠军犬。西伯利亚哈士奇属于中型工作犬，脚步轻快，动作优美。身体紧凑，有着很厚的被毛，耳朵直立，尾巴像刷子，显示出北方地区的遗传特征。其步态特征为平稳、轻松。雄性西伯利亚哈士奇具刚性但不粗糙；雌性则具柔性但体格不显虚弱。在正确的条件下，其肌肉结实且发育良好，不会超重。哈士奇的重要比例：侧面看，其自肩顶到臀后顶的长度略长于自地面到马肩隆顶部的高度。哈士奇犬自鼻尖到趾部的距离等于自趾部到枕骨的距离。

哈士奇犬的典型性格为友好，温柔，警觉并喜欢交往。哈士奇犬不会呈现出护卫犬强烈的领地占有欲，不会对陌生人产生过多的怀疑，也不会攻击其它犬类。成年哈士奇犬应该具备一定程度的谨慎和威严。哈士奇聪明、温顺、热情，是合适的伴侣和忠诚的工作者。

(3) 可卡犬 可卡犬分英卡和美卡，原产地分别是英国和美国，又称猎鹬犬。19世纪以后逐步进入家庭，并发展成为以展示为目的的犬种。目前人们熟知的品种是19世纪固定下来的品种。

英国可卡犬是一种活泼、欢快、健壮的运动犬，马肩隆为身躯最高点，结构紧凑，平衡能力强，表现出很强的工作欲望。性格活泼，步态强有力，且没有阻力；有能力轻松地完成搜索任务，用尖锐的叫声惊飞鸟类，并执行寻回任务，它非常热衷于在野外工作。

英国可卡犬性格平静，既不慢吞吞的，也不过度亢奋，天性善良、甜美温和，服从性高，极富感情，精力旺盛，动作敏捷、机警、聪慧，乐观活泼。

美国可卡犬性情温和，感情丰富，行事谨慎；性格开朗，活泼；精力充沛，热情友好，机警敏捷，外观可爱甜美，易于服从，忠实主人。

(4) 英国斗牛犬 英文名Bulldog，是犬科犬属的动物，是家犬的一个亚种，原产于英国，起源于19世纪。直到1835年英格兰禁止逗引公牛之前，属于非常常见的品种。此后，经过有选择的培育，性格逐渐变文雅。幼犬的大头可能卡在产道中，所以母犬常以剖腹的方式生产。英国斗牛犬被毛平滑，较厚，身体重心较低，宽阔，肌肉有力。头部与体型相比显得略大，使得犬看起来有点畸形，但也没有妨碍运动的力量。面部较短，口吻部较宽，钝而略向上倾。身体短，肌肉接合紧密，没有肥胖的倾向。四肢结实，肌肉发达，骨骼硬朗。后躯高而强健，但与沉重的身体前部相比，略轻。与公犬相比，母犬身体没有那么庞大，肌肉没有那么发达。

斗牛犬看其外表可怕，实属善良、亲切、忠实的犬种。除这些特性外，还拥有勇敢和十足的忍耐力，因此被誉为英国的国犬。英国斗牛犬外型古怪可爱，行走很有绅士风度，性格沉稳，不乱吠叫，对人极友善、亲切、可信，对小孩和善。同时，它大方勇敢且带威严，也是勇敢、能力强的优秀警卫犬，适合环境比较宽敞的家庭饲养。

(5) 沙皮犬 英文名SharPei，产于中国广东南海大沥镇一带，是世界名种斗犬之一。沙皮犬又名"大沥犬"、"打（斗）犬"或"中国斗狗"，是世界稀有犬种。一般有七种颜色：黑、土、白、红、灰、乳酪色和巧克力色。被毛短而粗糙，这是沙皮犬的显著特征之一。皮肤松弛，形成大量皱褶，这是沙皮犬的另一个重要特征。幼龄犬的皱皮遍布全身和四肢。成年犬的皱褶仅限于头部和肩部，面部有一条明显的皱褶，自眼角沿面颊直至嘴，头上有"寿"字形皱纹，这些面部皱褶呈现出皱眉尊严的面容。它的肩部皱褶非常有利于其受到来自后面攻击时转身挣脱。

沙皮犬鼻大而宽，耳小，尖稍圆，呈三角形，耳缘可卷曲，平贴于头部，耳距宽且向前，耳尖指向双眼。杏仁般的眼睛因皮肤下垂多皱褶，因而十分细小，呈暗褐色。吻宽广而丰满，似"河马"形，俗称"水管嘴"，嘴唇肥厚，舌头是紫蓝色的，为本品种的特征之一。四肢粗大，强健有力，脚趾似蹄，称为"蒜头脚"。尾基部粗而圆，逐渐缩小为细尖，卷曲于背上或一侧。尾极高位，清晰露出上仰的肛门，这也是沙皮犬独有的特征。

沙皮犬警惕、聪明、威严、贵族气质、愁眉不展、镇定而骄傲，天性中立而且对陌生人有点冷淡，但将全部的爱都投入家庭中。沙皮犬站在那里，显得平静而自信。沙皮犬性情非常快乐，而且很温柔，这一点和"中国的斗犬"这个称谓很不相称。

（6）比格犬　又称米格鲁猎兔犬，在分类上属于狩猎犬，是世界名犬之一，经常在美国、日本的最受欢迎犬种中排名10名之内。相传米格鲁与英国皇室的渊源颇深，16～17世纪，短小精悍的米格鲁被训练用于专门狩猎小型猎物，后来逐渐被驯服转型成为家庭犬。

比格犬头部呈大圆顶的形状，大而榛色的眼睛，广阔的长垂耳，肌肉结实的躯体，尾粗似鳅鱼状。比格犬由于体型较小，易于驯服和抓捕，有"动如风，静如松"之称。外型可爱，性格开朗，动作惹人怜爱，活泼，反应快，对主人极富感情，善解人意，吠声悦耳。但由于比格犬成群时喜欢吠叫、吵闹，所以家庭饲养最好养单只，以纠正其喜欢吠叫的坏毛病。

3. 大型犬

（1）藏獒　藏獒（Tibetan mastiff）又名藏狗、番狗、羌狗，原产于中国青藏高原，是一种高大、凶猛、垂耳、短毛的家犬。西藏有"九犬成一獒"、"一獒抵三狼"的说法，其勇猛可见一斑。藏獒产于中国青藏高原海拔3000～5000m的高寒地带，是世界公认的最古老、最稀有的犬种。藏语中藏獒的名字有"像狮子一样的犬"之意，也有传说藏獒是青藏高原古老犬种与狮虎等猛兽交配产生的后代。

西藏獒犬骨骼粗大结实、头大、体格强壮，适合于在高原地区生长，保护牲畜，外观庄严、热切、动人，是力量、结实和耐力的完美结合。成长慢，达到真正成熟期雌性需要2～3年，雄性则需要4年。可分为狮型藏獒和虎型藏獒两种。

狮型藏獒又可分为大狮子头式和小狮子头式。大狮子头式：头顶后部及脖子周围鬃毛直立，毛长度大约有20cm左右，看上去就像雄狮一样威武，威严肃穆。小狮子头式：头顶脖子周围鬃毛较短，头风稍小，表情平静，看上去有狮子模样。

虎形藏獒犬头大，头顶脖颈没有鬃毛或过短，嘴宽，鼻短，外形如虎。

异常勇猛且具有很强的护卫本领是藏獒的特性。它生气勃勃，主动、气魄十足且不畏怯，能在行动前安静、沉着地判断四周的状况，藏獒具有极佳的记忆力，可塑性很强，对环境的适应力很高，耐严寒、酷热和干燥的气候环境。异常聪明、忠于熟悉亲近的人是藏獒的习性，对陌生人则有很强的敌意，作为护卫犬忠实可靠。藏獒在行动时动作灵活，攻击能力极强。

（2）金毛犬　人们对于金毛犬的原出生颇有争议，改良的品种大致可以认为在19世纪后期。最初的名字是苏俄追踪犬，后来加入佛乐寻猎物犬种、寻血猎犬种、水猎鹬犬种的基因。配种的结果产生了这一天生具备猎物取回能力、善于追踪及具有敏锐嗅觉的犬种。1908年首次展出以后，深受人们的青睐，现在世界各地仍颇受欢迎。

金毛犬是一个漂亮、强健、活泼、体型匀称的犬种。金毛犬有中等长度的丰厚的金色羽状饰毛（被毛不应为红色），底毛浓密，外层被毛防水。头骨宽，口鼻尖端细，宽阔有力。牙齿剪状咬合，上门牙的内侧与下门牙接触。鼻镜呈黑色，眼睛黑褐色且眼缘较深，耳朵中等大小且下垂，颈部和后躯肌肉发达，胸腔宽厚，尾巴长但不卷曲。

金毛犬友善、可靠、可信赖，个性热情。金毛犬在自然境况下，对其它犬或人表现出喜争斗或敌意；天生胆怯、神经紧张，是与金毛的特质相悖的。

(3) 斑点狗 斑点狗是大麦町犬（Dalmatian）的俗称，其外表具有白色及清晰的黑斑点，被公认为是最优雅的品种之一。此犬的历史来源至今不明，由于经常参加英国贵族社会活动，有人认为是英国犬；也有人认为此犬发源于北印度。中世纪时，随吉卜赛马车经过达尔马第亚及南斯拉夫，到达欧洲，因而称为大麦町犬。

斑点狗头相当长，额颅扁平；两眼间距适当；耳朵中等大小，位置偏高；胸厚；尾巴长，向上弯曲。斑点狗需足够的运动，需每天梳理毛发，因毛发脱落较多不适合养在室内。

斑点狗平静而警惕；强健、肌肉发达、活泼；毫不羞怯；表情聪明伶俐；轮廓匀称，丝毫没有夸张或粗糙的地方。敏锐，却拥有温和坚固的性质；活泼聪明，善"外交"，且生性与人接近，受小孩喜欢；气质稳定而外向，但很威严；喜欢规律性的运动，活力充沛；具有极大的耐力，而且奔跑速度相当快。

第二节 宠 物 猫

一、宠物猫简介

家猫是由野生猫经过人类长期的饲养驯化而来，是猫科动物中体型最小的动物。猫具有柔软低矮的身体，有助于平衡的长尾及锐利的牙齿、锋利的爪子。因为猫的瞳孔大小能依光线的强弱调整，所以多在夜间活动。猫属于哺乳纲、食肉目、猫科、猫属。世界上第一只被人驯养的猫出现在中东。但研究表明，大部分家猫品种是由非洲野猫驯化而来的。有记载的养猫史开始于公元前 3000 年的古埃及，当时人们主要用猫来控制鼠害，后来猫渐渐成为家庭喜爱的宠物。

家猫品种多，性格、体征也各有不同。由于猫体型优美、动作敏捷、活泼可爱、便于饲养，因此已经成为十分受人类宠爱的伴侣动物。目前，国外养猫者多有两种极端的倾向：一是以饲养纯种猫为时尚，即使非常漂亮的杂种猫也不受欢迎；二是喜欢养形态特别的猫，形态越怪越珍贵。由于历史的原因，我国养猫的人远远少于养犬的人。但随着经济的发展和人民生活水平的提高，宠物猫正逐步为众多家庭所接受。

二、宠物猫常见品种

1. 四川简州猫

原产地：中国。体型高大强壮。四川简州猫的耳朵是四耳。所谓"四耳"，那是因为此猫的耳朵轮廓相互重叠，分别是两只大的、两只小的，在耳朵里面还藏有耳朵，所以形成四耳。四川简州猫有非常奇异的毛发颜色，甚至它身上的有些颜色是连画工用画笔也表达不出来的。四川简州猫动作十分敏捷，是狩猎能手，在农村饲养量较大。此猫主要用于捕鼠。

2. 俄罗斯蓝猫

英文名：Russian Blue。原产地：俄罗斯。俄罗斯蓝猫拥有良好的身体，稳固的肌肉。头部平滑，中等楔形状，但不能长而尖或短而大。耳朵大而阔，前端尖，皮肤薄及半透明，外有短而软的毛生长，内有一半被饰毛覆盖，高度与根部的阔度一样。双眼距离较阔，眼睛杏仁状，呈明亮的绿色。鼻子长度适中。下巴中等高度。下颚由鼻子末端垂直至下巴。四肢长及稳固。足掌细小，略圆。前肢各有五趾，后肢则有四趾。尾巴长，但跟身体成正比例；近末端时柔和地变瘦削。被毛短而优美华丽，双层被毛，而毛质柔软。全身呈蓝色，有少许光泽，末端呈银色光亮。

俄罗斯蓝猫非常文静、害羞，乐意取悦人，足智多谋，彼此友好，是合格的父母猫。叫声非常轻柔，即使发情期也不以叫声扰人。不常外出游荡，宁愿待在屋内，所以很少发生杂交的危险。拥有优越适应力，而且喜爱宁静，个性温驯。

3. 英国长毛猫

英文名：British Longhair。原产地：英国。英国长毛猫头部浑圆巨大，颈项短而粗。额头不可呈任何斜度。耳朵直立。眼睛圆而大，平均置于脸面两侧，颜色多视毛色而定。鼻子宽阔，置于双眼的正中位置。下巴结实。四肢稍短小，与身体成比例。足掌圆而结实，前有五趾后有四趾。尾巴中等长度，底部厚而末端尖，与身躯比例均匀。被毛属中等长度，由于被毛不算很长，所以紧贴身体，毛质柔软，密度高，腹部的毛不长，但颈部有茂密的装饰毛，被毛以外的特征都和短毛种一样。毛色：多种毛色和图案，包括纯色、银影、烟色、斑纹、双色等。

英国长毛猫聪明机警，顽皮但不胡闹，爱撒娇。举止端庄，任性，独立性强；性情温顺，对人亲近，有灵性；善于与小孩和狗沟通玩耍，是人类的忠实伴侣。由于良好的心理素质，能泰然自若地应付不良环境。

4. 美国短毛猫

英文名：American Shorthair。原产地：美国。美国短毛猫体型稍大且粗胖，身体结实。头大，面颊饱满。耳朵大小中等，耳尖略圆，两耳距离为眼睛距离的两倍。眼睛大而圆，上眼睑犹如一粒由中间破开的杏仁，下眼睑则是圆形，外眼角位置较内眼角高，明亮，清澈，机灵。鼻子长度中等。下巴扎实及充分地展开，与上唇成并行线。四肢结实。爪呈圆形，有着厚厚的肉垫。被毛短、厚、均匀，质地较硬。毛色：美国短毛猫有超过 80 种的颜色及斑纹，由显著的绯虎斑到闪亮的纯白色加蓝眼睛，由美丽的玛瑙色到明艳的三色，而银虎斑便是最为人熟悉的美国短毛猫颜色。

美国短毛猫长寿，强壮而健康，外貌美丽，性格文静、乖巧，通人性，重感情，只要给予尊重，对饲养它的主人全家都很亲近，而且对小朋友和蔼可亲。

5. 英国短毛猫

英文名：British Shorthair。原产地：英国。英国短毛猫身体健硕，肌肉发达，四肢短而匀称。头部浑圆巨大，颈项短而粗。额头不可呈任何斜度。耳朵中等尺寸，基部宽阔，耳尖呈圆形，适当地生在头顶两旁。眼睛圆而大。平均置于脸面两侧，颜色多视毛色而定。鼻子宽阔，置于双眼的正中位置。下巴结实。四肢稍短小，与身体成比例。足掌圆而结实，前有五趾后有四趾。尾巴中等长度，底部厚而末端尖，与身躯比例均匀。被毛短而密致，没有重叠的厚被毛。多种毛色和图案，包括纯色、银影、烟色、斑纹、双色等，其中以纯蓝色最为人所熟知。

英国短毛猫聪明机警，顽皮但不胡闹。举止端庄，任性，独立性强；性情温顺，对人亲近、有灵性；善于与小孩和狗沟通玩耍，是人类的忠实伴侣。由于良好的心理素质，能泰然自若地应付不良环境。

6. 加拿大无毛猫

别名：斯芬克斯猫。英文名：Sphynx。原产地：加拿大。加拿大无毛猫骨架扎实，肌肉发展良好，亦应有轻微的肚腩，如刚饱餐过一顿一样。头部呈楔形。耳朵大，尖呈圆弧形。眼睛大成圆形，稍倾斜，多为蓝色和金黄色。鼻短。四肢细长。脚爪小而圆。尾长且细。加拿大无毛猫并非完全没有毛，它的毛很幼细而且紧贴皮肤，感觉就如一个变暖的桃一样。这种猫除了在耳、口、鼻、尾前端、脚等部位有些又薄又软的胎毛外，全身其它部分均无毛。毛色：加拿大无毛猫拥有所有猫的颜色，这些颜色全显现在皮肤上。

加拿大无毛猫非常老实，忍耐力极强，容易和人亲近，对主人忠诚。

7. 埃及猫

英文名：Egyption Mau。原产地：埃及。埃及猫体型中等，身体匀称，肌肉发育良好。头部呈略圆的楔形。典型的埃及猫额头有"M"形圣甲虫花纹，脸颊也有花纹，最长的一条从眼外角起，沿脸颊往下延伸。眼大，呈杏仁形，为淡绿色、玻璃绿色或栗绿色。小猫的眼睛在高兴的时候显得越发地绿，在生气的时候，便转变为琥珀色。鼻短，口鼻稍凸。被毛上有醒目的长点花斑。体毛短而柔软，富有光泽。毛色有银色带深灰色花斑、淡黄褐色带深褐色花斑、深灰色带白色的底层毛和乌黑色花斑、浅黄褐色带深灰色或褐色花斑。

埃及猫性情聪颖驯服，对人友好，顽皮有趣，和人亲近，叫声悦耳。雄猫和雌猫都是合格的父母长辈，对小猫关心体贴，经常和小猫玩耍嬉戏。

8. 喜马拉雅猫

别名：重点色波斯猫。英文名：Himalayan。原产地：英国。喜马拉雅猫头部圆而宽，脸颊丰满。耳朵尖而小呈圆弧形。眼睛大而圆，为亮蓝宝石色。鼻短。四肢短而粗。脚爪大而圆。尾短而尾毛蓬松。被毛浓密有光泽。毛色分为九种：海豹色重点色、巧克力色重点色、蓝色重点色、淡紫色重点色、红色重点色、乳黄色重点色、玳瑁色重点色、蓝色-乳黄色重点色、淡紫-乳黄色重点色。

喜马拉雅猫融合了波斯猫的轻柔和妩媚、暹罗猫的聪明和文雅，热情大方，顽皮可爱，能抓善捕，具有较高的学习天赋，其叫声非常悦耳。通常对主人十分忠诚，常像狗一样寸步不离。喜马拉雅猫有独特的表情和动作，有旺盛的食欲和健壮的体格，容易饲养，很讨人喜欢。

9. 伯曼猫

别名：波曼猫、巴曼猫、缅甸神猫、缅甸圣猫。英文名：Birman。原产地：缅甸。伯曼猫体型比典型的波斯猫的体型长，肌肉结实。头前部向后方倾斜，稍呈凸状。面颊肌肉发达，呈圆形。脸面毛短，但颊外侧毛长，胡须密。耳朵中等长度，大而向前竖立，耳端稍浑圆，两耳尖间距宽，两耳根部间距适中，面颊和耳朵都呈现颇具特征的"V"字形，与头部轮廓十分协调。眼睛又圆又大，而且间距较宽。眼睛的颜色呈清澈的蓝色，深蓝比浅蓝更理想。鼻梁又高又直，中等长度，鼻尖稍缓慢下降，略呈鹰钩鼻状。四肢粗短，骨骼发达，肌肉结实、有力；前肢直立。趾大而圆，握力大，爪短有力。爪白色，像戴了白手套。前趾的部分称为"手套"，后趾的部分叫做"蕾丝"（Laces），并伸至关节点。尾长中等，与身体协调，尾毛浓密。被毛：长毛厚密但不会纠结，容易梳理，毛质如丝，细密而富有光泽；颈部饰毛长，但肩胛部被毛短；胸部至下腹部被毛略呈波纹状；腹部被毛允许少量卷曲。体毛应是无条纹的单色，但在海豹色斑点、蓝色斑点中允许少量深色。体毛与斑点反差越明显越好。脸、耳、四肢、尾的斑点以同一色为最佳，斑点毛尖不能混入白色。四爪应为白色。

依据毛色的不同，有四个变种：海豹色重点色伯曼猫（带深褐色重点色的淡乳黄色猫）、蓝色重点色伯曼猫（带蓝灰色重点色的浅蓝-白色猫）、朱古力重点色伯曼猫、浅紫重点色伯曼猫。在美国还有一种变种，短毛、四蹄踏雪，亦称"雪鞋猫"或"银边猫"，不过尚未得到公认。

伯曼猫温文尔雅，非常友善，叫声悦耳，温顺友好，渴求主人的宠爱，喜欢与主人玩耍，对其它猫也十分友好。它们一旦在新的环境中感到安全，便会流露其甜美及善良的性格。它们喜欢在地上活动，但并不热衷于跳跃及攀爬，亦喜爱玩耍，但从不对其饲主有所要求。爱干净，在舒适的家中生活很愉快，天气晴朗时也喜欢到庭院或花园里散步。

10. 布偶猫

别名：布娃娃猫。英文名：Ragdoll。原产地：美国。布偶猫身形较大，身体魁梧，身材较长，胸部宽阔，肌肉发达。头部呈等边三角形，双耳之间平坦，面颊顺着面形线而成为楔形。耳朵中等大小，微微张开，底部阔，双耳间距宽阔，耳尖浑圆而向前倾。眼睛大、明亮、蓝色、椭圆形。双眼间距宽阔，微微向上扬。鼻子中等长度。下巴发育良好，强壮，并与上唇和鼻子成一直线。四肢中等长度，后肢较前肢长，前肢的毛亦较后肢的短。足掌较大且圆，有穗成簇状。尾巴长，成羽毛状，覆盖着蓬松的被毛。被毛为自然又不打结的中等长毛，形成柔软的双层被毛，面部的毛较短，而颈毛则较长。布偶猫被繁育成三种花色。双色布偶猫：躯干为淡色，脸、耳和尾为深色，胸、腹和四肢为白色。重点色布偶猫：躯干颜色较浅，色点较深。露指手套式布偶猫：和重点色布偶猫一样，其胸部、胸围、下颚和前爪是白色。毛的重点色有海豹色点、巧克力色点、蓝色和浅紫色点。

布偶猫性格温顺而恬静，对疼痛有很大的忍耐力，因此，伤害可能会被忽略。这种猫不适合让它们外出游戏，它们应该是养在室内的猫。它们可以和小孩子、狗及老人家和平相处，而且非常喜欢和人类在一起，会在门口迎接主人，跟着主人走来走去。所以如果您是工作繁忙的上班族，没有太多时间陪它们的话，最好不要饲养这个品种，不然会让它们活得很不快乐。

11. 彼得秃猫

英文名：Peterbald。原产地：俄罗斯。彼得秃猫头部呈楔形。耳朵大，尖呈圆弧形。眼睛大，圆形，稍倾斜，多为金黄色。鼻短。尾长且细。彼得秃猫并非完全没有毛，它的毛很幼细而且紧贴皮肤。而且皮肤带有皱纹，特别是头部。

12. 苏格兰折耳猫

别名：苏格兰褶耳猫、苏格兰弯耳猫。英文名：Scottish fold。原产地：苏格兰。苏格兰折耳猫体型浑圆。脸颊鼓起，轮廓圆圆的，侧看像是缓和的曲线。公猫的肉更多，看起来像是下垂似的。耳朵朝前折，大小中等，前端是圆的犹如戴着帽子一样，看上去令头部更加浑圆。眼睛大而很圆，颜色以毛色为准，两眼的间隔很宽阔。鼻梁也是圆的，而且鼻子很宽阔。下巴：上颚及下颚都很有力，咬合正常。四肢：骨骼中等，长度与身体相称；脚掌圆圆的，非常齐整。尾巴粗大，被毛短而密，柔软且富有弹性；尾巴长度与体型成正比例。被毛分长毛及短毛两种，短毛种的毛很有弹力，密集地生长着；长毛种的毛则是沿着身体倒生长，有如丝般的质感。毛色种类较多，常见的有巧克力色、薰衣草色、黑褐色、深蓝色、淡紫色、白色等。

苏格兰折耳猫平易近人、性格温和、聪明；留恋家庭，热爱主人；表面平静懒动，但遇到猎物时便迅速出击，并将其置于死地。

13. 玩具虎猫

别名：虎皮猫。英文名：Toyger。原产地：美国。
玩具虎猫是洛杉矶一名退休的建筑师在自家后院培育而成的有老虎条纹的新猫品种。
形态特征虎头虎脑，琥珀色身体，黑色条斑。

14. 狸花猫

英文名：Dragen-Li。原产地：中国。狸花猫有非常适中的身材，头部非常圆，面颊非常宽大。两只耳朵的间距很短，耳朵的大小十分合适，有非常宽的耳根，很深的耳阔，位于尖端的部分是比较圆滑的。眼睛大而闪亮，圆杏核状，人们目前认可的颜色是从黄色、金色到绿色不等。眼睛在一般情况下会有眼线出现。鼻子的颜色是砖红色的，长有鼻线。四肢长度适中，并且力气非常大，强健，有很发达的肌肉。狸花猫的被毛是由长毛和短毛组成的，上面长有非常漂亮的斑纹，平时人们都称为狸花斑纹，那是因为这种斑纹非常像野生的狸身上长有的；它这个古老的品种之所以能生存到现在，是因为有这样的保护色，可以使它在野外的时候掩饰得很好。

狸花猫有非常独立的性格，爱好运动，非常开朗。如果周围的环境出现了改变，那它会表现得十分敏感。它对主人的依赖性非常高，如果给它换了个主人，它的心理会受到一定伤害（根据猫的心理承受能力而定）。虽然狸花猫到了成年后就不十分喜欢和人玩耍了，但它还是会随时在你的视线之内走动。它是非常含蓄的动物，并且对自己充满自信，对主人非常忠心。它非常惧怕寒冷的天气，对于疾病的抵抗力很不好。

15. 孟买猫

别名：小黑豹。英文名：Bombay。原产地：美国。孟买猫个体较大，肌肉发达。头及脸均为圆形。耳朵大小适中，耳尖稍呈圆弧形。眼睛呈圆形，为闪亮的古铜色。鼻短。下颌发育良好。脚爪小，为椭圆形。被毛短，紧贴身体，毛质柔细，质感细致。毛色只有发亮的乌黑色。

孟买猫个性温驯柔和，且不怕生，性格奇妙，常不停地发出愉快的呜呜的低声，喜欢与人作伴，所以不应长时间地冷落它。不过和外表不一的是它的食量相当大，抱起来觉得相当有分量。

16. 土耳其安哥拉猫

英文名：Turkish Angora。原产地：土耳其。土耳其安哥拉猫身型修长，体态优美。头部长呈楔形。耳朵大而尖。眼睛中等大小，吊角杏仁眼，颜色为橙色、蓝色、绿色或鸳鸯色。鼻长。四肢细长，前肢比后肢略短。脚爪小而圆。尾长。被毛有光泽，纤细，中等长度。有光泽的毛特别容易梳理。毛色除了传统的白色，还有黑色、蓝色、银灰色、褐色、红色、双色、斑纹等颜色。

土耳其安哥拉猫安静，聪明伶俐，和人亲近，专心一意爱其主人。

17. 山东狮子猫

原产地：中国。山东狮子猫有的长着一黄一蓝的鸳鸯眼（也有人称阴阳眼）。尾部粗大。被毛长，颈、背部毛长达4~5cm，站姿犹如狮子。毛色为白色或黄色，也有黑白相间者，以纯白的较为珍贵。

山东狮子猫身体强壮，抗病力强，耐寒冷，善于捕鼠。

第三节 观赏鸟

一、观赏鸟简介

据《礼记》、《孟子》、《山海经》等古书记载，我国人民自古以来就有爱鸟养鸟的传统，养鸟的历史非常悠久。早在几千年以前，人们为了物质生活的需要，首先把狩猎获得的一些体型不大、性格温顺、容易喂养成活的野鸟关起来进行饲喂。经过长期的繁殖和驯化，终于使一部分野鸟逐渐成为了家禽，如鸡、鸭、鹅等。后来随着人们物质生活水平的提高，有一些人对自然界中的那些羽毛华丽、叫声悦耳或姿态优美的鸟发生了浓厚的兴趣，于是便开始了观赏鸟的饲养，一直延续至今。

地球现存约有9000种鸟，而我国就有1000多种。在这么多品种的鸟类中，人们能够饲养的仅占极少数。据调查，我国现在宠物鸟的种类约100种左右，主要以雀形目为主，此外还有鹦形目、佛法僧目、隼形目和鸽形目中的部分鸟。常见的观赏鸟有画眉、百灵、云雀、黄雀、朱顶雀、相思鸟、黄鹂等。近年来我国还从国外引进一些能够人工繁殖的供笼养的鸟种，如文鸟、牡丹鹦鹉等。

据了解，在世界各国，特别是一些经济发达的国家，观赏鸟已经成为一个新兴的行业，在饲养方法、繁殖技术、引进新种等研究方面取得了宝贵的经验。我国随着经济的发展、人们生活水平的提高和老龄人口的增加，观赏鸟饲养也开始蓬勃发展起来。可以预料，随着人们对养鸟意义的认识和审美观的提高，养鸟队伍会越来越大，观赏鸟及相关行业具有广阔的发展前景。

二、宠物鸟常见品种

1. 金丝雀

金丝雀又名芙蓉鸟、白玉、白燕、玉鸟等，属于雀形目、雀科。原产于大西洋的加那利、马狄拿等群岛和非洲南部。金丝雀是羽毛和鸣叫兼优的宠物鸟，因此几百年来一直为各国养鸟爱好者所宠爱，目前已经人工培育出现了黄色、白色、绿色、橘红色、古铜色等新色品种。黄色金丝雀的数量较多。我国虽饲养繁殖多年，但未注意品种品系的保持，因此纯种较少。金丝雀体长12～14cm，身体的羽毛为黄绿色配暗色纵纹。国内的金丝雀主要有山东种、扬州种和德国萝娜种3个品种。

刚出窝的金丝雀幼鸟，两性羽色相同，仅从外观难以鉴别雌雄。经过2～3个月后，雄鸟的肛门突起呈锥形，雌鸟的肛门较平呈馒头状。此外，金丝雀出生后1个月后开始鸣啭，雄鸟鸣啭时喉部鼓起、上下波动、声音连续。成鸟时更易区别，雄鸟的鸣声悠扬动听，雌鸟的鸣声单调。

野生的金丝雀主要吃植物的种子，夏季吃昆虫。每窝产蛋4～5枚。笼养的金丝雀身体较娇弱，平时应多让它们运动。笼养金丝雀的饲料是谷子、玉米面窝窝头、菜籽、苹果、青菜等。金丝雀的管理：每周清除笼底粪便2~3次，食罐和水罐要每天刷洗，饮水每天换新。

2. 金翅雀

金翅雀属于雀形目、雀科。体色主要为黄绿色，或呈纵纹状，并常具黄或红色斑。全世界有24种，中国有5种。

金翅雀是体型较小的鸟类，体长在12cm左右，雄雌同形，雌性体色与雄性基本相同，但颜色略黯淡。叫声为轻柔而连续不断的滴滴声，虽声音轻柔但传播甚远。

金翅雀的食物主要是树木和杂草的种子，也可用谷物和昆虫充饥。野生金翅雀在松树上筑巢，巢呈杯状，由草根、羽毛等构成。金翅雀以植物性食物为主，主要是各种草本植物的种子，偶尔取食农作物和昆虫。金翅雀比较耐寒，故冬季不需要保温。日常只要保证食物、水供应充足即可。每周清扫笼子和洗刷用具一次。

3. 灰文鸟

灰文鸟属雀形目、文鸟科，别名文鸟、禾雀、灰芙蓉、爪哇稻米雀、白芙蓉等。原产于苏门答腊、马来半岛、爪哇等地。世界各国都有饲养，中国在很早以前就饲养过灰文鸟。野生文鸟的颜色较单一，经过人工的培育，现已有花色、白色和驼色。尤其是灰文鸟经人工繁殖育种，选育出了多种颜色的新品种，现已成为世界性的著名笼养鸟。

灰文鸟体型和个头与麻雀相似，体长约13~14cm。为灰底色，头部黑色带白花，两颊有白斑，红嘴、红眼圈、红脚、灰身体。头、喉、尾均为黑色。看起来文静，雅致。嘴大，嘴、眼、爪呈红色。雌雄鸟基本上同色，但雄鸟嘴峰弧度大，雌鸟嘴峰弧度小，差别较明显。

灰文鸟可在笼中饲养，竹制笼、铁丝制笼均可。灰文鸟喜吃带壳的种子，稻谷、谷子、黍子、稗子等均可。一般可把稻谷（或谷子）、稗子、黍子按6:3:1混合喂食。另外要喂些洗净的蔬菜叶，如油菜、白菜等。蛎壳粉和墨鱼骨也是不可缺少的补充饲料。食量为隔日1次。笼内底砂3天更换一次。夏季要注意防晒通风；冬季室内温度以20℃为宜。灰文鸟喜欢洗澡，应每天在水浴器内放入清水。

4. 虎皮鹦鹉

虎皮鹦鹉是鹦形目、鹦鹉科的鸟类，又名娇凤，属小型攀禽。原产于澳大利亚的内陆地区，野生的虎皮鹦鹉栖息于林缘、草地等处。繁殖期为6~10月，营巢于树洞中，每窝产卵4~8枚，孵化期为18天。性情活泼，且易于驯养。在中国是大众最喜欢的宠物鸟之一，野生种群系国家二级保护动物。

虎皮鹦鹉体长16~18cm，体重35g。前额、脸部黄色；颊部有紫蓝色斑点；上体密布黄色和黑色相间的细条纹；腰部、下体绿色；喉部有黑色的小斑点；尾羽绿蓝色；虹膜白色；嘴灰色；脚灰蓝色。雄鸟鼻包为淡蓝色，雌鸟为肉色。

成鸟头顶较圆平，嘴壳甚强大，上嘴壳基部为蜡膜覆盖，上嘴壳弯曲如钩状；体羽色彩艳丽多变，常见色有黄、绿、蓝、白、蓝绿、浅黄等，因头、颈及背部的羽色中多具有黑色或暗褐色横纹，而得名虎皮鹦鹉。足趾为对趾型，第二、三趾向前，第一、四趾向后，适宜在枝头攀援。更适宜握物和取食。尾型尖长，中央尾羽延长如箭。成鸟雌雄区别在于蜡膜的色彩，雄鸟蜡膜呈青蓝色，雌鸟蜡膜为肉褐色。成鸟蜡膜及嘴壳基部较为枯燥，无光泽。足趾浅肉色。

虎皮鹦鹉人工饲养简单，管理粗放，耐粗饲料，体质强壮，不易生病，且容易繁殖。虎皮鹦鹉上嘴具钩，强壮有力，喜欢啃咬木质，故不能用竹笼，要用金属笼饲养。作为休闲观赏鸟可用小型电镀的金属笼饲养。每天应更换清洁饮水，每周清理1次粪便，夏季注意不要在强光下直晒鹦鹉。冬季应注意保暖，室内温度应不低于16℃。夏季温度较高，一般在30℃以上时要加强通风。虎皮鹦鹉喜欢吃带壳的饲料，平时应以谷子、稗子、小米或鸡蛋小米为主，每天应喂点青菜、牡蛎粉或骨粉作为常备饲料。

5. 百灵

百灵俗称百灵鸟或沙百灵，也称为蒙古鹨，雀行目、百灵科，是国内外熟知的观赏笼鸟之一。产于中国内蒙古广大地区及河北省的北部、青海省东部等地。多为终年留居或繁殖鸟。

百灵成鸟体长约190mm，体重约30g。雄鸟额部、头顶及后颈部均为栗红色；眼前、眼周及眉纹为棕白色，左右两侧眉纹延伸至枕部相接而现棕色；背、腰栗褐色；翅羽黑褐色；尾羽栗褐色，尾梢边缘稍有发白；额、喉白色，上胸左右侧各有一条对称的黑色条斑，恰好和胸部以上的部分连接起来；额头部分和喉咙处都长有白色的羽毛，正好和身体以下棕白色的毛色衬托起来。雌鸟羽色接近雄鸟，但头顶和颈部栗红色较少，羽色略近棕黄色；上体栗色较淡，而近于淡褐色；上胸左右两侧黑色条斑不明显。嘴壳土黄色，足趾肉粉色，爪褐色。后爪长于一般鸟类的后爪，并向后方直伸。

百灵的食性较杂，春食嫩草芽、杂草及杂草种子等；夏季和秋季主食昆虫；冬食草籽和多种谷类，也取食昆虫及虫卵。幼鸟需人工填喂，把绿豆面或豌豆面、熟鸡蛋（或鸭蛋）黄、玉米面以5∶3∶2的比例搓匀，加水和成面团，用手捻成两头尖的长条，拨弄鸟嘴或以声音引诱鸟张嘴，沾水填入。幼鸟数量多时，一定要逐个填喂，以免有的幼鸟吃不上食。每天填喂5~8次，不给水也不喂菜。待鸟能自己啄食后，把拌好的饲料放入食杯内任其啄食，仍不给水，但可喂切碎的马齿苋。当体型、羽色近似成鸟时（第二次幼羽齐），方可喂给干饲料和饮水。

6. 画眉

画眉鸟是雀形目画眉科的鸟类。分布于中国的东南沿海地区和太平洋诸岛屿。

画眉鸟体长约24cm。上体橄榄褐色，头和上背具褐色纹，眼圈白，眼上方有清晰的白色眉纹，下体棕黄色，腹中夹灰色。体重50~75g。

该鸟为普遍性留鸟，主要栖息于海拔1000m以下山丘的浓密灌木林中，喜欢在晨昏时于枝头上鸣唱。画眉性格隐匿、胆小，领域性极强，雄鸟性凶好斗，不少地方都有人训练其打斗观赏，甚至赌博。画眉鸟食性杂，以水果、浆果、种子及昆虫为主食，笼养画眉的饲料主要是蛋炒米和适当的菜叶和昆虫。每年春夏季节开始繁衍后代，一窝约产3~6枚卵。

7. 八哥鸟

八哥属于雀形目、椋鸟科，全世界共有112种八哥。现在常见的是我国长江以南地区的留鸟。飞翔时从下面看，宛如"八"字，故有"八哥"之称。

八哥雌雄同色，体长约26cm，翼长约13cm。尾短呈楔形，嘴和脚呈黄色，喙直长而尖，脚长而强健。全身黑色，头顶的羽毛较长，形如冠状，翼羽下有白羽。

八哥鸟是一种性情很温顺的鸟，它的鸣声嘹亮，富于音韵，因善于模仿它种鸟类鸣叫，智商高，学习人类语言及训练做各种表演的能力强，因此成为人们所喜好之宠物鸟。驯养八哥要从幼鸟着手，在食物的引诱下，使它去掉对人的胆怯心理，能听从主人的召唤。关键问题要对八哥的音头进行加工，一般称作"捻舌"（现代养鸟中已经很少再采用捻舌了）。用手指沾上香灰，伸到鸟嘴内，使香灰包住鸟舌，然后从轻到重地进行揉捻，舌端会脱掉一层硬壳，养半个月以后，再进行1次，这样便能教它说话了。另外，还有一种方法，用剪刀把鸟的舌头修成圆形，再进行训练。八哥鸟的优劣鉴别，主要是看成鸟是捕获野生的鸟还是从窝雏养大的鸟。一般要选择窝雏鸟长大的，以黄嘴黄脚、尾羽有白色羽端、尾下覆羽全白、全身羽毛黑色并呈现金属光泽的雄鸟。胆子较大，会鸣唱，站立时挺胸、亮翅，个头比较大的八哥为上品。

购回的雏鸟待其完全能采食后，用煮熟的鸡蛋、馒头、米饭、豆腐、昆虫、黄鳝、青蛙、牛肉或瘦猪肉饲喂。可将活的黄鳝、青蛙剁成肉泥，搓成团，每次喂3~5团，至雏鸟嗉囊充满为止。喂完后用滴管吸水向其嘴内喂一点水，每隔1~2h喂1次。绒毛雏可先安置在纸盒内，中间垫些碎布，喂过后放入窝中，将窝置于暗处。最好将一窝绒毛雏一起喂养，以便雏鸟相互取暖。已学会采食的幼雏在笼内每天加入蛋黄与饮水，加入量不要太满，防止雏鸟产生扒料恶癖。每天清晨将鸟笼挂到窗口或户外，呼吸新鲜空气1~1.5h后，收回房内。中午将鸟笼放入水盆中，水面约高出笼底5cm，任其水浴。笼底的盛粪板在水浴前取下，浴后装上笼底板再挂到窗口或户外晾笼1~1.5h。除了喂给蛋黄与饮水外，幼雏还得补喂些饵料，如瘦肉、昆虫等。切勿断食、断水。冬季寒冷提鸟外出时，要罩上笼衣。

8. 鹩哥

鹩哥又叫秦吉了、九宫鸟、海南鹩哥、海南八哥、印度革瑞克，是雀形目、椋鸟科的许多亚洲种鸟类的统称，外形略似鸦。鹩哥是大型、鸣叫型笼养观赏鸟。其歌声嘹亮婉转、富有旋律，并善于模仿其它鸟鸣声，经过训练还能模仿人语，学唱简单歌曲。鹩哥和八哥是"同门兄弟"，但鹩哥鸣声更美且能不学自鸣，其种群数量亦较少。主要分布在印度至中国云南南部、广西南部及海南岛，东南亚地区、巴拉望岛及大巽他群岛也有分布。

鹩哥体长28.1cm，嘴峰22mm，翅164mm，尾80mm，足30mm。初级飞羽中部贯以斜行白斑，其余体羽黑色，有强烈紫色（头顶、上背和胸）、蓝绿色（下背、腰和尾上覆羽）或深蓝色（其余体表）的光泽。故此种鸟虽体黑而不丑。头两侧各有一鲜黄色肉质垂片，与眼下和眼后的三角形大块鲜黄裸露的皮相连。据说肉垂小者聪慧灵敏，易学人语；肉垂大者接受能力差，反应慢，这种说法有待证实。在形态和羽色上雌雄鸟极相似。眼暗褐色，嘴基橙红，末端鲜黄，脚、趾鲜黄色。

　　鹩哥可养在大型竹笼中观赏。笼内配备口小肚大的鼓形食杯。它的食性杂、食量大。主食喂以炒米拌蛋，辅以瘦肉、昆虫和香蕉等水果。每日供其水浴。冬季要让它多晒太阳，室温不能低于5℃。鹩哥活泼喜动，饲养笼要高大宽敞，宜选用大号八哥笼。饲料以蛋米为主，每日加喂2次鹩哥粉，每次的量在1h之内吃完为宜。另外，还要适量喂给水果和昆虫。鹩哥食量大，粪便多，故鸟笼清洁要勤，必须每日洗刷一次，夏、秋季至少隔天水浴一次。鹩哥比较耐热，但怕冷，冬季要注意保暖。鹩哥体型大，身体健壮，嘴强而有力，活泼好动，故鸟笼要坚固，要用鹩哥专用的大竹笼或金属笼，而且要亮底，下设托粪板。

　　因鹩哥原产于气候温暖的南方地区，因此较怕冷，冬季室温应保持在5℃以上，晚上最好罩上笼衣。鹩哥胆怯怕惊，爱安静，可不外出遛鸟，如果外出遛鸟应逐渐使之适应外界环境，进行适应性训练，避免受惊吓。

9. 鸽子

　　鸽子是鸽形目、鸠鸽科数百种鸟类的统称。人们平常所说的鸽子只是鸽属中的一种，而且是家鸽。家鸽经过长期培育和筛选，有食用鸽、玩赏鸽、竞翔鸽（信鸽）、军用鸽和实验鸽等多种。

　　鸽子翅长，飞行肌肉强大，故飞行迅速而有力。鸽类雌雄终生配对，若其中一方死亡，另一方很久以后才接受新的配偶。鸽栖息在高大建筑物上或山岩峭壁上，常数十只结群活动，飞行速度较快，飞行高度较低。鸽是晚成鸟，与其它鸟类不同，幼鸽刚出壳时，眼睛不能睁开，体表羽毛，稀少，不能行走采食，需经亲鸽喂养30～40天左右才可独立生活。

　　家鸽以植物性食料为主，主要有玉米、麦子、豆类、谷物等，一般不吃虫子等肉食。鸽习惯吃生料，人工喂养也可适应熟食。在人工饲养场也可用颗粒混合饲料喂养。

　　鸽子的活动特点是白天活动，晚间归巢栖息。鸽子在白天活动十分活跃，频繁采食饮水。晚上则在棚巢内安静休息。但是经过训练的信鸽若在傍晚前未赶回栖息地，可在夜间飞行。

　　鸽子反应机敏，易受惊扰。在日常生活中鸽子的警觉性较高，对周围的刺激反应十分敏感。闪光、怪音、移动的物体、异常颜色等均可引起鸽群骚动和飞扑。因此，在饲养管理中要注意保持鸽群周围环境的安静，尤其是夜间要注意防止鼠、蛇、猫、犬等侵扰，以免引起鸽群混乱，影响鸽群正常生活。

第四节　其它常见宠物

一、观赏鱼

1. 金鱼

　　中国金鱼是世界观赏鱼史上最早的品种。在中国，金鱼早在宋朝即已被家养。野生状态下，金鱼体绿褐色或灰色，然而现存在着各种各样的变异，可以出现黑色、花色、金色、白色、银白色以及三尾、龙睛、无背鳍等变异。几个世纪的选择和培育这样不正常的个体，已经产生了 125 个以上的金鱼品种。包括常见的具三叶拂尾的纱翅，戴绒帽的狮子头以及眼睛突出且向上的望天。

金鱼为杂食性，以植物及小动物为食。在饲养下也吃小型甲壳动物，并可用剁碎的蚊类幼虫、谷类和其它食物作为补充饲料。春夏进行产卵，卵附于水生植物上，孵化约需 1 周。

金鱼起源于我国普通食用的野生鲫鱼，但它的外部形态与鲫鱼有极大的不同，几乎每一个单一性状都发生了变异。其体态变异包括体色、体形、鳞片数目、鳞片形态、背鳍、胸鳍、腹鳍、臀鳍、尾鳍、头形、眼睛、鳃盖、鼻隔膜等。

① 体色的变异　金鱼的体色主要是由真皮层中许多有色素细胞所产生。金鱼的颜色成分只有 3 种：黑色色素细胞、橙黄色色素细胞和淡蓝色的反光组织。这 3 种颜色成分重新组合分布，强度、密度发生了变化，或消失了其中一个、两个或三个成分，形成了不同个体间具有不同的色彩。有些鱼类同一个体的颜色，在一定的范围内随着背景的改变而发生变化，这是鱼类对生存环境的特殊适应。

② 头部的变异　我国各地饲养者把头部变异分为虎头、狮头、鹅头、高头、帽子和蛤蟆头。在这些头形中，有的是同一类型但在各地有着不同的名称。根据陈桢教授的命名，把头形区分为平头、鹅头和狮头 3 种类型。

　　a. 平头型　其头部皮肤是薄而平滑的，称为平头型。有窄平头和宽平头之分。
　　b. 鹅头型　头顶上的肉瘤厚厚凸起，而两侧鳃盖上则是薄而平滑的。
　　c. 狮头型　头顶和两侧鳃盖上的肉瘤都是厚厚凸起，发达时甚至能把眼睛遮住。

③ 眼睛的变异　可分为正常眼、龙眼、朝天眼和水泡眼。

　　a. 正常眼　与野生型鲫鱼的眼睛一样大小者称为正常眼。
　　b. 龙眼　眼球过分膨大，并部分地突出于眼眶之外，这种眼称为龙眼。
　　c. 朝天眼　朝天眼与龙眼相似，都比正常眼大，眼球也部分地突出于眼眶之外，所不同的是朝天眼的瞳孔向上转了 90°而朝向天。还有一种在朝天眼的外侧带有一个半透明的大水泡，这种眼称为朝天泡眼。
　　d. 水泡眼　这种眼的眼眶与龙眼一样大，但眼球却同正常眼的一样小，眼睛的外侧有一半透明的大水泡，这种眼称为水泡眼。还有一种与水泡眼相似，只是眼眶中半透明的水泡较小，在眼眶的腹部只形成一个小突起，从表面上看很像蛙的头形，所以称为蛙头，也有人称为蛤蟆头。

2. 锦鲤

锦鲤属于鲤科。锦鲤的祖先就是人们常见的食用鲤。锦鲤已有 1000 余年的养殖历史，其种类有 100 多个，锦鲤各个品种之间在体形上差别不大，主要是根据身体上的颜色不同和色斑的形状来分类的。它具有红、白、黄、蓝、紫、黑、金、银等多种色彩，身上的斑块几乎没有完全相同的。锦鲤是风靡当今世界的一种高档观赏鱼，有"水中活宝石"、"会游泳的艺术品"的美称。由于它容易繁殖和饲养，食性较杂，通常一般性养殖对水质要求不高，故受到人们的欢迎。

锦鲤共分为九大品系，约百余品种。根据色彩、斑纹及鳞片的分布情况，主要分为 13

个品系类型。

① 红白锦鲤　锦鲤的正宗，全体纯白底红斑，不夹带其它颜色，底应雪样纯白，红斑浓而均匀，边界清晰。本类型分为20多个品种。

② 大正三色锦鲤　白底上有红、黑斑纹，头部具红斑而无黑斑，胸鳍上有黑色条纹。此品系可分为10余品种。

③ 昭和三色锦鲤　黑底上有红、白花纹，胸鳍基部有黑斑。头部必有大型黑斑。此品系分为10余品种。

④ 乌鲤　全体黑色或黑底上有白斑或全黄斑纹。可分为4～5个品种。

⑤ 别光　白底、红底或黄底上有黑斑的锦鲤，属于大正三色品系。细分为近10个品种。

⑥ 浅黄　背部呈浅蓝色或深蓝色，鳞片外缘呈白色，脸颊部、腹部及各鳍基部呈赤色。根据颜色分为10余个品种。

⑦ 衣　系红白或三色与浅黄交配所产生的品种。细分为近10个品种。

⑧ 变种鲤　包括乌鲤、黄鲤、茶鲤、绿鲤等20多个品种。

⑨ 黄金　全身清一色金黄，可分为20余品种。

⑩ 花纹皮光鲤　黄金锦鲤与其它品系（不含乌鲤）交配产生的品种。常见有10余个品种。

⑪ 光写　写类的锦鲤与黄金锦鲤交配产生的品种。

⑫ 金银鳞　全身有金色或银色鳞片的锦鲤。

⑬ 丹顶　头顶有圆形红斑，而鱼身无红斑。

二、宠物龟

宠物龟主要有巴西红耳龟、黄喉水龟、缅甸陆龟、鳄龟等几种。最常见的就是巴西红耳龟，它颜色好看，个体大小适中，比较好养。巴西红耳龟因其头顶后部两侧有2条红色粗条纹，故得名。红耳龟在市面上更经常被叫做巴西龟，大多数种类产于巴西，个别种产于美国的密西西比河。巴西龟是世界公认的生态杀手，已经被世界环境保护组织列为100多个最具破坏性的物种，多个国家已将其列为危险性外来入侵物种。中国也已将其列入外来入侵物种，其对中国自然环境的破坏难以估量。

巴西红耳龟的头较小，吻钝，头、颈处具黄绿相间的纵条纹，眼后有1对红色斑块。背甲扁平，每块盾片上具有圆环状绿纹，后缘呈锯齿状。腹甲淡黄色，具有黑色圆环纹，似铜钱，每只龟的图案均不同。趾、指间具丰富的蹼。花鳖腹部有较大黑斑，性格凶猛，动作灵活，比较好斗。且表皮粗糙，体薄而裙边宽厚，脂肪色泽金黄。

三、宠物兔

1. 荷兰垂耳兔（短毛垂耳兔）

荷兰垂耳兔标准体重为1.3～1.6kg，是小型兔之一。特征：垂耳，而且多是面和身都圆圆的，鼻扁，前脚亦较短。颜色有很多种，最常见的是黑白色、咖啡白、深/浅咖啡色。

2. 长毛垂耳兔（美种费斯垂耳兔）

长毛垂耳兔标准体重为 1.6～1.8kg，是小型兔之一。特征：和短毛垂耳兔差不多，只是毛比较长。

3. 泽西长毛兔

泽西长毛兔标准体重为小于 1.6kg，是小型兔之一。特征：身体短小、圆润。头大且圆，周围长了一些长毛。耳朵的理想长度为 6cm 左右，眼圆。毛的生长密集且多，毛的理想长度为 5～7.5cm。

4. 狮子兔

狮子兔标准体重为 1.4～1.8kg，是小型兔之一。特征：和垂耳兔很相似，都是面圆、身圆、鼻扁，但前脚较长。在颈的四周都长有毛发（呈"V"字形的围住颈部），因此令它们长得像头狮子，而耳朵则是竖起的呈三角形，没有毛发且不长过 7cm。

5. 荷兰侏儒兔

荷兰侏儒兔标准体重为小于 1.2kg，是小型兔之一。特征：一双竖立耳朵比较短，大都不超过 6cm，面圆、鼻扁、短毛，没有肉垂。

6. 荷兰兔

荷兰兔标准体重 2kg 左右；体长 40cm 左右，是中型兔中较娇小的品种。特征：毛色分布十分独特，脸部有呈倒转"V"字的白色毛，一直伸延到身体的前半部，而身体的前半及后半部的颜色分界亦很清楚，脚部则是白色的，后脚和后半身的分界同样十分清楚。它们都是身圆、竖耳，毛则较短、平滑且有光泽。

7. 安哥拉兔

根据国际 ARBA 组织数据记载，安哥拉兔是源于土耳其的首都安卡拉；另一种说法是起源于英国，由法国人培育而成，因其毛细长，有点像安哥拉山羊，而取名为安哥拉兔。安哥拉兔大致上可分为五种：英国安哥拉兔、法国安哥拉兔、德国安哥拉兔、缎毛安哥拉兔与巨型安哥拉兔（亦称为大型安哥拉兔）。

复习思考

1. 宠物犬的分类有哪些？
2. 宠物猫的类型有哪些？
3. 鹦鹉有哪些常见品种？
4. 鹩哥饲养过程中应注意些什么？
5. 如何进行鹩哥的雌雄鉴别？
6. 常见锦鲤的品系有哪些？
7. 常见宠物兔有哪些种类？

第二章 宠物的生物学特性

知识目标： 熟悉和掌握常见宠物的主要生物学特性。
能力目标： 能够正确理解宠物认识世界的生物学行为。

第一节 犬的生物学特性

一、犬的解剖生理特点

1. 犬的各部位结构

犬的品种繁多，体态各异，大小不一。犬体是两侧对称的，一般分为头部、躯干、四肢和尾部四部分。

（1）头部 以内眼角和颧弓下缘为界，分为颅部和面部。

头部外形按其长度可分为长头型、短头型和中头型。不同品种的犬，耳廓也有不同的形状，有直立耳、半直立耳、垂耳、蝙蝠耳、钮扣耳、蔷薇耳、断形耳等。

（2）躯干 分为颈部、胸部和腰腹部、荐臀部。

① 颈部 较长，颈部肌肉丰满、长度大约与头的长度相等（短头型犬例外）。

② 胸部 位于颈部与腰腹部之间。

③ 腰腹部 位于胸部与荐臀部之间。分为腰部和腹部。上方为腰部，以腰椎为基础，是背部的延续，两侧和下面为腹部，由腰椎横突腹侧的柔软部分组成。

④ 荐臀部 位于腰腹部后方，上方为荐部；侧面臀部。后方与尾部相连。

（3）四肢 包括两前肢和两后肢。

① 前肢由肩胛和臂部与胸背部相连 分为肩背部、肘部、前臂部和前脚部。前脚部又分为腕部、掌部和指部。指部有五指。

② 后肢由臀部与荐部相连 可分为大腿部（股）、膝部、小腿部和后脚部。后脚部包括跗部、跟部、跖部和趾部。趾部有四趾，犬用趾尖行走。

（4）尾部 尾部为犬体最末端，位于臀部之后。分为尾根、尾体和尾尖。尾部是犬品种特征的标志之一，有卷尾、鼠尾、钩状尾、螺旋尾、直立尾、旗状尾、丛状尾和镰状尾等。

2. 皮肤与被毛

（1）皮肤　皮肤被覆于体表，其厚度随不同品种变化很大，由外向内依次分表皮、真皮和皮下组织三层。表皮由复层扁平上皮构成，表层不断角质化、脱落，深层细胞不断分裂增殖，以补充脱落的细胞。表皮内有大量的神经分布和密集的感觉末梢，能感受疼痛刺激、压力、温度和触摸。在指和趾末尖上的表皮角质化成爪，为钩爪，发达而锋利，有攻击、攫食和掘土作用。真皮厚，由致密结缔组织构成，内分布有皮肤腺和许多毛根梢，由毛根梢底部的毛球长出毛。皮肤腺和爪、毛等均属皮肤衍生物，包括乳腺、汗腺、皮脂腺。乳房（乳腺）位于胸部和腹正中部的两侧，有4～6对，小型品种犬多为4对，两侧乳房不一定对称分布，乳头短，顶端有6～12个小排泄管口。

犬的汗腺不发达，只在趾球及趾间的皮肤上有汗腺，分泌少量汗，所以犬怕热。犬在天热时张口吐舌，这是释放体内热量的一种方式，体内部分水分由喉及舌面排出后，会使犬感到舒适、凉爽。犬也靠呼吸散热，因此天愈热犬喘得愈厉害。另外，犬还可以将口水舔到全身毛发上，借口水蒸发散热。犬的脚掌具有分泌水分的腺体，以保持脚掌表面柔软，若环境温度太高，犬的脚掌腺体会分泌水分，使犬留下湿脚印。

皮脂腺多位于唇、肛门、躯干的背面和胸骨部，分泌皮脂，经导管开口于皮肤表面而涂于毛上，使毛具有光泽和弹性。短毛、粗毛品种中皮脂腺最为发达，其中唇部、肛门部、躯干背侧和胸骨部分泌油脂最多。大多数能适应水中工作的犬都有一身油性皮毛，因此在水中游泳时能保持皮毛的干燥。

（2）被毛　除了极少数无毛品种（如墨西哥无毛犬和中国冠毛犬），大部分犬只躯体覆盖毛发。毛分被毛和触毛。不同犬被毛多少、长短、颜色均有差别。有的犬几乎不长毛，有的毛长达45cm；有的被毛粗糙不堪，有的如同丝绸一般柔滑，有许多弯曲。犬的毛发全年不断生长，一般每年有两个换毛期：晚春季节冬毛脱落，逐渐地更换为夏毛；晚秋、初冬更换夏毛。触毛生长在唇、颜面部、眉间和脚趾等处，长而粗，在毛的根部富有神经末梢，有很高的敏感性，所以犬的触觉相当敏锐。

3. 犬齿与年龄

犬齿呈食肉动物的特点，善于咬、撕，臼齿能切断食物，但咀嚼较粗。犬齿分乳齿和恒齿。长头颅骨永久齿42个，齿式为 $2 \times \left(I \frac{3}{3} C \frac{1}{1} P \frac{4}{4} M \frac{2}{3} \right)$。短头颅骨永久齿38个，齿式为 $2 \times \left(I \frac{3}{3} C \frac{1}{1} P \frac{4}{4} M \frac{1}{2} \right)$。犬的乳齿28个，齿式为 $2 \times \left(I \frac{3}{3} C \frac{1}{1} P \frac{3}{3} M \frac{0}{0} \right)$，无后臼齿。

犬出生后19～20天开始长出乳齿；4～5周龄时，第1、2乳切齿长齐；5～6周龄时第3乳切齿长齐；2月龄时，乳切齿全部长齐，乳齿白色，细而尖。2～4月龄时，更换第1切齿；5～6月龄时，更换第2、3切齿和犬齿；8月龄到1岁，臼齿全部更换为永久齿，永久齿洁白光亮，切齿有尖突。1.5～2岁时，下颌第1切齿（门齿）大尖峰磨损，与小尖峰平齐，称为尖峰磨灭；2.5岁时，下颌第2切齿（中间齿）尖峰磨灭；3.5岁时，上颌门齿尖峰磨灭；4～5岁时，上颌中间齿尖峰磨灭；5岁时，下颌第3切齿（隅齿）和犬齿尖峰稍磨损，第 1、2 切齿呈矩形；6 岁时，上颌隅齿尖峰稍磨损，犬齿饨圆；7 岁时，下颌门齿磨损至根部，磨面呈纵椭圆形；8 岁时，下颌门齿磨损面向前方倾斜；10 岁时，下颌第 2 切齿磨损面呈纵椭圆形，上颌门齿磨损面也呈纵椭圆形；16 岁时，切齿脱落，犬齿不全；20 岁，犬齿脱落。根据牙齿的生长和磨损情况，可以估计犬的年龄。

4. 犬的消化系统与食性特点

犬是肉食动物，其消化道短、蠕动快，食物通过消化道的时间较短，一般为 16~20h；胃容量大，每千克体重容量为 100~250mL，排空比较迅速，一般在食后 3~4h 开始排空，经过 5~10h 完全排空；小肠发达，长度可达 400cm，分十二指肠、空肠、回肠，可分泌大量蛋白酶和脂肪酶，对蛋白质和脂肪有较强的消化能力；大肠较细、短，与小肠近似，长度为小肠的 1/6；盲肠长为 12.5~15cm，有 2 个或 3 个弯曲，开口于结肠起始部，后端为盲端；直肠近肛门处于腹部两侧各有一黄豆大的肛门腺，易被细菌感染发炎。

犬的消化腺发达，以适合肉食生活。消化腺包括分布于消化管壁内的壁内腺（如胃腺、肠腺等）和消化管外的壁外腺。后者包括唾液腺、肝脏和胰脏。唾液腺位于口腔附近，包括腮腺、颌下腺、舌下腺和眶腺 4 对。当食物或一定条件刺激时才分泌唾液，唾液 pH7.56，含有大量水分和少量的淀粉酶、溶菌酶，可湿润饲料、消化部分食物和清洁口腔。在高温下，唾液分泌增多，有助于散热，以弥补汗腺不发达。

肝脏呈紫褐色，位于腹前部偏右侧，重量约占体重的 3%。主要功能是分泌胆汁，由肝管经胆管流入十二指肠，或暂时贮存在胆囊，在消化期间再反射性排出入十二指肠，以帮助脂肪消化。肝脏还有代谢、解毒、防御、造血等功能。

胰脏呈浅粉色，"V"字形。属实质性器官，分外分泌部和内分泌部。外分泌部属消化腺，由腺泡和导管组成，分泌胰液，pH7.8~8.4，一昼夜分泌量为 200~300mL，但只在消化进行过程中才分泌。胰液富含消化酶，包括胰蛋白分解酶、胰脂肪酶、胰淀粉酶和胰核酸分解酶等。内分泌部即胰岛，位于外分泌腺泡之间的细胞团，有 3 种细胞：A 细胞产生胰高血糖素，B 细胞产生胰岛素，C 细胞产生生长抑制素。这些激素分泌入血液，可调节体内糖含量。

犬可以依靠蔬菜和谷物这类食物健康地活下去，事实上它们的食谱是很均衡的。典型的野生食肉动物的这类饮食营养来自它们捕获的食草动物的胃部内容物，所以它们经常营养不均衡。但犬对此应付得很好，它们可以素食，特别是这些食物与鸡蛋或牛奶搭配时更是如此。另外，犬比起人类对肉食更加有忍耐力，它们不会因为大量食用肉类而罹患诸如动脉阻塞之类的新陈代谢疾病。曾有报道，在阿拉斯加进行的狗拉雪橇比赛以及其它类似经受极端压力的情况下，高蛋白食物（大量食用肉类）可以帮助犬类防止肌肉组织受到损伤。犬对蛋白质和脂肪能很好地消化吸收，但因咀嚼不充分和肠管短，不具有发酵能力，故犬对粗纤维的消化能力差，因此给犬喂蔬菜时应切碎、煮熟，不宜整块、整棵地喂。

5. 犬的呼吸特点

犬在新陈代谢过程中需要不断地吸入氧气，呼出二氧化碳，即机体与外界之间不断地进行气体交换，此过程称为呼吸。这是在中枢神经支配和控制下，由呼吸系统在膈肌与胸腹壁肌肉的协同作用下完成的。呼吸系统包括鼻、咽、喉、气管、支气管和肺。一般犬的呼吸频率为 10~30 次/min，在 10kg 重的犬氧耗量为 72mL/min，健康犬呼吸多属胸腹式呼吸型。但在炎热天气或运动后，犬出现张口伸舌流有唾液的口腔呼吸，以代偿皮肤汗腺不发达，进行体温调节。

6. 犬的心血管系统特点

犬的心血管系统是由心脏和血管（动脉、毛细血管和静脉）组成的闭锁系统，内含有血液。心脏位于胸腔纵隔内，偏左侧，在第 3~7 肋之间，外有心包裹着。心包是一纤维浆膜性囊，囊腔为心包腔，内有心包液，起润滑作用。心外形呈不规则的锥形，上部宽大为心基，有动、静脉出入；下部尖，称心尖。心表面有一环状冠状沟和两条纵向的左、右纵沟，分别为心房与心室、左心室与右心室的外表分界。心脏是厚壁有腔的肌性器官。心壁分心内膜、心肌和心外膜三层。心腔分左、右心房和左、右心室四个腔，它们分别被房中隔和室中隔隔开。右心房接受前、后腔静脉的静脉血，经右房室口与右心室相通；右心室经肺动脉口接肺动脉，把静脉血送到肺部，进行气体交换而转变成动脉血。后者经肺静脉送回左心房，再经左房室口入左心室；左心室经主动脉口接主动脉，把动脉血输送至全身，供给各器官组织细胞的营养需要，而后转为静脉血，又经前、后腔静脉回右心房，如此反复循环。这是在由特殊心肌纤维组成的心传导系，包括窦房结、房室结、房室束和浦金野纤维的控制下，使心房和心室不断地进行有节律的交替收缩和舒张的结果。

动脉为将血液由心引出，流向身体各部的血管。自心室发出主动脉和肺动脉，并逐步分支而变细，接毛细血管。主动脉起始于左心室的主动脉口，把动脉血经其分支输送给身体各器官组织；肺动脉起始于右心室的肺动脉口，把静脉血送至肺部。一般动脉口径比伴行静脉小，按口径粗细可分大、中、小动脉；管壁较厚，由内膜、中膜和外膜三层构成。内膜衬有内皮。光滑而有利于血液通过。中膜厚，由平滑肌（小动脉）或弹性组织（大动脉）或平滑肌和弹性组织混合（中型动脉）构成。外膜较薄，有时也有弹性组织。

血液在血管内向前流动的过程中，同时施加于血管壁的侧压力称为血压，分为动脉血压、毛细血管血压和静脉血压。但一般所说的血压就是指体循环系统中的动脉血压。在一个心动周期中，动脉血压随着心室的收缩和舒张而发生规律性的波动，收缩压为 14.93kPa（112mmHg），舒张压为 7.47 千帕（56mmHg）。在心脏收缩和舒张时，血液作用到动脉管壁的压力有变动，以造成动脉管壁产生向前传播的波浪式搏动现象，称动脉脉搏。它反映心率和心动周期的节律，以及整个心血管系统的功能状态，所以临床上常检查动脉脉搏，多用右手摸测股动脉的跳动，正常每分钟 70~120 次。

毛细血管广泛分布于体内各部，管径极细，平均为 7~9μm，管壁薄，通透性大，由内皮、基膜和周细胞组成。根据内皮结构不同分三类，即连续毛细血管、有孔毛细血管和血窦（不连续毛细血管）。它是心血管系统执行机能的重要部位，在此完成血液与组织间的物质交换。

静脉为将机体各部和各器官的血液运回心脏的血管，一端接毛细血管，陆续汇集后，最后通过肺静脉或前、后腔静脉连于心房。肺静脉由肺的毛细血管陆续汇集而成，由肺门出肺，将动脉血注入左心房。前腔静脉收集头、颈、胸部和前肢的静脉血回右心房。后腔静脉收集腹部、骨盆部、尾部及后肢的静脉血回右心房。

7. 犬的骨骼和运动系统特点

犬的骨骼可分为中轴骨骼和四肢骨骼两部分，中轴骨骼由躯干骨和头骨组成，四肢骨骼包括前肢骨和后肢骨。头骨变异很大，有的头形狭而长，有的头形宽而短。犬的头骨连着颈椎，犬有7节颈椎，13节胸椎，7节腰椎，3节融合在一起的脊椎成为一块骶骨，尾椎8～22个；犬的前9根肋骨为真肋，后4根肋为假肋。犬的前肢骨包括肩胛骨、肱骨、前臂骨、腕骨、掌骨、指骨和籽骨；后肢骨包括髋骨、股骨、胫骨、腓骨、跗骨、跖骨。犬无锁骨，肩胛骨由骨骼肌连接躯体，后肢由骨关节连接骨盆。犬科动物还有阴茎骨。

全身骨骼借助纤维、软骨或滑膜（关节）联结，构成机体的支架。犬的关节发达而灵活。在骨骼上附有肌肉，又称骨骼肌，在神经支配下，能随意收缩，以牵引骨骼产生位移而运动。全身骨骼肌分头部肌、躯干肌、前肢肌和后肢肌。其中与咀嚼有关的头部肌很发达；后肢肌较前肢肌发达，是推动身体前进的主要动力。有少量骨骼肌位于体表的浅筋膜中，包括面皮肌、颈皮肌和躯干皮肌。皮肌收缩引起皮肤颤抖，以驱除蝇蚊叮咬和皮肤上的灰尘异物。

发达的肌肉不但能使犬快速奔跑，而且耐久性好。据报道，犬的100m记录是5.925s，与赛马的5.17s速度很接近。犬的肌肉极为有耐力，役用哈士奇可拖行其体重2倍的物体全天以5km/h的速度奔跑；第一次世界大战期间的传令犬，仅用50min就跑完了21.7km的路程。犬也是一个跳高能手，最高可跳5m的障碍物。犬的骨架与肌肉结构适合长途耐力追逐，而比较不适合跳跃与攀爬（与猫科比较）。

8. 犬的生殖系统特点

母犬的生殖器官由生殖腺（卵巢）、生殖管（输卵管和子宫）和产道（阴道、尿生殖前庭和阴门）组成。卵巢是产生卵子和分泌雌性激素的器官；输卵管是输送卵子和受精的管道；子宫是胎儿发育和娩出的器官。卵巢、输卵管、子宫和阴道为内生殖器官；尿生殖前庭和阴门为外生殖器官。母犬生殖系统主要机能是产生卵子和雌激素，并在适当的时候由卵巢释放卵子。接近排卵时有发情表现，生殖器官为迎接受精过程发生变化。

雄犬的生殖器官主要机能是产生精子、分泌雄性激素以及引起各种性反射等，包括睾丸、附睾、输精管、尿生殖道、阴茎、前列腺、包皮和阴囊。公犬至10～12月龄时达到性成熟并具有繁殖能力，但配种不应早于2岁龄，同时还应考虑犬的发育和健康状态。从未交配过的公犬，一般到5～6岁龄时性功能衰退，常常出现死亡的或不活泼的精子，和母犬交配后常常空怀或发生难产等。公犬全年均可进行交配，利用期限可到8岁龄。

关于犬的发情时期，有研究人员认为有季节性，多为春秋。然而实践证明，犬的发情在一年中平均分布，并无季节变化。母犬初情期一般在 8~10 月龄，因品种、气候、营养等因素的影响而略有差异，如大型犬种比小型犬种晚，营养水平低的比营养水平高的晚。初配适期因品种和个体发育而异，通常在第 2~3 次发情时配种；妊娠期为 58~63 天，一般年产 1.5 胎，平均窝产仔数 6~8 头。犬的发情期平均为 9 天，应注意观察其发情症候，以免错过。

9. 犬的智商和可塑性

有人提出多重智能的说法，把智力区分为七种，分别是语言能力、数理能力、空间感、音乐能力、活动能力、沟通能力、自制力等。虽然这是以人来区分的，但犬的聪明度似乎也可以这些准则来进行探讨。

在这七种衡量智力的要件中，有四项可以肯定犬确实具备，另外三项则仍有争议。可以肯定的能力包括空间感、活动能力、沟通能力、自制力等。

（1）空间感　所谓空间感是指人对四周环境物体位置、距离的判断力。对犬来说，它们知道自己喜欢的玩具放在哪里、它睡觉的地方在哪里、主人把犬绳放在哪里等，这都属于空间感的能力表现。当然有的犬这方面的能力强，有的则不然。

（2）活动能力　活动能力则是指对身体各部位的运动协调能力。犬可以学习跳跃、攀爬等均是此种能力的表现。

（3）自制力　犬无疑也具有自制力，自制力是指对自我能力的了解与自我控制能力。犬会害怕从高处跳下来，是因自知可能会因此受伤，即是一种自制力的表现。

（4）沟通能力　犬与狼一样是群居的动物，它们之间必须有良好的沟通，才能与其它同伴相处分食，或服从领导。犬与主人的和谐相处也是与人的一种沟通表现。

（5）音乐能力　有人觉得犬对音乐有反应，甚至还与犬共舞，但犬是否具有音乐能力则仍是疑问。心理学家认为犬可能喜欢音乐，但不表示它懂音乐，即使它可以在人的引导下跳舞，但它们并不了解节拍是怎么一回事。

（6）数理能力　也有人觉得犬懂算数，其实数理能力是指人会利用运算技巧解决问题。犬当然不可能会懂几何或三角习题，能够表演简单的数学题也是依靠条件反射或气味联系，关键看如何对犬的数理能力下定义，因为犬对数理和尺寸是有反应的，如果数理与尺寸也属于数理能力，那犬也许会具有一定程度此能力。如果放两块大小不同的牛肉在同一距离，犬会先选大块的咬。对简单的数字，犬也有分辨能力。

巴西的一位科学家对此进行了实验，先让犬在屏幕上看到一定数量的犬食，然后减少或者增加犬食的数目，结果当数目发生变化时，犬盯着屏幕的时间就会变长，如果数目再发生变化，犬还会重新数一遍，如果连续两次的数目是一样的，则犬观察的时间就会变短，因为它们发现这个数字已经数过了。

（7）语言能力　在语言能力方面，犬当然是不能以人的标准来衡量，与人比较起来，犬很明显地不具有语言能力，但与人如此亲近的犬，人们非常希望它们能够听得懂我们的语言。愈高等发展的动物，需要愈复杂的语言技巧，犬虽不会说人话，但犬与犬之间还是有一种共通语言，如此才可能在野外求生时期分配整个团队的工作，但到底犬的语言如何运作，还有待专家更深入的研究。

经过训练的犬，可以听懂上百种甚至更多的人类口令，一般家犬大多能了解主人说坐下、握手、睡觉等简单口语，甚至一些手势或标志。受训程度不同，犬所了解的人类语言会有不同，这是犬对人类语言的感受度不同。而同时犬也会用它自己的方式来与人沟通。犬不能说话，但它们也会运用不同的叫声来表达它们的意思，如果仔细听，可以听出犬所发出的不同吠叫声音中，意思包括呼朋引伴、准备作战、示警、寂寞、问候、喝止等。当犬发出哮叫声又另有不同含义，包括警告入侵者、宣告作战、害怕、别惹我、很好玩等。除了不同形式的吠叫与哮叫外，犬还会发出一些其它声音，所要表达的意思包括我受伤了、给我吃吧、失望、跟我来、好无聊、这是我的地盘、我要去玩啰、快带我出去等，相信细心的饲主不难从它们的声音中分辨这些区别。

除了声音，犬也会利用肢体语言同人类沟通，例如尾巴、耳朵、眼睛、嘴巴、身体与脚掌等，总之它们试图表达的不外三个重点：第一，它们的情绪；第二，它们的地位；第三，它们的欲望。只要主人多观察，不难与它们沟通。

二、犬认识世界的途径

1. 嗅觉与听觉

犬有惊人的嗅觉，其嗅觉的灵敏度是人类的 100 倍，能辨别各种气味，其灵敏的嗅觉已被广泛用于刑事侦察、搜毒、搜爆等方面。犬通过嗅觉辨别主人、同伴、母亲（孩子）、性别、发情、路途、犬舍、猎物与食物等。仔犬出生后几小时便能依靠嗅觉寻找乳头，母犬通过嗅觉能准确辨别自己所生的仔犬。因此，在仔犬寄养时要设法干扰母犬嗅觉，通常在寄养仔犬身上涂抹其排泄物或分泌物，或把两窝仔犬混处一段时间，以改变寄养仔犬体味。群养幼犬依靠嗅觉能识别群内的个体、自己的犬舍，保持群体之间的密切联系，对混入本群的其它幼犬能很快认出，并加以驱赶。犬不喜欢酒精，在兽医院里给犬打针、擦酒精后，犬一旦嗅到酒精味，被毛马上直立，且咆哮不安。

犬的嗅觉器官和嗅神经极为发达。鼻黏膜上布满嗅神经，能够嗅出稀释 1000 万分之一的有机酸，特别是对动物性脂肪酸更为敏感。犬的鼻头由特殊分泌细胞保持湿润，气味以微粒呈现，会溶入鼻头液体，再带到感觉细胞。嗅觉虽是犬灵敏的感官之一，但嗅觉记忆却消失得很快，通常在 6 周内就会忘记。如一只放在犬栏中的犬，经过一段时间后，就不再认识主人了，只有主人招呼才能唤起记忆。

正常的犬鼻尖呈油状滋润，人以手背触之有凉感，它能灵敏地反映动物全身的健康情况，如发现鼻尖无滋润状，以手背触之不凉或有热感，则犬即将生病或已经生病。

犬的听觉特别敏锐，比人灵敏 16 倍，能听到 80000～90000Hz 的声波，并能正确判断声源的方向和空间位置。但过高的音量和音频，对犬是一种逆境刺激，会使犬惊恐。

犬的耳朵因品种不同而差异甚大。有的短小，尖尖地竖着；有的又长又大；有的是耷拉着的。外耳一般宽而薄，鼓室腔很宽大，向下延展到鼓泡腔内，鼓膜宽阔呈卵圆形；中耳包括耳膜、耳鼓及耳骨；内耳包括耳蜗及半规管等。犬能听到人不能听到的高频音。

因为高频音传播较远，故犬可听到人耳所能听到4倍距离以上的声音，人在6m远听不清的声音，犬在24m处却可清楚地听到。犬完全可以听从很轻的口令声音，没必要大声喊叫，过高的声音对犬是一种逆境刺激，使其表现非常恐惧。恐惧的表情是尾巴下垂或夹在两腿间，耳朵向后伸，全身被毛直立，两眼圆睁，浑身颤抖，呆立不动或四肢不安地移动或者后退。另外，犬的耳朵是可以活动的，这可以帮助它们快速准确定位声音的来源。犬对细微的声音变化也能加以区别，如犬可分出每分钟100拍的节拍器和每分钟96拍的节拍器，甚至能辨别出同类车型中不同汽车的引擎声。如将犬的内耳塞住，意识集中，它能在一般的噪声之中分辨声音。

2. 犬的视觉与味觉

犬的视觉较差。由于在犬的视网膜上绝大多数是视杆细胞，只有5%的视锥细胞，因此犬是色盲，它所看见的世界只有黑白和灰色的阴影。犬的视觉适于追逐动作敏捷的小型动物。对于固定目标，50m之内可以看清，超过这个距离就看不清了；但对运动目标，则可感觉到800m远的距离。因此，遇上静止不动的猎物，犬会发生失误。在黑暗中，犬的视力比人好，部分原因是犬的视网膜上有大量的对弱光敏感的视杆细胞，视杆细胞后面有"透明毯"，能将聚集的光线反射回来，这对可能在微弱的光线下捕食的野犬大有帮助。

犬的视野非常开阔，又由于头部转动非常灵活，所以完全可以做到"眼观六路，耳听八方"。人的视野是100°，而犬的全景视野为150°～290°。短头型（短鼻）犬如斗牛犬有200°，长头型（长鼻）犬如牧羊犬则为270°。但长头型犬种的眼睛位置倾斜，视野重叠区较小，除正前方一小块区域外，大部分视野区域内长鼻犬几乎不能形成立体图像。这就是一些出色的猎犬（如俄罗斯牧羊犬和萨路基猎犬）在全速猛冲时会跌入沟中，或被一些小障碍物绊倒的原因。对于人类而言，两只眼睛的视野有较大的重叠，因此，我们能看到立体图像，并对深度和距离有准确的估计。尽管犬的视野较宽，但它们对距离的判断并不准确。

犬的味觉细胞位于舌上，但很迟钝。犬吃东西时，很少咀嚼，几乎是吞食。这是因为犬的祖先要不断寻找远处的猎物，无论是什么猎物都非吃不可。犬不是通过细嚼慢咽来品尝食物的味道，而是靠嗅觉和味觉的双重作用。因此，在准备犬的食物时，要注意食物气味的调理。

3. 犬的触觉

犬的触觉是借助分布在皮肤上的触小体所产生的。犬的触觉是犬获取外界信息、求得心理满足不可忽视的感觉机能。绝大多数哺乳动物幼时都喜欢受到抚摸，而犬从幼犬时期到衰老时期，都喜欢让人抚摸。一般动物都有这样的习性，喜欢一块儿玩耍，偎依取暖，以及用舔舐、扒挠作为在群体中向对方传递信息的方式，它们都从中感受到触觉的快感与重要。触摸犬的胸部、头顶、耳根部时，犬有一种舒服感和亲密感。人们给犬梳刷、饲喂或拥抱，在犬的心目中是最佳的爱抚表示。同样，犬也用摩擦、舔或轻咬主人，表达自己的友好之情。

4. 第六感官

许多犬主人都相信自己的犬有第六感觉官能。这一感觉让它们知道家中的孩子放学了正在回家的途中,家人何时该去散步。人们还相信犬有心灵感应的能力,而这种能力使得它们能揣摩主人的情绪。科学证明,犬有电磁感应能力,而这种感应使它们对地球上极小的颤动和振动都能感觉到。这点可能会帮助它们预测到地震,也能长途跋涉数百里回到自己的家园。

5. 其它

犬通过视、嗅、触、听、味感知外面的世界。犬通过这些感觉器官不断接受新鲜刺激,积累经验,分析世界,交流感情,作出相应的行为表现。

犬也具有与人一样的理智和直觉,如爱好、记忆、关心、好奇、模仿、推理等各种情绪和功能。犬之间在游戏时或跟随主人散步、狩猎、鉴别物品时,都存在着确信、惊奇、怀疑以及愉快、兴奋、愤怒、自豪等情感。经训练的护卫犬,对有危害主人的迹象会主动向主人报警,向对方狂吠示威。在未得到主人攻击命令前,克制自己的攻击行为,以狂吠及愤怒的表情威慑对方。许多未经训练的家庭犬,在主人与他人发生争执时,也会不经主人许可,主动攻击对方。这些事实均与理智活动有关,这说明犬存在着辨别是非、控制自己的能力,具有理智。

犬的直觉观察也非常敏锐。比如,当犬很兴奋地从别处回来,但看见主人忧伤、悲痛的表情后,兴奋性立即下降,有时甚至会处于抑制状态。经常被主人牵引外出散步的犬,一看到主人拿牵引带,便会兴奋、欢悦不已,但若主人将牵引带放回,离开犬舍,犬的兴奋性便会很快下降,有时甚至会表现出一种失望感。这些均是在直观的基础上发生的一种思维活动。可以看出,人和犬之间虽然智力上有很大差别,但这种差别仅是程度上而并非性质上的差别。

犬有很强的记忆力。犬对它所走过的路途记得很清楚,对它感兴趣的声音、气味和人记得很清楚,对机械刺激在它身上相对应的反射记得尤为清晰。对自己的名字及其它过去经历过的事情所做出的反应都很敏感。在前苏联卫国战争期间,苏联红军一头名叫"温而里"的军犬,在其主人与德军肉搏中,为保护主人,身中两枪,但仍咬下杀害自己主人的那个德国兵的两个手指头。8年后一个偶然的机会,军犬"温而里"在柏林附近,意外嗅到了这个德国兵的气味,并根据气味进行追踪咬死了主人的仇人。

犬具有3种记忆方式,即机械的、情感的和联想的。犬的联想记忆惊人。犬可能不知道主人何时到来,但一听到主人的脚步声、说话声或汽车声,就会联想到主人即将到来。机械记忆是犬记忆其活动经验的天赋,使它越来越省力地、机械地重复过去那些活动。如经过训练的波音达犬,一听到枪声就趴在地上。情感记忆是特定的条件下重复以前的心理状态,如由主人牵引散步的犬,一看到主人拿牵引带,就会立即表现出散步时的兴奋神情。

犬通过模仿、条件反射、悟性、探查、习惯来学习和获得经验。人们利用犬从事对人类有益的工作,都是以犬的学习能力为基础的。犬通过学习,学会狩猎、牧羊、警戒、导盲、学会与人文明生活的行为。另外,犬还有分析、识别和自己独自判断的能力。

第二节 猫的生物学特性

一、猫的解剖生理特点

1. 猫的被毛和皮肤

猫的被毛和皮肤是一道坚固的屏障,能防止体内水分的丢失,能抵御某些机械性的损伤,如摩擦冲撞等;保护机体免受有害理化作用的损伤,如较强的酸、碱腐蚀,太阳光里某些射线(如紫外线)的伤害作用。另外,皮肤和被毛还是机体重要的体温调节器官,在寒冷的冬天具有良好的保暖性能,使猫具有较强的御寒能力。在烈日炎炎的盛夏,又是一个大散热器,起到降低体温的作用。

猫的被毛十分稠密,大约每平方毫米的皮肤有 200 根被毛。名贵的观赏猫最引人注目的是有一身美丽的被毛,被毛是构成猫漂亮外貌的最基本因素。被毛可长可短,可硬可软,可密可稀,可以是丝状也可以是粗糙的,甚至是波浪状的,但它们始终是对猫进行审美评价的重要主题。猫的被毛可大致分为针毛和绒毛 2 种。针毛粗长,绒毛短细而密。绒毛发达的品种抗寒能力强,但梳理被毛较费事。毛的颜色由色素物质含量的多少而定,含色素少的毛色浅;反之,毛色深。最常见的毛色有青灰色、黑色、红色、白色、褐色以及各种组合毛色,如丁香色、奶油色、烟色、银灰色和巧克力褐色等。尽管猫的品种繁多,毛色千差万别,但仍可分为八个色系,即单色系、斑纹色系、点缀式斑纹色系、混合毛色系、浸渍毛色系、烟色系、复式毛色系和斑点色系。

受季节的影响,猫每年都要脱毛。脱毛受光照变化的控制,如果是生活在野外的猫,一年要脱 2 次毛,春、秋季各 1 次。但家养猫,晚上有灯光的照射,所以每年脱毛次数要三四次。如果是持续不断并且大量掉毛,则可能是一种病态,如寄生虫或过敏性疾病都能引起过度脱毛。

猫皮肤里有许多能感受内外环境变化的器官,叫感受器。每种感受器可感觉一种或数种刺激,如冷、热觉、触觉和压觉、痛觉等。这些感觉在捕获食物和躲避危险等方面具有重要作用。因此,要十分注意皮肤及被毛的清洗和梳理,保持皮肤清洁,促进被毛的生长,保护皮肤的屏障功能。猫的皮肤里有皮脂腺和汗腺。皮脂腺分泌有润滑作用的油状物,在猫梳理被毛时被涂抹到毛上,从而使被毛变得光亮、顺滑。猫的皮脂分泌物中富含维生素 D,当猫舔理被毛时可食入维生素 D,发挥一定生理功能。猫的汗腺不发达,不像人的汗腺那样积极参与体温的调节。因此,不管天气多热,绝对看不到猫有大汗淋漓的现象。猫的散热是通过皮肤的辐射或像犬那样通过呼吸散热。但这种散热的效率比出汗蒸发散热要差。因而,猫虽喜暖,但又怕热。

2. 猫的运动系统

猫的骨骼系统共 230～247 块(其中籽骨及人字形骨除外)。其髋骨数目随年龄的不同而异，老猫骨骼的数目由于某些骨块的愈合而减少。我们把猫的骨骼分为头骨、脊柱、肋骨、胸骨及四肢骨骼等。此外，猫也有阴茎骨。猫的全身肌肉有的很粗大，有的很细小，大约500多块，可分为头部肌肉、体部肌肉、四肢肌肉和尾部肌肉。这些骨头和肌肉十分紧凑地构成了猫矫健的形体和发达的运动系统。猫的肌肉发达，收缩力强，四肢运动的频率快、幅度大，奔跑速度很快。家猫的奔跑速度可达42km/h，这比中型犬稍慢一些或相当于地球上跑得最快的哺乳动物猎豹跑速的一半。虽然猫的跑速不如犬，但其起跑速度比犬快得多，因而可疾跑到安全地带（如上树、回家等）以躲开犬的追捕。

猫背部骨骼非常有柔韧性，再加上肋骨组成的笼状框架深而窄，因而能通过比猫体窄得多的孔道。猫的重心稍偏于体前部，尾是平衡身体重心的重要解剖结构，特别是在疾跑或通过障碍物时，这一平衡功能更显重要。当猫在树枝上行走时，猫体的失衡可通过尾巴以一定高度向相反方向倾斜而抵消。

猫的前脚有五趾，后脚有四趾。每只脚掌下有很厚的脂肪层，形如山楂核，又像一个小肉垫。柔软的肉垫起着良好的缓冲作用，所以猫行走时悄无声息，便于它的捕猎行动。猫在情绪激动时，肉垫部会有少量的汗液分泌，使肉垫部保持湿润和黏性，有利于抓握和增加触觉的敏感性，这在自卫、寻找食物及与对手搏斗时有重要意义。厚厚的足垫还能使猫从高空跌落下来时免受振荡和冲击造成的损伤。这也是猫无论从高空跳下，还是从高空跌落都不会受伤的原因。在养猫时，要很好地保护猫的肉垫部，尤其要防止机械挫伤。在猫每个脚趾端上的毛中，隐藏着一个角质的利爪，呈三角形，猫在平时行动、坐卧时，爪不露出来。只有在摄取食物、捕捉老鼠、刨土、上蹿和与对手搏斗时，才伸出爪来。爪很锋利，攀援力很强，就是丈余的高墙也可借用爪力跃登而上；捕捉鼠类也从无失手。出生3~4个月的小猫，爪还不能伸缩自如，待长大后，爪才能自由地伸出和缩回。猫有磨爪的习惯。家养观赏猫，要定期给它修剪爪尖，以防抓坏被褥、物品或抓伤人。

3. 猫的牙齿与年龄

猫牙齿的生长发育经过2个阶段，即乳齿阶段和永久齿阶段。永久齿长出后乳齿才会脱落，结果导致所有的猫在一段时间内存在两套犬齿和裂齿。永久齿一般在乳齿的后面或旁边长出，乳齿一旦脱落，永久齿便可以立即发挥其切咬功能。成年猫有：30个牙齿，齿式为$2\times\left(I\frac{3}{3}C\frac{1}{1}P\frac{3}{2}M\frac{1}{1}\right)$，即臼齿4枚、前臼齿10枚、犬齿4枚和门齿12枚。这是猫的典型齿式，某些品种的猫可能没有前臼齿，特别是在家养猫中更是如此。

猫的匕首样犬齿长而锐利，被认为是用来对付特殊猎物的，能撕裂猎物皮肤、肌肉，并且它的大小和形状适合于伸入脊柱，把脊索切割开来。门牙较小，齿冠边缘尖锐，有缺口，形成3个片状齿尖。猫的臼齿（特别是前臼齿）的齿冠磨面上有四个突出得很高的齿尖，其中上颌第二、下颌第一前臼齿尖较大而尖锐，可撕裂猎物皮肉，又称裂齿。这种齿对侧连锁，从而形成一组"微形环状切刀"。猫的牙齿没有磨碎功能，因此对付骨类食物困难较大，而犬则有强有力的磨碎性磨齿，因而对付骨头没有问题。因而猫不像犬那样嚼碎食物，而是把食物切割成小碎块。

猫牙齿生长和换牙很有规律，常可作为仔猫年龄的鉴定依据：

第 1 乳切齿，2～3 周长出；
第 2 乳切齿，3～4 周长出；
第 3 乳切齿，3～4 周长出；
第 1 切齿，3.5～4 个月长出（换牙）；
第 2 切齿，3.5～4 个月长出（换牙）；
第 3 切齿，4～4.5 个月长出；
乳犬齿，3～4 周长出；
犬齿，5 个月长出（换牙）；
第 1 乳前臼齿，2 个月（上颚有，下颚无）长出；
第 2 乳前臼齿，4～6 个月长出；
第 3 乳前臼齿，4～6 个月长出；
第 1 前臼齿，4.5～5 个月长出；
第 2 前臼齿，5～6 个月长出；
第 3 前臼齿，5～6 个月长出；
第 1 后臼齿，4～5 个月长出。

猫出生后 1 年，下颌的门牙就开始磨损；7 年后，犬齿就逐渐老化；第 7 年，下颌的门牙磨得变成圆形；10 岁的猫，上颌的门牙就全部没有了。细心的猫主人，通过观察猫牙齿的变化，应该为猫准备不同的食物，以利于猫的健康。

4. 猫的消化系统

猫的消化系统包括消化腺和消化管两大部分。消化腺有唾液腺（5 对，即腮腺、颌下腺、舌下腺、臼齿腺和眶下腺，均开口于口腔）、胰脏和肝脏、胃肠腺；消化管包括口腔、咽、食管、胃、小肠、大肠（包括结肠和直肠）和肛门。

猫舌表面有许多方向朝向口腔底部的乳头，非常坚固、粗糙，似锉刀样，可舔食附着在骨上的肌肉，也可以梳理被毛及清除身上的污垢。猫的口腔腺体特别发达，有前面所提到的五大唾液腺。猫的味蕾不仅分布于舌上，而且还分布于软腭和口腔壁，使它能选择自己口味的食物，能辨别咸、酸、苦味及水的味道，但不能感觉甜味。

食管为肌性直管，位于气管背侧。猫食管可做反向蠕动，能将囫囵吞下的大块骨头或有害物呕吐出来。属腺胃型单室胃，呈弯曲的囊状，左端大，没有无腺区，胃腺十分发达，分泌盐酸和胃蛋白酶能消化吞食的骨头和肉。小肠肠腺发达，盘曲于腹腔中，其长度约为猫的身长的 3 倍，比草食动物短很多，仅为体重相似的兔的 1/2。大肠分为盲肠、结肠和直肠。结肠分为升结肠、横结肠和降结肠，进入盆腔后称直肠，大肠长度尤其是升结肠长度比草食动物短。盲肠不发达，仅为兔的 1/40，是突出于结肠前端的盲囊。猫盲囊有一锥形的突出，为阑尾的遗迹。

5. 猫的心血管系统

猫的心血管系统由四个腔的心脏、动脉、静脉和毛细血管所组成。猫的总血量占体重的 6.2%。血液由液体成分的血浆和悬浮于血浆中的血细胞所组成，其中血浆约占 2/3，血细胞约占 1/3。血液靠心脏节律性收缩保证在闭锁管道中循环，从而给机体各部输送养分并带走废物。

心脏：位于纵隔内，两肺之间，较小，呈梨形。由左右心房和左右心室构成，外边有心包包裹，在第 4(5)～8 肋处，偏左。由于猫的心脏较小，每次输出量较少，因而心率较快，猫每分钟心脏收缩频率达 120～140 次。当兴奋、运动、恐惧、发热时心率明显加快。这也是猫不能长时间奔跑、容易疲劳的原因之一。

动脉：从心脏发出的大动脉有肺动脉和主动脉。主动脉又分为胸主动脉和腹主动脉。

静脉：猫静脉系统可分为肺静脉和体静脉两部分。体静脉可分为心脏静脉、上腔静脉、下腔静脉。静脉中除与动脉伴行的深静脉，还有分布于皮下的浅静脉，临床上兽医常用的浅静脉有颈外静脉（颈侧皮下、颈静脉沟浅层）、头静脉（前臂内侧皮下）、隐大静脉（小腿内侧皮下）和隐小静脉（小腿外侧皮下）。

猫血细胞的正常值是：红细胞 700 万～1000 万个/mm³；白细胞 8600～15000 个/mm³；血小板 40 万个/mm³。

6. 猫的生殖系统

雄猫生殖器官包括睾丸、附睾、输精管、前列腺、尿道、阴囊和阴茎（猫无精囊）。猫的阴囊位于肛门的腹面，其中各有一个睾丸，两个睾丸各重 4～5g。睾丸内可见许多弯曲的曲细精管，精子是由这些曲细精管的上皮产生的（猫的精子形似蝌蚪）。许多曲细精管汇集成输出管，输出管伸出睾丸后盘曲而成附睾，附睾再延伸成一个细长的管子，即输精管。猫的阴茎主要包括两个阴茎海绵体，精子和尿液均从阴茎的尿道通过。猫的阴茎远端有一块阴茎骨。

前列腺是一个双叶状的结构，位于尿道背面，与输精管相通。前列腺分泌的液体能吸收精液中的二氧化碳，促进精子的活动。

雌猫生殖器官包括卵巢、输卵管、子宫和阴道。猫的卵巢位于腹腔，每个卵巢长约 1cm，宽 0.3～0.5cm，一对卵巢的重量为 1.2g。卵细胞起源于卵巢的生殖上皮，卵细胞在卵巢中的成熟和排出，是母猫达到性成熟的重要生理特征。当公猫的精子与成熟的卵子结合时，即可使母猫怀孕。

猫的子宫属双角子宫，呈"Y"字形，中部为子宫体。从子宫体两侧延伸至输卵管的部分即为子宫角。子宫体长约 4cm，子宫后端入阴道。与阴道相通部分为子宫颈。阴道向后延伸而成尿殖窦，长约 1cm。尿殖窦再向后通阴门。

猫是著名的多产动物，在最适条件下，雌猫在 7～12 个月（这决定于出生和繁殖季节）就能达到性成熟。雌猫的发情表现为发出连续不断的叫声，声音大而粗。有的地方所说的"猫叫春"就是猫发情的主要表现。还有一个简单的方法可检查猫是否发情：正常时手压猫背部，无典型动作；发情时手压在猫背，则有踏足和举尾的动作，此时就能接受雄猫的交配。一般讲，猫一年四季均可发情。但在我国的大部分地区，气候较热的"三伏天"发情少或不发情。猫的性周期一般是 14 天，但不规律。猫和家兔一样，也是刺激排卵，即受到交配刺激后约 24h 排卵。发情期可持续 3～7 天，求偶期 23 天。仔猫哺乳期约 60 天，仔猫离乳后 4～6 周母猫开始发情，这时若交配则受孕率较高。

7. 猫的生长发育

刚出生的小猫体重为 90～120g，在良好的饲养管理条件下，发育较快，1 月龄体重可达 350～450g，3 月龄体重可达 1.1～1.3kg，6 月龄体重可达 2.3～2.8kg。母猫在 3 月龄以内生长发育速度较公猫略慢，3 月龄后，差距逐渐增大，6 月龄时，公猫体重可达 3kg，而母猫一般体重仅为 2～2.5kg。猫于 8 岁以后即为老龄。

二、猫认知世界的途径

猫感觉机能非常灵敏，包括视觉、听觉、嗅觉、味觉和触觉等。

1. 视觉

在猫的感觉系统中，视觉最为灵敏。猫眼的视野很宽，单眼视野约150°，双眼共同视野达200°，而人的视野只有100°。单独视野没有距离感，共同视野有距离感。共同视野越宽，视物的立体感越强，猫捕捉猎物越准确。猫的共同视野是人的两倍。同时，猫的脖子可以随意地转动，从而更加扩大了视野的范围。猫只能看见光线变化的东西，如果光线不变化猫就什么也看不见。所以，猫在看东西时，常常要稍微地左右转动眼睛，使它面前的景物移动起来，才能看清。猫有一层特别的"眼皮"，横向来回地闭合，这就是第三眼睑，又叫瞬膜，位于正常眼睛的内眼角，第三眼睑对眼睛具有重要的保护作用，第三眼睑患有疾患时会影响猫的视力和美观。

猫的夜视能力很强，这与它眼睛的结构有关。首先，视网膜有两种感光细胞，即视锥细胞和视杆细胞。视锥细胞感受强光，并有辨别颜色的作用，视杆细胞对光线敏感，主要是感受弱光。这两种细胞中以视杆细胞所占的比例较大，所以猫具有一对夜视眼。其次，猫瞳孔的开大与缩小能力特别强。在白天日光很强时，猫的瞳孔几乎完全闭合成一条细线，尽量减少光线的射入；而在黑暗的环境中，瞳孔开得很大，尽可能地增加光线的通透量。猫夜视较强的第三个原因是，与其它动物相比，猫晶状体和瞳孔相对较大，因而能够使尽可能多的光线射到视网膜上。最后，脉络膜中反光色素层的存在及其强大的反射作用是形成猫夜视能力的重要原因。通过视网膜感受器的光线，可再通过反光色素层的反射再次到达视网膜，从而加强了视觉能力。据研究，夜间的微弱光线可在猫眼中放大40倍左右。

脉络膜中的反光色素层的存在还与猫"夜光眼"的形成有关。反光色素层反射的光线一部分被视网膜吸收，另一部分则反射出猫眼到达观察者的眼里。因此，我们晚上可看到猫的眼睛闪闪发光。不同品种猫反光层色素的颜色不同，所以我们能看到褐色、黄色和绿色等不同颜色的眼睛。

2. 听觉

猫的听觉十分灵敏。猫可听到声频在30～45kHz之间的声音（人能感到的声频在17～20kHz），可见猫能听到高频声音，人耳却听不见。猫的外耳好像雷达一样，不断搜索着声音的方向，它可以45°角向四周转动，因而在头不动的情况下可做180°的摆动，从而使猫能对声源进行准确定位。猫的听觉能辨别方向、地点和距离，能够辨别15～20m远处、相距1m左右的两个相近似的声音。猫有一个似乎不寻常的习惯，总喜欢探听我们听不到任何声音的房顶和墙壁等，其实猫能听到这些部位老鼠的走动声。猫即便是在睡觉，两只耳朵仍保持高度警惕。经常可以看到猫安静地躺在床上，突然猛跳起来蹿奔出去，发起进攻。当遇到危险时，它会把两只耳朵紧贴在头部两侧，溜之大吉，直到逃出危险区域后耳朵才竖起来。猫能熟记自己主人的声音，如脚步声、呼唤自己名字的声音等。

猫也有先天性耳聋的。患有先天性耳聋的猫真的一点声音也听不到吗？实际情况并非如此，患有先天性耳聋的猫对有些声音不是通过耳朵，而是通过四肢爪子下的肉垫来"听"的。正常情况下，肉垫里就有相当丰富的触觉感受器，能感知地面很微小的震动，猫就是用它来侦察地下鼠洞里老鼠的活动情况。耳聋猫肉垫里的感受器更多，感知地面产生震动的能力更强。

3. 嗅觉

猫的嗅觉发达,可与犬相媲美。嗅觉区位于鼻腔的深部,叫嗅黏膜,面积有 $20\sim40cm^2$,里面有 2 亿多个嗅细胞。这种细胞对气味非常敏感,能嗅出稀释成 800 万分之一的麝香气味。猫利用嗅觉判断食物方位,区别食物的性质及食物是否适口,猫靠灵敏的嗅觉寻找食物,捕食老鼠,辨认自己产出的小猫。刚出生的仔猫,眼睛还未睁开,这时完全依靠嗅觉很自然、很正确地找到母猫的乳头吸奶;而母猫亦凭仔猫的气味辨别是否是自己的幼仔,如果人们乱抓乱摸仔猫,使仔猫身上染上异味,会引起猫的错觉,以为有异味的幼仔不是自己亲生的而拒绝哺乳,甚至吃掉。猫主要是通过嗅觉确定和认识异性伙伴,发情季节的成年母猫和公猫,它们的身上常散发出一种特殊的气味,公、母猫对这种气味十分敏感,在很远的距离就能嗅到,彼此依靠气味互相联络。去势后的公猫或母猫由于缺乏了表明性别的气味,常常受到同类的攻击。猫还用尿液标记自己的领地,野外生活的猫凭尿的气味警告同类,这是它的活动领地,不容侵犯。猫还以嗅觉辨别主人、同类住处。

4. 味觉

猫的味觉也很发达,能感知酸、苦和咸的味道,但对甜味不敏感。喂给稍有发酸变质的食物,猫就会拒绝进食。猫能品尝出水的味道,这一点是其它动物所不及的。

猫的味觉很容易改变,因而不喜欢总是吃一种食物。为改换一下胃口,它总是在厨房里跳来跳去,寻找和偷食其它食物,或追杀一些小动物(如小鸡等)。不过倾向于吃一种食物的现象也是有的。猫生病时不喜欢吃药,而更喜欢独自在花园、野外和森林中寻找一些有效的药草,给自己治病。据说这是猫在漫长野生生活中进化得来的本能。

5. 触觉

猫常用它的鼻端去感触物体的温度和小块食物,并借助舌的帮助,来分辨食物的味道和气味,以便能选择适合自己口味的食物。脚垫常用来感触不熟悉物体的性质、大小和形状。常常可以看到猫伸出一只脚,轻轻地拍打物体,然后把它紧紧地触压,最后用它的鼻子贴紧物体进行嗅闻检查。猫的胡须是一种非常敏感的触觉感受器,它可以利用空气振动所产生的压力变化来识别和感知物体。在某些情况下可以起到眼睛的作用。在遇到狭窄的缝隙或孔洞时,胡须可作测量器,以确定身体能否通过。

猫还有一个特殊的机械感受器——环层小体。环层小体广泛存在于皮肤、骨膜、关节、跟腱和指趾等处。环层小体对机械振动特别敏感,能够灵敏地感知 $50\sim80Hz$ 频率的振动。猫利用脚爪和腿上的环层小体,能感知既看不到又听不到的小鼠活动而引起的振动。一些品系的猫是先天性耳聋,这种猫就是通过环层小体的触觉感知声波对地面的微小振动,来听周围的环境,以适应外界的变化而生存。

猫的皮肤上含有温冷感受器,以便感知周围环境的温度,寻找最温暖地点睡觉,或在天冷时蜷曲身体。但是,猫的身体对温度感觉相对较差,温度超过 52℃时,它才感觉疼痛,因此它们能蹲在人感觉很热的炉子上,甚至常常烧坏了被毛才有感觉。

第三节 宠物鸟的生物学特性

一、鸟的解剖生理特点

1. 鸟的各部位结构

生活在自然界的鸟类，千姿百态，无论驯养还是玩赏，都需要识别其各自的特征，因此，必须首先从鸟体各部位的结构及特征谈起。鸟体分为头、颈、躯干、尾、翼和脚，共6部分，现分述如下：

（1）头部

① 上嘴　上嘴即角质化的上嘴壳，其基部与额部前缘相接。上嘴的脊部为嘴峰。嘴峰的长度是鸟类分类的重要依据之一。

② 下嘴　下嘴是角质化嘴壳的下部，其基部与颏的前缘相接，上下嘴壳是鸟类取食的重要器官。

③ 蜡膜　蜡膜为部分鸟类如鹦鹉、鸽、鹰、隼的上嘴基部的膜状物，它覆盖于上嘴基部。鼻孔开口于蜡膜上。

④ 额　额部位于头顶的最前端，与上嘴的基部相连接。

⑤ 头顶　头顶位于额的后方，头的上方正中部位。

⑥ 枕部　枕部也称后头，位于头顶后下方的上颈部。

⑦ 眼先　眼先位于嘴角至眼间的部位。

⑧ 耳羽　耳羽位于眼的后方，常为覆盖在耳孔间的细羽。耳羽的羽色常为区分鸟类的特征之一。

⑨ 颊　颊位于下嘴基部后方，眼的下方。

⑩ 颏　颏位于下嘴基部的后下方。

（2）颈部　颈部位于枕部下方。可分为上颈部（颈项）和下颈部；其两侧称颈侧，正前方称前颈；前颈的上前方称为喉部。

（3）躯干　为鸟体中主要部分，可分为以下各部：

① 背部　背部位于颈之后方，腰之前方。

② 肩部　肩部位于两翅的基部，左右两肩的中间又称肩间部。

③ 胸部　胸部位于颈的下后方，背部的腹面。又可分前胸和后胸两部分。

④ 腰　腰位于背部的后下方，其后方为尾基部。

⑤ 胁　胁又称体侧，位于腰部两侧，又可分为左胁和右胁。

⑥ 腹　腹前与胸部相接，后方止于泄殖孔。

（4）尾　鸟类以尾羽构成尾，在运动时用以平衡体躯。中央一对尾羽，称为中央尾羽；最外侧尾羽，称为外侧尾羽；覆盖于尾羽基部之羽，称为尾上覆羽和尾下覆羽。

(5) 翼　翼也称翅膀,是由前肢演化而成。主要由骨骼及飞羽构成。飞羽依其着生位置可分为初级飞羽、次级飞羽和三级飞羽。初级飞羽着生于腕骨、掌骨和指骨；次级飞羽位于初级飞羽内侧,着生于尺骨之上；三级飞羽位于次级飞羽内侧,亦着生于尺骨之上。此外,尚有覆盖于飞羽基部的羽毛称为覆羽,其名称分别为初级覆羽、次级覆羽。

(6) 脚　鸟类的后肢,通称脚。可分股、胫、跗蹠和趾等部分。股部通常被羽毛覆盖,体表不易明显识别。部分鸟类的胫部亦全部或部分披羽,裸露部分被鳞片覆盖。跗蹠部是鸟类脚部最显著的部分,有些种类在跗蹠内后方生有角质的距,是自卫和争斗的利器。大部分鸟类足生四趾,三趾向前,一趾向后,适于在枝头栖息,也适宜地面跳跃前进；部分鸟类则两趾向前,两趾向后,适于攀跃枝头,而不适于地面活动。

2. 鸟的消化系统

鸟类均无牙齿,用嘴(喙)啄取食物,因食性和取食的方式不同,嘴的形状各异。鸟类的口腔仅为食物的通道,而无咀嚼作用。食道富有弹性,下端有膨大的嗉囊,用以贮存和软化食物；部分鸟类在育雏期间,可由嗉囊中分泌乳状物,用以喂养雏鸟。胃可分腺胃和肌胃两部分,腺胃壁薄而柔软,富有消化腺,分泌消化液；肌胃外壁为强大的肌肉层,内壁为坚硬的角质层,其内有砂粒,其作用是磨碎食物。小肠是鸟类消化食物及吸收营养的主要器官。大肠甚短,后端与泄殖腔相连,粪便不在体内存留,随时经泄殖腔排出体外。这与减轻体重,适应飞行生活有关。鸟类取食频繁,消化能力强,这是新陈代谢旺盛的表现。

以各种植物的果实和种子为食的食谷鸟类,其消化道的特点是腺胃细小,肌胃大且肌肉发达,内膜硬而粗糙,胃内常有碎石或小砂粒等物,肠子为体长的 2～3 倍,盲肠退化或消失。

以各种昆虫的成虫及其幼虫为食的食虫鸟类,其消化道特点是无嗉囊,腺胃细长,肌胃圆而坚实,肠管较短,为体长的 1.5～2 倍,盲肠不同程度地存在。

杂食鸟类消化道特点是腺胃与肌胃几乎等长,肠管约为体长的 2 倍,盲肠退化或消失。

以肉类为食的食肉鸟其消化道特点是腺胃发达,肌胃壁薄,肠道较短,肠壁坚实而内腔狭窄。

3. 鸟的呼吸系统

鸟的肺脏位于胸腔的背部,除肺脏外,鸟的呼吸系统还包括气囊,较大的气囊有 5 对：颈气囊、锁间气囊、前胸气囊、后胸气囊及腹气囊。这些气囊是由肺的小支气管或支气管末端的黏膜膨大而成的,它一直延伸到内脏之间和骨髓腔内。因为气囊的关系,无论呼气还是吸气,空气均经过肺部而进行气体交换,此为鸟类所特有的双重呼吸。气囊除了鸟在飞翔时提供足够的氧气进行呼吸外,还有减轻身体的重量、减少内脏器官间的摩擦和防止机体过热的作用。

在两叶肺和支气管分支处,有鸟类特有的发声器官——鸣管。鸣管的管壁均很薄,叫鸣膜。左右支气管分叉处的上方有一半月形的黏膜,叫半月膜。鸣管的外壁有鸣肌,当空气通过鸣管时,使鸣膜、半月膜受震动而发出声音。

4. 鸟的循环系统

鸟的心脏分为四室，因此动脉血和静脉血完全分流。鸟的心脏较大，心跳快，体循环和肺循环都完善。而心脏的大小、心跳的快慢与飞翔能力的强弱成正比。据试验，飞翔能力弱的家禽心跳平均为 280 次/min，而飞翔能力强的金丝雀则可达 500 次/min 以上。鸟血液中细胞数比哺乳动物的多，且个体大，呈卵圆形，有细胞核，血红蛋白的含量也比哺乳动物的高，因此，鸟能充分携带和供给氧气，为快速飞翔提供物质基础。

5. 鸟的泌尿生殖系统

鸟的代谢旺盛，故肾脏相当发达，以增强代谢废物的排泄和保持盐分的平衡。肾脏位于脊椎两侧，鸟无膀胱，输尿管由肾内发出，向后通入泄殖腔。鸟与爬行类一样，其尿主要由尿酸所组成，尿内的水分和盐类经过肾小管和泄殖腔时又被重新吸收进入血管。因此，鸟的尿液较浓，最终从泄殖腔随粪便一同排出体外。

雄鸟的生殖器官包括 1 对卵圆形的睾丸（即精巢），通常左侧的大于右侧的，其内侧有 1 对输精管道到泄殖腔，输精管的末端膨大成为贮精囊。交配时，由雌雄鸟的泄殖腔口接合而受精。有些种类的雄鸟具有"交接器"，如鸭类等。

雌鸟仅左侧卵巢和输卵管发达，右侧退化。输卵管前端像大漏斗，开口于体腔，输卵管末端开口于泄殖腔，成熟的卵从卵巢排出后，通过喇叭口进入输卵管，卵在输卵管上端受精，在下行过程中被输卵管所分泌的蛋白、壳膜和蛋壳所包裹，最后形成鸟蛋，经泄殖腔排出体外。受精的蛋为有精蛋，未受精的蛋为无精蛋（俗称白蛋），无精蛋不能孵化。卵并非同时成熟，而是一个个成熟产出，这也与减轻体重、适应飞行生活有关。

二、鸟类的繁殖特性

鸟类的性成熟年龄差异很大。很多小型鸟类出生后 8~12 个月进入性成熟期；一些中型鸟类需要 2~3 岁后才能性成熟繁殖后代；大型鸟类如鹤、鹳、鹫等，则需 4~5 岁或更长的时间，才能性成熟，开始产卵繁殖。达到性成熟的鸟会表现出求偶、营巢、产卵、孵化及育雏等一系列繁殖行为。

1. 求偶

鸟类求偶是其性成熟的重要特征，也是鸟类一生中最优美的生态表演。各种鸟的求偶活动千姿百态，变化万千。求偶期间的亲鸟羽毛丰满，羽色艳丽，体态异常优美；很多鸟类在求偶期中，鸣声多变，有的婉转清扬，有的呢喃轻柔，也有的高亢豪放。优美悦耳的鸣声大多发自雄鸟，雌鸟一般很少鸣唱或鸣声简短，这也是我国玩赏笼鸟以雄性为主的重要原因。很多种雄鸟，羽色艳丽，在求偶期间以其鲜艳的羽色及优美多姿的体态来取悦雌鸟，以此求得雌鸟的爱慕，并接受其交配。进入性成熟期的鸟类，雄性间常有争斗，有时搏斗得头破血流，也可能出现伤亡，故此时需注意观察，加强防范，以免因争斗损伤体表或羽毛，降低玩赏价值，更需防止雄鸟的伤亡。在雄鸟的追求下，雌鸟动情中意后，两鸟或同鸣共舞，或交喙相吻，或互为对方梳理羽毛，反复几次后，两鸟即行交配。对大多数观赏鸟来讲，没有固定的终生配偶。

2. 营巢

鸟巢是鸟类产卵、孵化和育雏的重要场所。一般说来，雌雄鸟在营巢生活中都有比较明确的分工，有的由雌鸟承担，如山雀等；还有雌雄鸟协作筑巢的，如家燕、黄鹂等；也有专门由雄鸟筑巢的，如黄莺等。不同种类鸟的巢型、大小、结构、建巢材料及安置处所都不一样。常见的鸟巢有以树枝、杂草、树叶铺垫，筑于地面或草丛中的地面巢；有浮于水面、用水草制成的水面浮巢；还有以树枝、草茎、羽毛等编制而成的编制巢。一般情况下，营巢期间的雌雄亲鸟，除营巢活动异常忙碌外，雌雄亲鸟的精神极度兴奋，终日活跃于巢区周围。不允许其它鸟类进入巢区。在营巢过程中雄鸟不时地发出悦耳的鸣声，或伴之以飞舞、跳跃等美态向雌鸟求爱，同时还伴随着较频繁的交配。雌雄亲鸟自营巢开始，经常是雌飞雄从，形影不离，即使夜晚也是雌雄双双同栖一处过夜。

3. 产卵

多数鸟类在营巢完毕后开始产卵，产卵数差异很大，最少的每巢一个，多者达每巢26个，通常每巢4~8个。多数种类每年繁殖一巢，每巢只产1卵者有大型企鹅及鹫类；每巢产二卵者有多种鹤类、各种大型鹦鹉及鸠鸽等；鸣禽类中的画眉、百灵、红嘴相思鸟、白玉鸟、金山珍珠、红点颏、八哥等，每巢产卵多达3~5枚；各种雉鸡及野鸭等，每巢产卵可达8~10枚，或10枚以上。

4. 孵化

鸟类在筑巢结束后即开始产卵孵化。通常在最后一枚卵产出之后即开始孵卵，如此全巢雏鸟出壳时间比较接近，雏鸟发育速度也比较同步，所以雏鸟易于饲育成活。少数种类如白玉鸟、虎皮鹦鹉、家鸽等，在产生第一枚卵后，亲鸟就开始孵卵，因而各个卵的胚胎发育程度有明显差别。鸟卵的形状和颜色式样很多，大多数鸟类的卵为椭圆形，卵上具有各种斑纹，如斑点、块斑、环斑、条纹等，形成保护色，不易被敌害发现。每窝卵的数目各异，一般小型鸣禽产4~6枚卵，产卵时间多在清晨，每日产一枚。孵卵活动大多由两性共同承担，但以雌鸟为主；有些种类全部由雌鸟孵卵，雄鸟主要负责保卫巢区，并捉虫饲喂孵卵的雌鸟；有些种类为白天两性轮流孵卵，夜间由雌鸟孵卵；也有少数种类的孵化任务全部由雄鸟承担，雄鸟在整个孵卵期间不食少饮，直至幼雏出世，雄鸟才与幼鸟共同进食。鸟卵孵化期因种类不同而异。鸟类的孵化期长短不一，一般小型鸟13~15天，中型鸟21~28天，大型鸟更长些（如雀鹰31天，鸵鸟42天）。

亲鸟在孵卵期间，由亲鸟直接供给种卵适宜温度而促使受精卵发育成长。亲鸟在孵卵期间的胸腹部羽毛自然脱落，形成裸露的皮肤，称为孵卵斑，有利于亲鸟保持种卵适宜温度和孵卵效果。孵化期间亲鸟体重逐渐减轻，有利于保护所孵种卵不致因体重大而压破种卵。

5. 育雏

鸟类的雏鸟，按其初生时发育的类型，可分为早成性雏鸟（离巢雏鸟）和晚成性雏鸟

（留巢雏鸟）两大类。早成性雏鸟其亲鸟多为地栖或水栖鸟类，如雉鸡、鹤、雁、鸭、鸵鸟等。早成性雏鸟在孵出时已经充分发育，眼已睁开，腿脚有力，全身披着丰富的绒毛，在绒羽干燥后就能跟随亲鸟啄食。晚成性雏鸟的亲鸟久栖枝头，营巢树上或洞穴，也有营巢于草丛的种类，如鹦鹉、白玉鸟、金山珍珠、画眉等。晚成性雏鸟出壳时尚未充分发育，眼不能睁开，腿足不能站立也不能行走，全身裸露或只生少量稀疏绒羽，只有很少纤细的绒羽，需由亲鸟喂养，继续在窝内完成发育过程。其雏鸟留巢的时间长短不同，多数鸣禽的雏鸟，留巢的时间几乎与其孵化期一样或略长一些。

鸟类的育雏生活与其孵化有一定关系，早成性雏鸟的抚育幼雏任务，多由孵卵的亲鸟所承担；晚成性雏鸟，通常是雌鸟孵卵的种类，以雄鸟为主进行育雏；雌雄双亲共同孵卵的种类，由双亲共同育雏。亲鸟在育雏期间十分紧张，每天喂食活动要用16~19h，往返近百次，斑啄木鸟达到120次。亲鸟衔食归来踩动树枝和巢时，幼雏就产生伸头张口反应，显示口腔内特别鲜明的颜色，如红色或黄色，以激发亲鸟的喂食本能。不张口的雏鸟，亲鸟不喂食。

在育雏期间，亲鸟喂给幼鸟的食物种类，常因成鸟食性而异，很多食虫鸟类和以谷物为主食的鸟类，其幼鸟多以虫类为主食，并由亲鸟衔虫送入幼鸟口中；食肉类的亲鸟，则是将猎物的肉撕碎后喂给雏鸟；鹦鹉等以谷物为主食的鸟类，是以反刍的方式饲喂雏鸟，即亲鸟将食物吞食后片刻，然后将半消化的食物连同较多的消化液一同饲喂雏鸟。

离巢的雏鸟，嘴和跗跖几乎达到了全长，体重已接近于成年雌鸟，体色也和雌鸟相似，但仍保留一些幼鸟特征。如嘴角为黄色，尾较短，羽色较深暗等。常结为小群，鸣叫声也较尖细。

复习思考

1. 为什么大家常说"狗好养"、"猫难养"、"狗不嫌家贫"、"馋猫"？这些说法有何科学依据？
2. 如何让处于哺乳期的犬去给一只刚出生不久的猫哺乳？
3. 炎炎夏日，有的宠物主人将自己犬的毛剃光，并且还说这样能使犬凉快一些，这样的说法正确吗？
4. 如何提高猫的繁殖率？
5. 人工繁殖的宠物鸟，经过许多代后，生物学特性可能会发生哪些变化？

第三章　宠物的行为

知识目标：掌握宠物的肢体语言，熟练掌握宠物常见的行为学知识。
能力目标：能够正确地理解宠物的"语言"，在人与宠物之间建立起生活的默契，真正做到"观其行，知其心"。

宠物的行为是宠物在个体层次上对外界环境的变化和内在生理状况的改变所做出的整体性反应，并具有一定的生物学意义，宠物只有借助于行为才能适应多变的环境（生物的和非生物的），以最有利的方式完成取食、饮水、筑巢、寻找配偶、繁殖后代和逃避敌害等各种生命活动，以便最大限度地确保个体的存活和子代的延续，为了做到这一点，动物个体必须以一个整合的协调单位作出反应，首先是把来自环境和体内的各种刺激加以整合，把信息转化为各种指令送达肌肉系统，并以适当的行为表现于外。

第一节　犬 的 行 为

一、犬的心理行为

犬是一种感情很丰富的动物。在犬与犬之间或犬与人之间的交往过程中，也有哀、喜、乐、怒、恐惧与孤独等情感。犬具有丰富的心理活动，不同品种的犬及同品种的不同个体都具有不同的性格、气质，即便是同一只犬在不同的环境条件下，也会有不同的情绪表现出来。犬在认识新的环境的时候，通常表现出好奇、探究、分析、认识等心理行为。伴随着环境变化，犬的心理也逐渐发生改变。犬在不同的心理状态下，会表现出不同的行为。

了解犬的心理行为，将有助于我们更快地成为犬的朋友，理解犬的行为，沟通犬与人类的感情，使犬成为人类真正的伙伴。而且只有根据犬的不同气质，采取有针对性的方法，因"犬"施教加以引导，才能取得训练的成功。另外，研究犬的心理，能对犬表现心理状态的一系列行为有本质的认识，因而才能理解爱犬表现各种行为时的心理需求。

1. 等级心理行为

犬具有较为理智的等级心理，这种心理沿袭于其家族顺位效应，它们的这种心理行为可以维系犬群的安定，避免无谓的斗架，从而保证种族的择优传宗，繁衍旺盛。

在犬群中，犬非常清楚自己的等级地位，对于自己的地位是不会弄错的。同窝仔犬在接近断奶期时，便开始了决定等级的争夺战。战争的开始并没有性别差异，经一段时间后，出众的公犬就会统领其它犬。在犬的家族当中，是根据年龄、性别、才能、体力、个性等条件决定首领的。往往年龄大、个性强和智慧高的公犬为"领导"。"领导"拥有至高无上的权力，家族中的其它成员只能顺从它的统治。对仔犬而言，父母是当之无愧的领导者。年轻的仔犬发现了某种情况，并不会立即独自跑过去，而先是站起来，以等待指示般的紧张表情回头看"领导"，如果"领导"不理它，依旧躺着，那么这只年轻犬心里虽然很想动，但也不得不再度地在原地坐下来。

犬对人的等级也比较了解，并且基本上与我们人类所认定的等级一致。例如主人、妻子、小孩、客人的顺序。在所有驯养的动物中，犬是一种最适合和人生活在一起的动物。犬能顺从主人，听从指挥，建立互相理解、信任的关系。人与犬之所以能够密切相处，是由犬的等级心理所决定的。在犬的心目中，主人是自己的自然领导，主人的家园是其领地。在观察中我们发现：犬对一家人的话并不是都一一服从的，而只是服从自己主人的命令，只有主人不在时，才会服从其它人的命令。这表明了在犬的心目中，主人是处于最高等级的，其它人是处于次要等级，而自己是处于最低等级的。犬在其等级心理的支配下，还会想方设法亲近主人或最高地位者，以获得他们的保护和宠爱，在首领的影响下提高自己的等级。正是犬的这种等级心理，犬才会对主人的命令加以服从，才会忠诚于主人。倘若犬对主人的等级发生错误的认识，则会出现犬威吓、攻击主人的行为。

2. 占有心理行为

犬有很强的占有欲，十分重视对自己领域的保护。对自己领域内的各种财产，包括犬主人、主人家园及犬自己使用的东西均有很强的占有欲。因此，养犬看家护院才会如此有效。

犬表示占为己有最常用的方法是排尿作气味标记。犬有贮藏物品的行为，这也是其占有心理的表现。我们常见犬将木球、石头、树枝等衔入自己的领地啃咬、玩耍。台湾犬心理学研究者安纪芳所养的一只名为"伊丽丝"的犬，还擅长将占为已有的物品贮藏起来，趁主人及其它同伴不在时，偷偷地拿出来玩。这些事实都说明除了食物，犬对于其它嗜好品也都视为私人财产并有强烈的占有欲。

公犬在配种期间，并不喜欢人或其它犬接近它和母犬的居住地，似乎怕人们夺走它的"爱人"，这表明了公犬对母犬也存在占有心理。犬的占有心理常会导致犬与犬之间的争斗。另外，正是因为犬对主人有占有心理，才使护卫犬面对"敌人"能英勇搏斗，保护主人。

3. 怀旧依恋心理行为

对故土的留恋心理被称为怀旧依恋心理或回归心理。犬比人有更为强烈的回归欲望，它们超强的回家能力便是犬怀旧心理的最好体现。犬与主人相处一段时间后，便会与主人建立深厚的感情，而且饲养的时间越长，感情便越深厚，这种依恋心理表现得就越为突出。

犬对人的依恋与忠诚，通常表现在两个方面。一是犬往往极力维护主人的一切利益，会尽自己全力满足主人的意愿。犬对主人的情感，胜过与同类的感情。这种对主人的依恋心理是犬忠诚于主人的心理基础，犬可以奋不顾身地保护主人，也可以仗着主人的威势侵犯他人，也就是人们常说的"狗仗人势"。二是对主人忠诚的犬也表现为受到主人的责骂甚至暴打时,也不会反抗。这也是辨别一只犬是不是从小就与主人在一起的一个重要标志。

在日常生活中,犬依恋于主人。见到主人后,总是迅速跑上前去,在主人的身前、身后奔跑跳跃,表现出特别高兴。犬既可从主人那里得到食物、爱抚、安慰、鼓励和保护,也可因为犯有"过错"而受到主人的责罚。但犬始终相信,主人是永远不会抛弃自己的。

4. 探究心理行为

在犬的生活中,时刻被好奇心所驱使。当犬发现新目标,通常会用好奇的目光对其专注,表现出明显的好奇感。然后用鼻子嗅闻、舔舐,甚至用前肢翻动,进行仔细的研究。好奇心促使犬惯于奔跑、玩耍。犬来到一个陌生的环境时,会在好奇心的驱使下,利用其敏锐的听觉、视觉、嗅觉和触觉去认识世界,以获取经验。

犬的好奇心有助于犬智力的增长,犬的好奇心用专业的术语来说是一种探求反射活动,在好奇心的驱使下,犬会表现出模仿行为和求知的欲望。这种心理行为为驯犬提供了极大的方便。犬的牧羊模仿学习是一种很重要的训练手段,其训练基础便是充分利用幼犬的好奇心。幼犬通过模仿,便能从父母那里很快学会牧羊、捕猎的本领。

5. 寂寞心理行为

犬生性好动,不甘寂寞。与主人相处时,以主人为友,依赖于主人。因此,犬将主人作为自己生活中不可缺少的一部分。如果失去了主人的爱抚,或长时间见不到主人,犬往往会意志消沉,烦躁不安,甚至会生病。因此,我们常见在运输犬的途中,将犬关在一个四周闭合的木箱中,犬会大闹不止,这是因为犬感到了和人类朋友的隔绝。这些充分说明,犬存在着孤独心理。这种孤独抑郁的心理状态对犬来说是一个致命伤害,有时会引起犬的神经质、自残及异常行为的发生。为此,在犬的饲养管理、训练的过程中,要保证有足够的时间与犬共处,以消除犬的孤独心理,增进人和犬之间的情感。

6. 惧怕心理行为

犬害怕声音、火光与死亡是人所共知的。未经训练的犬对雷鸣及烟火具有鲜明的恐惧感。飞机的隆隆声、枪声、爆炸声及其它类似的声音,都是犬害怕的对象。犬在听到剧烈的声响时,首先表现为震惊,接着便会逃到它认为安全的地方去,比如钻进屋檐下或房间里,缩着脖子钻到狭小的地方伏地贴耳,一副很受惊的样子。当声音停止之后,它们的心情才会得以平静。这种恐惧声音的行为是一种先天的本能,是犬在野生状态下残留的心理。克服犬的这种恐惧心理,是犬能否为人类工作的关键所在。从仔犬时便应进行声响锻炼,以适应这种刺激。除声音外,惧光的犬也不在少数,这也源于自然现象中的雷声与闪电,犬将这两者联系起来,并不能分清其因果关系。另外,大多数犬都讨厌火,但并未达到极度恐惧的程度。根据犬的这种心理及变化的过程,社会化期幼犬的环境锻炼是很重要的。

7. 欺骗心理行为

欺骗撒谎并不是人类的专利,犬也有欺骗撒谎行为,并且有时撒谎伪装的手法还很高明。在众多的犬种中,北京犬是很会撒谎的。一个很有名的例子,犬有在垃圾堆翻找物品的习惯，因此而受到主人的惩罚，所以在日后的日子内，这只犬如果在垃圾堆翻东西，主人如果突然呼叫它，它绝不会立刻走到主人身边，而是先往反方向的草地跑，然后才回到主人身边。这是一种常识性的隐瞒自己过失的行为，也就表示它不在垃圾堆，而是在草地的欺骗方法。在这个事例中，我们也可以认为，犬是害怕主人惩罚而逃跑，而强烈的服从心理迫使犬又回到了主人身边。在工作犬的训练中，犬也会表现类似的"撒谎"现象。例如犬在气味鉴别时，可能不是很专注地分析气味，而是看着主人的表情再决定它的反应结果。这种习惯的形成，与人的训练技巧有关，往往是由于主人在训练时对犬的奖励不在恰当时机，犬为吃食而缩短奖励时间造成的。

8. 嫉妒心理行为

当有新的仔犬进入后，原来的犬会有很长一段时间郁闷，甚至威吓或扑咬这只新来犬。针对犬的这种心理，我们在与犬的接触过程中必须注意，在自己的爱犬面前，切忌轻易流露对其它犬及动物明显的关切，以免发生意外。

犬顺从于主人，忠诚于主人，但犬对主人似乎有一个特别的要求，就是希望主人永远喜欢它自己。而当主人在感情的分配上厚此薄彼时，往往会引起犬对受宠者的嫉恨，甚至因此而发生争斗。这种嫉妒是犬心理活动中最为明显的表现形式。这种嫉妒心理的两种外在行为表现是冷淡主人、闷闷不乐以及对受宠者实施攻击。在犬的家族中，因争斗而形成的等级维持着犬的社会秩序。主人宠爱其中某一条犬，这是主人的自由，而对犬群来说，则是一个固定的等级，即只能是地位高的犬被主人宠爱。若地位低的犬被主人宠爱，则其它的犬特别是地位比这条犬高的犬，将会做出反应，有时会群起而攻之，这是犬嫉妒心理的表现。有些学者认为，这是犬将主人作为领土一部分的行为表现。

9. 复仇心理行为

与人相似，犬也具有复仇这一心理。在犬之间的交往中，会同样表现出因复仇心理诱发的复仇行动，并且，犬还会利用对方生病、身体虚弱的时候伺机复仇，甚至会在对方死亡之后还怒咬几口。犬往往通过其嗅觉、视觉、听觉，将憎恶自己的对手牢记在脑海里，在适当的时候就会实施复仇计划。犬在复仇时，近乎疯狂，很有置对方于死地之意。一些凶猛强悍的犬，对待为它治病打针的兽医师，总是怀恨在心，伺机报仇。现实中发生过不少这样的犬伤兽医的事例。

10. 求奖心理行为

犬求奖的目的是为了邀功获得奖赏。当一只猎犬获取猎物，将猎物交给主人时，往往抬头而自信地注视主人，等待主人夸奖或给它食物。这种邀功心理是被人驯化后发展进化的心理活动。人们在训练犬时，往往以奖赏作为训练的一种手段，当犬完成某一规定的动作行为时，总是以口令或食物予以奖励，这种训练形式强化了犬的邀功心理，有时犬是为了获得这份奖赏而去完成某件事情，甚至发生争功行为。在平时的训练过程中，应注意培养犬的这种求奖心理，在表扬、奖食上要慷慨大方，满足犬的邀功心理，尤其在犬完成某一动作，表现自信地邀功时，更应及时地给予奖励，强化训练意识，促使犬在日后为人类的工作中，更好地完成所要求的任务。

11. 时间观念

有很多的例子都可以说明犬具有很强的时间观念。犬的时间感是一种节奏。利用犬的时间观念可以提高犬对工作的兴奋性和主动性。

二、犬的行为表达

犬类具有多种多样的行为方式，并能通过姿势、肢体动作及声音等表达出来，以此来和主人、同类及其他动物进行沟通和相互理解。

1. 眼睛

（1）犬的视觉特点　犬的视觉系统的特点决定了它无法看清静止的目标，因此就会对活动的目标格外敏感。对犬而言，移动的目标就像是一个"侵略者"，随时有可能侵犯它的领地，但是谨慎的天性又不允许犬贸然出击，所以它就使用紧盯着某人或物的回击方式警告对方，颇有迎接"挑战者"的意思，同时随时等待时机想"教训教训"那个不懂规矩的家伙。此时不要低估犬的"实力"，因为当人高马大的你与它对视的时候，就会使它产生威胁感，它很有可能会冲上来，并向你吠叫。但是，如果你想让犬顺从，要让它服从你的威慑，那就应与它直视。此时要做的事情是蹲下来，使自己的视线与它平行，平息它的敌意，然后再盯着犬的眼睛，在眼神中让它了解你是不可战胜的。犬的视觉较差，对物体的感知能力仅限于该物体所处的状态，固定目标在50m以内能看清楚，运动的目标，则可以感知到825m以上的距离。

（2）犬的目光闪亮并且炯炯有神　那表示它的心情是当下最好的时候。例如，当犬受到奖励非常高兴时、遇到新伙伴时感到兴奋或者准备淘气的时候就会有这个表情。如果在你回家时，犬的目光闪亮，就不要犹豫，快快抱起它，给它最好的一个拥抱，然后和它一起玩耍吧！没有什么比这再好的了！

（3）不停地眨眼　美国爱宠专家凯特·萨丽斯蒂·麦特隆的一项研究表明，一只成年犬的智商相当于3岁儿童的智商。因此，与儿童一样，犬同样有惶恐、不安与渴望被关注的心理需求。不停地眨眼睛则表示它被冷落后的不安和对你不停的"忙碌"表示不满。犬生性"贪玩"，可不要因你的忙碌而忽视了它的感受啊。当它有意走来向你"亲近"时，说明你已经令它"寂寞"很长时间了。它需要你用足够的时间陪它欢笑和跑跳，别对它吝啬你的时间和爱抚。

（4）瞳孔张大　任何一种犬类均有"好斗"的天性，即使是宠物犬也不例外。它们都有很强的权力意识和地盘的管理意识，当它认为有"人"即将争夺或侵犯它的地位时首先会在面部表情上作出反应，让对方知道它已经发怒了。此外，犬在恐惧的时候也会张大瞳孔、眼睛上吊，企图用凶狠的眼神来掩饰自己的胆怯，不让自己在气势上输给对敌方。放大的瞳孔还能将对方的印象印在眼睛里，同样也是为了恐吓敌方。因此，用同样坚定的眼神看着它，记住要目不转睛地正视，让它知道你的权威不可侵犯，达到用眼神"征服"它的目的。此外，如果犬受惊吓程度比较严重，还应用轻柔的声音和肢体的接触让犬得到安全感，如用手顺着被毛轻抚或轻拍它的背部等。

（5）故意回避对方视线　若犬的眼神变得左右飘忽不定，不敢直视，与主人或其它犬对视时眼神会自动闪开，飘到其它地方。那往往是正处在害怕、紧张中，它用这种游离的眼神来躲避主人的盛怒或者避免与其它犬发生正面冲突。如果犬因为做错事而眼睛做出这种动作，不要一时心软放弃惩罚，这样会使犬养成"侥幸"的心理，认为以后再做错了事情用同样的方法就能逃避惩罚，所以，主人一定要"秉公执法"。

（6）警觉环视四周　当犬被独自放置在一个陌生的场所时，出自本能会警觉地环视四周，对新环境进行"考察"，这表明犬在心理上对新环境存在着不安，它需尽快熟悉周围的环境。因此，给犬一点时间，让它对新环境有一个了解的过程。如果家庭成员较多，不妨让家人轮流在犬面前走来走去，使犬能够记住这些"移动的目标"，以免家人突然出现会被犬犬视为入侵者而发起攻击。

（7）眼睛湿润　犬在与人交往的几万年时间当中，已经逐渐退化了原始的野性，特别是家养的宠物犬，它们有着和人一样细腻的情感。它们会生气，也会难过。当受到你的不公正的对待或是无端的指责时，看看它那湿润的眼睛，那是楚楚可怜的，这是它在向你哀求呢。因此，这时候的它一定是受了很大的委屈和打击，看那无辜的表情，不要再问原因，它一定攒了1000个伤心地理由，是你该花时间安抚它的时候了。

（8）对即将靠近的人目露凶光　犬的权力意识很强，当它认为它的领域或者权力受到侵犯时，会毫不犹豫地对侵犯者示威。面对这样一只潜在威胁的犬，要做的是停止在它面前的任何活动，如靠近它或在它控制范围内夺取物品。此外还应避让它的目光，这样能够避免与犬的正面冲突，让它知道对方并不是在挑衅它。

2. 犬的耳朵

（1）犬的听觉特点　犬的听觉很发达，是人的16倍左右，对于人的口令或者简单的语言，可以根据音调、音节的变化建立条件反射，从而完成任务。

（2）耳朵向前　耳朵向前是犬自信的表示，这时候的它一定在得意地盘算自己的回头率呢！例如，打了"胜仗"、刚做完美容、受到主人表扬的犬等都会在众人和众犬面前显得得意洋洋的。那我们就别打扰它了，让它继续享受它的自信吧，自信的犬也会让主人的心情变得大好的。

（3）旋转耳朵　犬的耳朵可以很灵活地旋转，在听到它感兴趣的声音或奇怪的声音时，就会把耳朵转向声音传来的方向，这说明犬是在打探消息。

当有突然的声音出现时，犬的好奇心便按捺不住了，它的耳朵会下意识地寻找声音的方向，直到辨认出来源。如果你的犬是个"好事"者，也许还会顺着声音的方向一路寻过去。哪怕只是停留在你家门外的行人，它也要跑过去看个究竟，这样的伙伴实在是够细心的了。

若想让它不旋转耳朵，那就需要解除它的警惕心，让它无暇去关注。方法一是轻轻抚摸犬的被毛，让它在主人的关爱中得到安全感；方法二是主人跟犬游戏玩耍，转移它的注意力。

（4）耳朵突然竖起　犬耳朵突然竖起，表示它当时精神高度集中，警戒的原因有可能是出现什么危险了，也可能是自己的"仇人"找上门来"挑衅"它了。总之，出现了这个姿势就表明它随时要准备出击了。它对威胁者的报复已经显示得跃跃欲试了。此时，主人要做的就是上前去安抚它的情绪，用手绕过它的头顶，轻轻地扶在它的背部，告诉它一切安好。

（5）耳朵向后贴伏　耳朵向后贴伏是犬示弱的表现，这时候的它一定碰到了对手。如果在面对别的犬或是人的时候犬把耳朵贴伏下去，这是它的一种顺从表现，说明它认为来者比它的地位高，它不会攻击对方，并且邀请对方与自己一同玩耍。若对方并不"领情"，犬的耳朵就会贴得更紧，表现出恐慌、焦躁不安，这是在告诉对方："别把我惹急了，再威胁我的话，我就要反击了"。主人这时要表现出接受犬"求和"的邀请，并且尽量将自己最亲切的一面显现出来。如果犬还存有戒心，那就用它最爱的玩具作为"和好"的途径，拉近与犬之间的距离感。

（6）耳朵直立　这是犬警觉或是发现新事物的信号，表示此时它正在全神贯注地"搜索"敌情或有趣的事情。对于好奇心或攻击性很强的犬来说，耳朵竖起还有可能是它对某种目标发出疑问或警告。对犬发出的"信号"可不要忽视，如果是因为发现"敌情"而竖起耳朵，不妨去看看它的"警告"，让它知道主人在第一线出现，处理它"报告"的问题，从而加深犬与主人之间的"心有灵犀"。如果是犬发现新鲜事物或有趣的事情，不妨向犬做"介绍"，犬对于知识渊博的主人将会是无限崇拜的。

（7）耳朵周围毛发竖立　耳朵周围的毛发竖起有两种情况。一种是犬正处在害怕、恐慌中的表现。通常情况下，犬被严厉地责骂后或遇到了比自己更强大的对手时通常会感到恐慌，且随害怕的程度不同，耳朵也有不同的变化。轻度恐慌时会毛发竖立，极端恐慌时不仅毛发竖起，就连耳朵也扭向后方。另一种是可能犬正准备"策划"一场攻击，即做出攻击性动作的信号之一。当犬感到害怕时，应尽快将它带到比较熟悉的环境，让它嗅到熟悉的味道；如果可能的话，用温和的语气与它交流，告诉它你就在它的身边。当犬准备攻击时应及时制止，必要时要利用主人的权威性来制止它。

3. 嘴巴

除了用来进食和嚎叫之外，犬的嘴在日常生活中也有很多的作用，如移动物品、取报纸、咬斗、拉拽……同时，嘴部的细节变化，也能透露出犬此时的心情。

（1）嘴微张　如果犬的嘴巴只是单纯地微微张开，并没伴随其它动作，说明此时感觉非常无聊，相当于人的发呆。如果在张嘴的同时，犬还像打哈欠一样发出"啊啊"的声音，它是在用这个举动来告诉你，它在等待一个玩伴呢！此时不要让无聊的犬独自呆在房间里，特别是没有经过训练的小犬，因为它们很可能为了自己寻找"乐子"而"发明"一些具有破坏性的游戏，如啃电线、咬衣服、抓沙发罩等行为。

（2）张嘴露出牙齿　如果犬在露牙齿的同时将嘴巴也张得很大，说明它并不是在表现攻击性的敌意，而是不敢相信眼前的一切，非常害怕，只要有机会就会逃之夭夭，绝不会在原地停留片刻。如果强大的犬看到弱小的犬害怕时，就会打哈欠告诉对方自己并无恶意。所以，主人也可以用这种方法安慰犬，犬会识别出打哈欠的意思。

（3）嘴唇上卷，露出部分牙齿　犬在人类心目中的印象总是忠诚、老实、善解人意的，确实，多数的时候犬可以温良、服从，可在面对"利益"时不会轻易退让，如果有"觊觎者"，它便会用这个动作来证明自己是不可侵犯的。例如，在面对"地盘"和"食物"遭受侵犯时，犬就会不顾一切与对方打斗、争抢，以维护自己的权益。犬都有争强好胜的心理，在众犬面前就更要显示自己的威武，也往往会在主人面前用争夺的胜利来表现自己的优秀，从而发生多犬抢夺的场面。如果犬不是斗犬的话，就要尽量避免因分配不合理而给它们带来的"利益冲突"。

（4）吐舌头　可不要以为犬对你吐舌头是在给你做非主流的鬼脸，那是在说明：好热好热。原因是犬的汗腺不发达，在炎热的天气只能靠吐舌头来排热量。一般来说，犬在夏天吐舌头是非常常见的现象，但有时冬天也会吐舌头，例如寒冷地带的犬（哈士奇犬）由于习惯了温度极低的环境，只要温度没有达到自己的寒冷标准也会继续吐舌头散热的。因此贴心的你不如给它一杯水，它会对你感激不尽的。另外，如果非寒冷地带的品种犬在冬天也常吐舌头，则有可能是患了胃肠疾病，还是应尽早咨询医师。

（5）舔舐　犬舔舐主人具有以下几种含义：第一，向比自己强的人表示敬意和服从；第二，感觉不安或惊慌，用舔舐的方式让自己镇定一些；第三，感到饥饿，在向主人索取食物；第四，安抚主人，这是犬的本能，出生不久的小犬就依靠舔舐的方式来增加与母亲和兄弟姐妹之间的情谊。当你的犬热烈亲吻你的时候，奖励给它肉骨头要比亲它一下更令它高兴！不要粗暴地拒绝犬的舔舐，这将让它非常伤心。但应当注意的是，主人不要主动亲犬，这种做法会使犬误认为主人是在向它讨好，极易将主人的权威置之不理，形成"老大"的心态。

4. 鼻子

犬的嗅觉是世界上最灵敏的，在这里要告诉大家，犬的鼻子不光具有嗅觉功能，还有表达情感的的作用。

（1）鼻子里发出"呵呵"的鼻音　鼻子发出"呵呵"的声音那是犬对你撒娇呢，它要告诉你玩耍的时间到了。这时候的犬希望你放下手中的工作和它一起游戏。这种鼻音是友善的邀请，摇动尾巴是开心，并表示自己正处在性情高涨的状态。如果犬偶尔会做出这个动作就有可能不是在撒娇，而是因为鼻腔功能的减弱，在感觉稍微不适时的本能反应。因此要弄清犬鼻子发声的真正原因，如果是因为撒娇，就不要忍心让它孤独，尽快加入它的游戏当中；如果是因为身体不舒服，就要及时就医。

（2）嗅　犬的大脑内没有人类强大的思维系统，它后天的一切"好"、"憎"以及对人或物的记忆都是用嗅觉来判断的。因此，它总是像没头苍蝇一样乱闻一通，用鼻子先"审查"一番。如果面对一只陌生的犬对你嗅来嗅去，那说明它正要试图接近你。别紧张，那是它对事物认识的一个过程。将你的胳膊或腿大方地伸给它吧，这是建立你们友谊的第一步。如果是一只和你很熟悉的犬，那也许是它在你身上发现了与平时不同的"情况"，如新朋友的香水等。

（3）撞　不要以为犬用鼻子撞你是说明它生气了。其实恰恰相反，那是它表达喜悦的一种方式。这种情况多发生于幼年犬，随着年龄的增加而逐渐消退，用鼻子撞主人身体的行为也会被明快的"汪汪"声所取代。不过，连续的猛烈撞击也不排除另外一种可能——愤怒，通常情况下，犬遇到不公、紧张、持续性饥饿的情况时都会有撞击物品的举动。因此，如果你的犬在你进门的时候兴奋地对你撞击，那么快快抱起它吧，给它一个拥抱是最好的奖励。面对愤怒的犬你就要用爱抚来沟通了，记住一定要坐下，让它觉得你和它是平视的，让它在心理上有安全感，如果爱抚仍然不能平息它的愤怒，那就用美食来诱惑吧。

（4）舔鼻子　舔鼻子是犬的一种正常反应。鼻子是犬五官里最为敏感的器官，小小的鼻尖上有上万条感觉神经，用舌头舔鼻子对敏感的神经中枢起到镇定的作用。通常一只刚刚激战过的犬会在纷乱过后用舔鼻子的方法让自己放松下来。这一动作是犬的自然动作，主人不要过于担心。如果犬舔鼻子的行为与平时相比过于频繁或剧烈，那就应该留意了。这个时候的犬或是口渴，或是极度的情绪烦躁。因此，你要做的是把它抱在怀里，用你的抚摸平息它那刚刚落定的心神。如果犬的舌头不停地舔鼻子，一遍又一遍，那是它口渴的表现，送给它一杯水吧。

（5）故意用鼻子蹭某种物品　犬是由狼进化而来的，所以在某种程度上还留有狼的习性，如对猎物的追捕。它之所以故意蹭撞物品，并将它们故意撞翻，是因为他要对认定的"猎物"开始围剿了。发现猎物的犬就像发了神经一样会把全身的力气集中在鼻子上，然后故意蹭某种物品，把它们弄翻，再东闻闻西闻闻，寻找它认为"可疑"的蛛丝马迹。哪怕猎物只是一只几天没洗的袜子，也会不厌其烦地把它找出来，甚至乐此不疲。更重要的原因是，犬在用鼻子蹭的过程中会将自己的气味留在物品上，表明这个物品是它的"标的物"，其它人是不得占有的。

（6）用鼻子试探、接近　犬靠近人或物时首先是用鼻子嗅或试探，当它觉得没有危险时才会小心地进一步靠近。原因是犬对人类世界充满好奇，每一处对它来讲都是稀奇的，所以我们才总是会看到犬们东闻闻西闻闻的，那是它对环境的"勘察"，通过嗅觉和触觉判断那"可疑物"的善恶。同时那也是它的一门重要的实践课。

5. 尾巴

有人说，犬的情感表达是十分匮乏的，只能用叫声和头部动作表达自己的心声，这种说法过于狭隘了。犬表达情感的方法很多，例如作为"心灵透视镜"的尾巴就能将犬的心情表达得淋漓尽致。

（1）尾巴静止不动　尾巴是犬传达信息的一个工具，如警告、快乐、示爱、讨好等，但当犬的尾巴静止不动时并不意味它中断了与外界的联系，而是此时显示出不安，因为它不确定对方将要做的行动，因此只好用不安的心来静静观察着。这种情况经常发生在主人准备离开家的时候，此时的犬或有强烈的不安和孤独感。这时要做的是抱起它并轻声地安慰它，让它知道你只是短暂的离开，从而帮它摆脱心理上的困境。

（2）尾巴轻摇　那是犬向对方发出的友好信号，也是犬无声的问候。如果这个动作是对它的"犬友"发出的，表示它们正在游戏中，并且心情很愉快。不过，轻轻摇尾巴只是犬的一般友好表示，当它尾部剧烈摆动并带动臀部晃动时，那一定是犬的特殊朋友出现了，通常是久别重逢的问候。如果轻轻摇尾巴的动作是对主人发出的，表示它对主人充满了期望，希望主人能够满足它微小的愿望。当然，摇尾巴并不全是友好的表示，当你看到犬摇尾巴的方向是左右画圆的，那是它在向你警告：不要靠近我。如果它死盯住一个目标，并开始用力且缓慢而僵硬地晃或急促地摇尾巴时，就意味着它正处于警戒状态，随时都有可能发起攻击。所以，不要认为陌生的犬摇尾巴就是表示喜爱，一旦误解它的意思而贸然行动，会让犬因为害怕而做出伤害你的举动。因此，对于不熟悉的犬，还是不要过于亲近为好。

（3）尾巴向下耷拉　不少人认为，尾巴向下耷拉就是犬不安和害怕的表现，其实它在请主人宽恕而撒娇时也会把尾巴垂下来，向下耷拉的尾巴比较接近后腿，并用无辜的眼神看着主人，直到主人的感情防线被它的亲情战术所征服。如果尾巴只是稍微向下，并且离后腿较远，说明犬只是比较放松而已。如果犬将耷拉的尾巴夹在肚子底下藏起来，说明此时犬悲伤或害怕。对于沮丧的犬，惩罚的时间不要太长，情绪低落表明它已经意识到自己的错误，以后会尽量不再犯相同的错误。对于比较放松的犬，趁它心情不错快快给它洗个澡吧，心情愉快的犬对任何事都会说"好"的。如果是夹着尾巴的犬，此时不要给它任何一些刺激，例如大声吆喝或转身就走，而是应当保持镇定，让犬认识到对方并没有威胁性。

（4）尾巴翘起　如犬的尾巴介于平行位置和垂直位置，表示犬这时的支配欲很强。如果翘起的尾巴比较僵硬，说明犬现在敢于挑战任何人或同类。如果翘起的尾巴比较柔和，表示犬此时非常自信，但不会做出任何过激的动作。如果尾巴向上翘的同时有点卷起，表示犬不但自信且充满了支配欲，它正期待接受别人的赞赏，以满足自己小小的虚荣心。因此对于第一种、第二种的犬，主人尽量不要打扰，因为此时下达命令的话很难得以执行，反而会引起犬的不满与反抗。对于第三种和第四种犬，主人要做的就是让它完成某项"任务"，在它完成之后给予表扬或赞美，恰到好处地满足犬的自尊心。

（5）尾巴直立　一般说来，尾巴直立表示犬的心理正潜在强烈攻击性和警惕心，在为它下一步的肆意攻击寻找机会。此时的犬已经进入高度警戒的状态，是面对陌生人和入侵者的一种挑战的方式。此外，尾巴直立也可用于互不相识的犬在初次见面时的比较谨慎的问候方式。它们在估量自己的胜算几率之后，再决定是否进攻。如果想培养一只很乖的犬，那就带它离开敌方吧。如果想锻炼它的战斗力，不妨在安全的条件下为它助威，它会因为主人的助阵变得更加威猛些。

（6）尾巴斜上举　尾巴向斜上方举，露出牙齿，且嘴里不时地发出威胁性的"呜——"声。这是一种站在统治地位的犬所传递出的信号，它在向其它的犬证明它的地位。在这样的殊荣下，犬的尾巴流露出傲慢的弧线，无论是走路还是站立就像明星一样昂首挺胸。用这种方式来演绎自己的傲慢，并显示自己与其它犬的不同。这时送一个"鄙视"给"臭屁"的它，但同时也要适当鼓励它，否则犬的自尊心将会受到伤害的。

（7）尾巴毛竖立　将尾巴上的毛竖起这种情况并不多见，这是犬在进攻的基础上多了焦急、恐惧、不安的意思。也就是说，它在面对一个体型庞大的对手，而此时的它又不能确定自己的胜负而表现出的外在反应。在这种情况下，尾巴上的毛会全部乍起，使尾巴看起来更有威力，表示在面对强大对手的时候不想也绝对不会在气势上输给对方。若只有尾巴尖端的毛竖起，则表示犬此时有点紧张，显得有点害怕或者着急，它是在告诉对方："我没有威胁，请你不要伤害我！"此时看清它威胁的对象，教会它"分清敌我"，培养它的"战斗力"也很重要，毕竟有时威猛也不是什么坏事。对于有点紧张的犬，则应当用抚摸或言语安抚它。

6. 身体与四肢

犬的躯体与四肢虽然表面上看没有尾巴、嘴巴和眼睛那么灵活，但是在表达自己方面同样也不逊色，无论是拱背、挠脸还是爬跨都显示出犬具有非凡而又出色的表达能力！

（1）身体直立　一般的情况下，犬在极度警觉时会身体直立，它在警惕地看守着自己的

"势力范围"。在它的领地里,如果有谁敢"侵犯"半步,它便会起身回击。如果想培养犬的"领地观念",不妨在家中划一"犬专用地"给它,哪怕只有一块毯子大小的地盘也可。当犬树立起领地观念后,将会把这种观念扩展到整个家庭,成为一条令主人安心、能够看家护院的犬。

(2) 仰卧　只有犬处在最放松的时候才会仰卧,这时候的它已放下所有的警戒心。因此,犬十分肯定周围不会出现伤害它的人或犬等,对现在的一切很有安全感,才会作出仰卧动作。犬让你看到或摸它的肚子是对你最大的信任。

(3) 身体匍匐　当犬的身体向下匍匐时,通常表示两个意思:一是当面对比它强大的犬时表示屈从与敬畏;二是发现猎物时作出的捕猎准备。虽然动作相同,但表示的含义却大相径庭!对于犬的服从,主人应当显示出领导者的风范,起到震慑的作用,在犬的面前树立起自己的威严;如果犬此时准备捕食,那就不要打扰它,静静地坐在一旁,让犬尽情地发挥自己的本能。

(4) 拱背　拱背意味着它放下了所有的防御,它认为此时前方的物体或人让它感觉到很安全,并且乐意接受对方的爱抚。

对于某些雌性成年犬来说,拱背还有可能是它们对雄性成年犬表示亲近的行为,这是犬的一种本能。即使做过绝育手术的犬,在特定季节中也会下意识地做出相同的反应。对于向自己表示友好的犬,为何不将手伸给它,与它一起享受人宠之间的游戏乐趣呢?对于发情的犬,则不要粗暴地打扰它们的"好心情",仅在一旁做一名观众就够了!

(5) 轻盈跳跃　双腿活动的时候并非平稳向前行,而是连蹦带跳,显得十分轻盈。犬用跳跃的方式来表达自己的兴奋。例如,当犬喜欢的人回来时或得到了主人的爱抚时,它都会开心地跳跃起来,像在为自己的喜悦而翩翩起舞。因此,一起用愉快的心情感受犬的喜悦吧,将它举起来,然后转几圈,让自己与犬的心情高高地飞上天吧!

(6) 用前腿触摸　触摸是犬与其它犬或主人对话前的动作之一,或许在它看来用触摸的方式更能将自己的感情传递给对方。有句话说得好:"肢体接触是最好的亲热方式。"但是,当犬不停地碰触主人的时候,别误以为它只是在邀请谁和它来一起打闹,或许它有什么特别的发现。当犬用"小手"碰触你时,不妨放下手中的工作去瞧瞧,或许它真的有什么惊奇的发现呢。曾经有很多主人在自然灾害(如地震、海啸等)前被自家的宠物唤起并安全逃离的,所以可不要小看它的"超能力"。

(7) 腿绷紧,并张开　一般情况下,这个动作通常具有攻击性,但也要看这个动作出现的场合,如果是在家里舒服的沙发上,那意义就大不一样了,此时它把两条前腿很舒服地向前拉伸并且把身体向下压,后腿直直的,屁股撅得很高,表示犬正在很享受地伸懒腰!犬觉得自己身体疲倦或无聊的时候会做出伸懒腰的动作,拉伸度比较大的动作能够舒缓因无聊而僵持的身体。此时,一个松软的沙发或一团乱糟糟的毛线球都是它们最好的消遣对象。

7. 声音语言

声音语言是犬用来沟通同种间相互联系和互为理解的重要工具。它用不同的发音和声调,表示不同的内容和含义,用以激发同类之间的情感,两性结合,母子联系,趋利避害,一致行动等。

(1) 吠声（汪汪）　这是犬提高警觉时使用的，不过高兴时也会发生这种声音。

(2) 鼻声（吭吭或哼哼）　这是表示有什么事要告诉你，如想外出、肚子饿、无聊时都会发出这种声音。

(3) 喉声（呵呵）　心情好时发出的声音，犬做梦时也有此声音。

(4) 吼声（嗡嗡）　这是恐吓声，此时犬一定会皱鼻子，裂开上唇，露出獠牙，形成一种特别的表情。而且在发出吼声时，通常前脚会用力踏，背毛竖立，尽量表示自己是不可战胜的强者。

(5) 高啼（铿铿）　表示疼痛的悲鸣。

(6) 远吠（喔喔）　呼叫远方同伴的声音，对方听到这种声音也会以同样的远吠回答。犬在听到口琴声、警报声或号声等时，会被诱发出这种远吠声。

又如嗥叫声是肚子饿了，表示哀求；尖叫声是不快，表示疾苦和求助；众犬齐鸣则表示欢快，可激发同类的情感；汪汪汪，叫一叫，停一停，表示它发现或听到什么动静；汪汪汪声急促，说明有人或其它动物已接近它，表示要攻击等。这些都可视为犬的声音语言，在搜毒、搜索、搜户中我们要求犬用吠叫声报警。

三、犬的本能行为

1. 遗尿

你可不要认为犬遗尿是患有尿频等疾病，其实它是在行走路线上做气味标识呢。因为犬都是通过尿液的气味来识别对方的，遗尿就是犬用它的气味留下记号的实际行动，好让其它犬知道是谁以及何时经过此处。犬们可从尿液残留的气味中辨别对方的身材大小和性别等。如果该处已经有其它犬的尿液，犬也会在相同的地方遗尿，目的是企图用自己的味道来掩盖其它犬留下的气味，宣布领地已经归它所有。除了宣布领地外，尿液还有一个作用就是帮助犬认路。当犬单独外出时，只要在路上用尿液作标记，犬就能准确地找到回家的路。这是犬的特殊本能，我们只有羡慕的份儿，当犬频频遗尿时一定要耐心地等待，而不要粗暴地将它拽走，更不能大声呵斥。

2. 爬跨

这是犬高兴的表现，一般在看见久违的朋友或出门归来的主人时，犬就会有这种表现。它兴奋地跑上去要与你撒个娇，这种撒娇方式是犬的一种本能。

爬跨行为的目的和表现因年龄不同而有不同的意思。幼年时的犬一般在高兴和顽皮，尤其是主人离开一段时间后返回时，常会做出这种动作。在幼犬（同性或异性）玩耍的时候也常会有爬跨的动作，这都是高兴的表现，而绝无交配之意。

成年犬做出爬跨动作时一般有两种情况：一是为了与发情犬交配；另一种是为了确立自己的地位，它要用这种方式证明自己才是说了算数的犬。对于犬的这种行为，主人应当采用合适的方法阻止，不要让犬养成这种习惯，因为这是对主人地位的挑衅，一旦犬在心理上形成它是老大的观念之后，主人的命令就很难对其产生震慑作用了。

3. 恐惧同类的尸体

与生俱来的防御本能使犬对同伴的死亡产生不可思议的恐惧感。原因是，死去的同类尸体会发出难闻的气味，这种气味类似于皮革，对犬具有较强的恐怖性刺激，会使它本能地联想到死亡与杀戮，不管死去的犬生前与它有多么要好，甚至是亲密的伴侣和子女它也不敢靠近，就连路过时也会表现出毛发耸然、步步后退、浑身颤抖的恐惧，并在很长的时间内会有"抑郁"的反应。出于保护它心灵的考虑，如果有家养的犬类不幸死亡，请不要让它的同伴看到尸体，那将会在它的成长中留下阴影。此外，主人还应当对犬进行"开导"，而不任其钻进"死胡同"，否则将会使犬患上抑郁症，以后就很难看到它开心的样子了。

4. 在地面刨洞

我们经常可以看到散放在院子里玩耍的犬喜欢用爪子刨坑，将食物埋在坑里，并用土将其盖上，然后自己很安逸地躺下。这种挖坑刨洞的行为是犬的一种本能。

原来犬的祖先是野生食肉动物，主要以兔子等动物为食物。有时它们也会因捕捉不到小动物而忍饥挨饿。为了预防挨饿，它们就逐渐养成了一种储食习性，把吃剩的小动物等埋进土里。经过人类的长期驯化后，虽然不用再捕食，但是祖先遗传下来的储食习性却根深蒂固地隐藏在犬的脑海里。此外，为了保持睡觉用的坑干净，犬还会挖"茅坑"，目的在于掩藏排泄物。如果不想犬每天都是脏脏的，那就规定它玩耍的范围，或是在它刨洞的时候明令禁止，多次以后就会好多了。

5. 挠脸

与猫洗脸一样，犬挠脸是一种本能，但并非清洁或者空气湿度太大，而是因为犬正处于刺激性味道的环境中。此时犬就会认为自己的鼻子出了问题，嗅觉不再灵敏，因此就会不停地挠脸或狂抓一番，来帮助自己赶走这种嗅觉上的不适。如果在没有任何气味的情况下，犬仍不停地抓脸，就有可能是患上了螨病或真菌性皮炎等皮肤病。

6. 挠身体

身体感觉痒痒就去挠，这是所有动物的本能，犬自然也不会例外。犬，特别是长有厚厚毛发的犬，在夏天或长时间不清洁时就会生出寄生虫或毛发打结，感觉很不舒服。为了"自救"，犬只能用爪子自己来解痒或打理已经打结的毛发。不过，有时在洗澡后还会挠身体，这有可能是犬对清洁用品过敏。

7. 疯狂跑跳

犬并非总是勇敢的化身，它也有软弱的一面，例如，当一只犬正处于极度恐惧中时，它会将对手想象成一个残忍无比的"杀手"，在面对这个凶恶的"杀手"时，它就会表现得躁动、不安、狂跑狂跳，用来警告对方"我是很有力气的，你可别惹我！"用疯跑的行为来震慑对方，有时甚至还会因为害怕而不自觉做出攻击对方的动作。因此，主人应当机立断将犬与引起它疯狂跑跳的因素隔离。

8. 对静物好奇并撞击

主人是否经常不解，为什么犬有时会对着家里的某些静态物品（如茶几、沙发等）较劲。它的行为也许是撕咬你的地毯或是用头部用力地撞你的行李箱。难道它对一个根本不会动的物体也有警戒心吗？其实，这是犬的好奇以及恐惧心理在作祟。在犬的世界中，好奇心和恐惧心总是并驾齐驱，无时无刻不存在的。在这两种心理的驱使下，犬会利用一切"手段"来完成自己的"探索欲望"。在诸多目标中，静物对于犬来说是最神秘的，因为犬只对移动的目标比较敏感。在它们的眼中，静物是朦朦胧胧的、是未知的，"初生牛犊不怕虎"的犬会表示出好奇，而胆小的犬则做出撞击的行为。撞击的目的有两种：一是征服它，用力让那"静物"知道自己是不好惹的；二是用主动攻击代替心理上的恐惧，特别是一些体型较小的犬，见到比自己大的物品，就有可能用撞击的方式来掩饰心中的恐惧感。

9. 躲起来

爱美是犬的天性，它也有小小的虚荣心，虚荣心有时表现在对自身外形的关注上。如果它的毛发被剪得太短而家里又刚好来了客人，它就一定会躲起来不去见人了。因此，无论在什么时候都要给犬足够的赞美和鼓励的眼神。让它知道你是爱它的，让它消除一切自卑的心理，在众人或众犬面前都非常自信。

10. 故意攻击

当犬主动发起攻击时，首先会站在高处四下观望，然后将耳朵竖起并向前伸，尾巴由低垂慢慢举高、伸直；同时，全身的毛发也会竖起，并露出牙齿，先是一阵低吼，然后是大声的吠叫。如果对方仍然没有屈服的意思，那么犬就会主动攻击，不管对方是否与自己有仇。不少养犬者都很自信自家的犬绝不会进行攻击，实际上温良的犬有时也会做出故意攻击的行为，特别是在饥饿、受伤、生病或情绪焦虑等情况下，好战的本能就会因为外来刺激而被激发，从而发起主动攻击。例如，当主人将注意力放在新来的犬身上，忽略了对自己的照顾时，犬就会愤怒不已，不仅不遵守已养成的生活习惯，还会变得暴躁并且具有破坏性，并用攻击解除自己的焦虑和不安。因此对它的这些"犬之常情"的过失应当谅解，并且找出犬故意攻击的原因。同时，在犬对其它犬发起攻击时，主人应大声喝止，让犬知道这种行为是不对的，因为战斗将会给犬心里埋下仇恨的种子。如果打败对手，犬日后会变本加厉地欺负弱者；如果被对手打败了，又会造成报复的心理。冤冤相报何时了，还是带你的犬远离或阻止犬的故意进攻吧。

11. 有特指对象的狂叫

眼睛紧紧盯着对方，用眼神向对方发出警戒的信号，声音变得异常狂躁，同时掺杂着呜呜的声音。在狂叫的同时，尾巴会竖起来，耳朵向前立起，鼻子皱着，把嘴巴张得大大的，可以看到牙齿。

"隐形的敌人"会让犬无理由地狂叫，但一旦犬锁定了目标，就会对该目标一直进行狂叫。犬的这种行为实际源于自我防御的本能。当犬在面对比自己大的犬、人类或物品时，将会感到十分恐惧或不安，它要用狂叫来掩饰自己的真实感受，给弱小的自己"壮壮胆子"。在生活中这种情况非常常见，如小犬"勇敢"地朝比自己体型大的犬或陌生人狂叫等。此时应将带离它的特定对象或者站在犬的面前，阻隔它的视线，并用眼睛瞪着它的眼睛。通常情况下，犬在面对主人的注视时都会尽量避开，变得温顺。但如果碰到了爆脾气的犬，那么一场恶战就要开始了。

12. 原地转圈

如犬在原地转圈，第一种情况可能是它在地上发现了什么，正等着主人过去瞧瞧。但这只是少数情况，通常情况是因为犬觉得那里相对隐蔽，它想在那里便便啦。犬虽然会将尿撒在其它犬的尿液上，但很少会在有其它犬气味的地方排便，所以在排便前就先是要找个它认为比较合适的地方，并且用转圈的方式反复地确认。当它可以肯定地面上没有别的犬占领的迹象时，才会安然地在那里排便，然后用后腿连续猛蹬地面。这种行为与猫遮盖排泄物一样，是为了掩埋自己的气味，防止受到敌人攻击。这个本能如此之强烈，以至于即使是在很硬的水泥地面上依然会重复这个动作，表示自己已经把便便"掩埋"了。因此，当犬转圈时不要催促或用绳子猛拽它，这会打断犬的"便意"，破坏已经形成的排便习惯。

13. 背对而坐

在犬与主人的相处中，常会见到犬背对主人而坐的情景。难道这是与主人疏远？还是犬在生闷气？其实这两种说法都不正确。对犬来说，背部就像是一个罩门，因此无论是玩耍还是迎敌都不会在后背留下任何一点空隙，这也是犬防卫意识强、警惕性高的一种表现。一旦犬决定将后背毫无戒备地交给主人，说明在它的眼里主人是它的依靠，是它的靠山，在主人身前，它不需要去顾虑身后会有任何危险，因为主人不会伤害它，还会保护它。因此，犬愿意将自己的一切都交给主人，最有诚意的表现之一就是背对着主人，席地而坐。

14. 拐大弯而非径直走

犬走向一个人，如果不是径直往前走，而是要拐个弯，有以下几种可能：

一是源自于犬特有的警惕心及防备心理。如果径直走向目标，那么自己的方位和方向就很容易被判断出来，当对方存有敌意时将会被攻击。如果拐个大弯儿走路，方位和方向将不会轻易被判断出来，即使对方有敌意和攻击的意图，也需花一点时间来判断犬的方位及方向！这样，犬就能为自己"争取"一点逃生或进攻的机会。

二是犬情绪高涨，非常兴奋，走路时活蹦乱跳，忽左忽右的，像一个淘气的孩子一般不肯好好走路，用拐弯的行走方式表达自己激动与喜悦的心情。

三是刚学走路的犬由于骨骼发育不完全，走路时难径直走，忽左忽右或拐着弯走会让它走得更舒服些。如果是成年犬，由于好奇心较强，在受到猫或其它动物影响后会进行模仿，如学习猫步等。

四是犬生病了或缺营养。比如大型犬严重缺钙会导致它无法正常走路。

因此，我们应仔细辨别犬的具体情况，然后"对症下药"。

15. 远离人群

其实，在生病时离开并不是犬个性独立的表现，而是几千年来遗留下来的一种本能行为，即人们常说的"返祖现象"。原因是犬的祖先遵循"弱肉强食"的生存法则，对于受伤或衰老的伙伴通常会"下毒手"，目的是减少食物的分配，不拖累"部落"的其它成员。为了保住自己的生命或不拖累同伴，受伤或生病的犬就会本能地躲避同伴，而这一本能在家养的宠物犬身上也能体现出来。因此当主人发现犬莫名其妙地失踪或在家中"消失"，在排除被诱拐、走失等因素后，就应当引起警觉，及时带犬上医院看病。

16. 逃跑

不要以为犬都是非常勇敢的，当它处在危险的境地或感觉到了危险将要来临时，如果认为自己无法抵挡危险，就会选择撒开四腿疯狂地奔跑！这是犬的本能，也是它自我保护的方式之一。犬在逃跑的时候，并不会只顾拼命地向前跑，它天生谨慎的本性会不时地往后扫几眼，这样逃跑的犬就能及时掌握追踪者的追踪信息，并根据追踪者的相关情况，及时地调整自己的逃跑路线和方向，以摆脱自己被追踪的困境。因此，当主人带着犬出去遛弯儿，任由它与同伴一起玩耍时，如果发现它被别的犬追踪袭击，千万不要觉得有意思，因为你的犬正处于危急之中。如果这时把追赶它的犬赶跑，让它得到安全感，犬将会非常崇拜你的。

四、犬的社交行为

1. 游戏邀请

将身体的前部伏下呈俯蹲状，然后将一只前腿提起，使身体向一边歪，头部几乎与地面发生接触，快速摇动尾巴，有时犬也会前后跳跃，下颚松弛，用期待的目光看着对方。这种行为表明自己有充足的体力和对方跑跳玩耍，同时在做各种邀请动作时，还会发出各种叫声，如叹声、滚动的吼音、高叫声等，表明自己的"诚意"。当犬完成一系列动作后，就会不时地跳起来、跑开，然后回头看着对方，这是它在观察对方是否响应了自己的邀请。看它兴趣如此高涨，就不要扫它的兴了，难得羞涩的犬有勇气向你发出友好的信号。

2. 顺从"它犬"

身体放松，将牙齿藏起，头部低垂，眼神不直视对方，耳朵全部下垂，尾巴向下弯曲，一只后腿盘着。然后犬会侧转将腹部露出，并将一只后腿举起来，稍抬耳朵表示信赖之意。有的犬为了表示自己的诚意，还会挤出几滴尿。此时，处于支配地位的犬将会用鼻子舔它的脸或拱它的喉咙、私处，表示接受它的顺从。腹部是犬全身最柔软的部位，为了表明自己顺从的诚意，它会将腹部完全露给对方，表示自己的"生死"由对方掌控。这在社交行为中是比较重要的一种姿势，特别是对毫无战斗力的胆怯的犬而言，做好这套动作可以让自己少树很多强敌呢！如果犬对其它犬做出这种表示，主人千万不要以为给自己丢了面子，而是应该感到庆幸。因为这是犬的世界，不要用人的眼光来衡量，热爱和平的犬总是比"战争狂人"

要更受欢迎的。

3. 视而不见

"月有阴晴圆缺，人有悲欢离合"，犬的心情也并不是整天都是晴天无云的，在它的内心里也有情绪低落的时刻，此时如果有其它犬邀请它来玩耍，它就会迈着"沉重"的步伐慢慢走开。如果犬本身的兴致很好，但嗅了嗅对方之后仍走开了，那它的意思就是"你对我来说没有任何感染力，我对你不怎么感兴趣"。如果犬对主人的召唤慢慢走开，极有可能是向主人表示自己的失望。有时主人对犬表示亲昵，犬就会认为："主人也许带来好吃的美食呢！"过了一会儿，如果主人没拿出让犬满意的美食，犬就没兴趣了，然后慢慢走开了，从那漫不经心的步伐中可以看出犬是很失望的！如果犬心情不好，主人最好能够找到原因，陪在它的身边，安慰它，把它的情绪调动起来。如果是主人引起的，最好的解决方法是就餐时拿出可口的美食，让犬好好享用！

4. 展示地位

犬中也有地位尊卑之分，十分注重对自己地位的肯定，自信的犬往往会用各种方式向其它犬表示自己的优势，并要求对方一定要尊重自己。因此，主人对犬之间的这种行为不要横加干涉，但如果涉及到自己，就不要再置之不理了。如犬在与主人并排走的时候靠在主人身上，说明它认为自己比主人的地位高，要求主人为自己让路。主人此时千万不要顺着犬的意愿，否则自己的权威性可就保不住了。

5. 最初相识

嗅臀部是犬之间交流的特殊方式，跟人与人之间的打招呼、握手一样，属于很正常的行为。原因是在犬的臀部分布着能够产生强烈气味的腺体，嗅臀部能更好地了解对方。

如果犬之间是初次相遇，互相嗅臀部，大多是向对方示好，如"嗨，你好！"等，同时嗅臀部也是在辨别对方的性别，类似于陌生人之间的交换名片信物。如果互相熟悉的犬见面后互相嗅臀部，同性之间一般是指见面打个招呼，表示类似于"哥们儿（姐妹儿），又见面了，今儿好啊！"的意思；若异性犬使劲嗅对方臀部，表示对它有好感，互相嗅臀部则表示双方两情相悦、互有爱意。不要粗暴地打断犬之间的"自我介绍"，这正是犬开拓自己"人际关系"的机会，多一个朋友会让犬更加快乐健康地成长。

6. 表示好感

与人的感情相类似，犬也有自己的情感诉求，也需要寻找自己的另一半，但犬并不是能在任意时间都可以去寻求自己的另一半。如果犬没有处在发情期里，主人强行为它寻找另一半进行交配，那将可能遭到它的强烈抗议。在发情期，一般是公犬主动追求，母犬被动接受。但也有例外，如当母犬对某只公犬情有独钟时就会主动表示，让对方知道自己的爱慕之意。犬寻找自己的另一半，主要是靠嗅觉来完成，当发现对方示好后，犬就开始摇着尾巴表示欢喜，也有传达交往欲望及要求的意思。此时如果公犬有好感，就会主动调情，通过亲昵的神态动作来博得母犬的欢心；如果母犬满意对方，也会以亲昵的行动回应对方。

7. 异类相处

犬对异类有着更高的警戒心，敌意也更为浓厚。当犬从异类身上嗅到了非同类的气味后，如果这异类是它第一次遇见，就会表现得非常警惕，但当发现异类并无恶意后，就会试着用自己的方式与异类进行沟通。犬与异类沟通的方式很简单，先伸出自己的爪子，并摇动尾巴，向对方示意："嗨，你这长相奇怪的小子，一起玩玩吧！"在犬的肢体语言里，伸出爪子并摇摆尾巴的举动，有"给我一些美食吧"或"咱们一起玩"的意思。可是异类对犬的这种友好行为并不理解，会认为这是对方做出的示威，有可能立刻警惕起来，并做出迎敌或撤退的准备。例如，在猫的语言里，摇着尾巴和伸爪子意味着赤裸裸的挑衅，这样就可能引发一场猫犬大战了。

因此，想让犬与异类相处，应该先将双方保持一定距离，只有当犬与异类对相互的气味熟悉了，才能一步一步达到和平共处。如果犬与异类都是从刚出生就开始共处的，主人可以大放其心，犬和异类会一直和睦相处下去。

8. 攻击预备

犬之间的交往并不都是友好往来，一言不合大打出手的犬也不在少数。在真正攻击之前，犬会做出一系列准备动作，例如，会与攻击的对象保持一定距离，以便随时发起攻击；俯下身体是为了更好地起跳，达到攻击前的助力效果。这些动作表明，犬不再满足于恐吓对方，而是要真正实施"报复"，即使与对方"决裂"也在所不惜。如果看到犬已经跃跃欲试了，出于保护弱者考虑，还是先把它的"敌人"请走吧。

9. 撕咬玩伴

犬天生就是一种捕食性动物，虽然经过驯化后成为人类的宠物犬，但这种本能并没有随着岁月的流逝而消失，而是用另一种方式表达，与玩伴撕咬就是其中的一种方式。不要以为犬真的忍心下口，其实它并没有用力，而且犬的皮毛较厚，对这种撕咬并不在意的。这样做的目的就是宣泄快感，让身体和精神在撕咬中得到放松。有些正在长牙齿的小犬互相撕咬的原因，则有可能是牙床发痒，通过撕咬对方可缓解自己的痒感。在游戏时撕咬是犬开展良好社交的一项不可缺少的活动，若犬撕咬的力度拿捏得当，主人就不应当横加干涉。

若犬将主人当做游戏的对象撕咬时，主人一定要记住，不要等到犬咬到皮肤后才挣脱，否则会使犬以为主人用"跳舞"的方式鼓励自己，因此会咬得更加开心。正确方法是当犬开始咬鞋带或裤腿时就要作出痛的反应，停止自己与犬嬉戏的动作，并且将视线转移到其它的地方。如果犬已经咬痛自己了，千万不要用手打犬的鼻子，因为犬不会懂得自己的友好行为为何会受到惩罚，从而对主人的手产生恐惧心理，对主人也产生了戒心。

10. 表示愤怒

在与其它犬的交往过程中难免会有不和的情况，此时犬会用上面的行为表达出自己的愤怒，让对方知道自己并不是好欺负的或者对方已经触到了自己的忍耐底线。因此，迅速带犬离开使它愤怒的同类吧，让它在平静中"消化"自己的情绪。

11. 平息潜在的侵犯

犬们的迎战可不是随时随地，它们也有不在状态的时候，这时是出击还是休战一切看它的心情。当犬不愿意出击时，在面对那些让它厌烦的挑衅时通常会做出一些令自己降火气的举动行为，如上面所说的打哈欠、转移视线、舔嘴唇、别过头去或是故意嗅寻地上的东西……这都是它们让自己"冷静下来"的一种方式，同时它们用这种举动告诉对手"今天我不会理你"。

第二节 猫的行为

一、猫的行为表达

人们常说猫是最"无情"的宠物，这是对猫的一种误解。其实在它"无情的面具"下面是一张多情的面孔，它的眼睛、耳朵、胡须、鼻子都会"说话"!

1. 眼睛

猫的眼睛就像是一架立体相机，任何风吹草动都无法逃过它的视线，而那双眸中深邃的目光变化莫测，在漆黑的时空闪烁着待人解读的秘密。

（1）眼神发呆　在游戏后或吃饱后，猫就会变得非常困倦，呆滞的眼神表明它已经作好进入梦乡的准备，那么就要提前作好承受猫"暴怒"的心理准备。因此，不要再打扰或离开猫，给它创造一个安静的睡眠环境，或者根据猫的习惯轻柔地抓挠它的下颌或用猫喜欢的其它方式哄其入睡。注意，有时眼神发呆也是猫患病的一个表现，主人应根据猫的其它表现进一步判断，及时送猫就诊治疗。

（2）半眯着眼睛　在享受主人的爱抚时，猫会放下所有的戒心与警惕，标志就是平时作为"探测镜头"的眼睛停止"工作"，并带动身体也变得十分懒散。此时猫的警惕性是最低的，但也是最信赖主人的时候。因此，千万不要做出任何可能会引起猫警觉或戒心的动作来，以免破坏自己与猫之间建立起的温馨氛围。主人可以用手抓挠猫的皮毛，或者发出与猫相似的声音与之"交流"。

（3）眼睛圆睁　当猫感觉自己受到威胁或者生气时，瞳孔放大不仅表示恐惧不安，并且要利用放大的瞳孔给对方造成不安。为了减少"流血事件"的发生，猫不会轻易地发动"战争"，而是利用睁大的眼睛告诫对方"你惹着我了"，使对方知难而退。猫是一种警惕性很强的动物，主人的无意行为就有可能引起它的不安，从而激起它好斗的本能。因此，当猫出现瞳孔放大、眼睛圆睁的表情时，主人一定要先掌握可能引起猫不安的原因，并且用坚定的眼神目不转睛地看着它，告诉它"这里很安全，我会保护你"。如果是一只陌生的猫盯着你，那么你还是将目光移开为妙，因为在猫的世界里相互盯着看被视为一种挑衅。

（4）瞳孔骤然收缩　猫的胆子很小，这也难怪，无论在家里还是室外，猫的身型与人和其它事物相比是那么的渺小，这会让它很不安。因此，当它发现一点仿佛于己不利的情况时，并不会先考虑这种情况是否有危险，而是本能地将注意力高度集中在对方身上，绷紧全身的神经。由于猫眼部肌肉十分发达，所以在绷紧神经的同时就会使瞳孔骤然收缩，做出挑衅性的威胁。这时不要发出声音，否则猫就有可能将主人视为"假想敌"，做出伤害性的动作。待猫的瞳孔恢复正常后，再试探着用轻柔的声音对它进行安抚，直至猫身体完全放松。

（5）眼神斜视　猫眼神斜视可能发生在很多情况，如较内向的猫在嫉妒主人宠爱其它宠物或者与他人亲近时，不会做出过激的动作来，而是静静地躺在一边，并用眼角盯着主人的一举一动。如果这时主人与猫对视，它也不会将视线移开，而是仍然用眼睛告诉对方"我知道你在想什么"！因此，不要漠视猫的眼神，因为这样会伤害它的情感，并让它感到自己在主人心目中没有地位，从而使其与主人逐渐疏远。但是，也不要过分哄它，否则会使它的嫉妒心更强，对主人与其它的宠物或人的接触更加无法容忍。最好的办法是"邀请"猫一同玩耍，将注意力平均分配。同时应注意，猫斜视也可能是一种病理症状，由于在育种过程中亲本选择不当，繁殖的小猫会携带斜视的基因，将会出现斜视症状。

（6）紧密注视移动物体　与犬一样，猫对静止的物体常常视而不见，但对于移动的目标却完全能够辨别，特别是对于高速移动的物体，猫会有迅猛追赶的冲动，这也是它的一种捕食本能。如果正在移动的目标是小皮球等玩具，不要对猫的行为过多干涉，让猫保留一点野性本能也未尝不是一件好事。不过，如果移动的目标是自己心爱的东西或其它的宠物，那就要特别留神，别让家中发生"惨剧"。

（7）面无表情地注视前方　猫与犬一样，都是看家的好手，它有时也会尽职尽责地为主人放哨，观察家中或室外是否有异样情况，尽其守护主人的职责。一般情况下，在没有特别异常时，猫不会有任何的表情与动作，只有当它发现有威胁的时候才会作出激烈的动作。此时，不要过分干涉猫的行为，更不要随意干扰它的"侦查"活动，小心它会将主人的亲近行为当作攻击行为。

（8）警惕地环视　猫的感觉敏锐度非常高，对任何事物都充满了不解与疑惑，在它看来，即使在自己一成不变的小天地中也有可能出现各种微妙的变化，这种变化足以引起它的注意。如果猫的警惕性环顾仅维持很短时间，就不要横加干涉。不过，如果猫长时间处于这种"神经质"状态，主人不妨用猫喜欢的食物来转移它的注意力。

2. 鼻子

（1）撞　不要以为猫用鼻子撞人就是生气的意思，它与犬一样是用鼻子来表达自己的喜悦心情。例如，有的猫发现老鼠或者昆虫后，就会用鼻子撞击主人，这是示意让主人看自己是如何"立大功"的。

（2）嗅　猫的嗅觉与犬一样灵敏，因为猫看不清静止的目标，所以只能依靠嗅觉来判断该目标是否正常。如果它主动凑上去用鼻子嗅人的鼻子，则说明它对这个人很有好感。在日常生活中，猫用鼻子嗅还可能有以下几种情况：一是在室外用鼻子嗅，是用捕食的本能确定"猎物"的大致方向；二是凭借嗅觉判断食物或玩具等放置的场所；三是吃饭前嗅食物，是为了判断食物是否变质或有毒；四是公猫凭借嗅觉找到发情期的母猫；五是刚出生、眼睛未睁开的小猫通过嗅觉找到母亲的乳头。因此，尽量不要在猫的周围制造"香味干扰"，以免猫因嗅觉失灵而逐渐"放弃"嗅觉本能。主人平日在打理猫毛皮时，也应尽量使用一些无香味的洗涤剂或护理品。

（3）用鼻子蹭某种物品或人　猫与老虎、猎豹一样属于猫科动物，习惯留下自己的气味。例如，有的猫就喜欢用鼻子蹭主人的衣服，表示主人是自己的，别的猫不能来争；有的猫喜欢用鼻子蹭主人的皮肤，表明自己对主人的爱恋，有"以身相许"的意义！还有的猫蹭主人的裤脚则是表示"我对你很信任，我喜欢你，快来和我玩"。除了表示占有外，猫用鼻子蹭东西还有可能是为了清洁鼻子或者是鼻子发痒。但无论猫是蹭衣服还是皮肤，主人一定要作出反应，否则会挫伤猫的自尊心。

（4）舔鼻子　猫舔鼻子是正常的反应，原因是鼻子上分布有很多神经，用舌头舔舐会对中枢神经起到镇定的作用，而且舔鼻子还能使鼻子保持湿润，使嗅觉更加灵敏。不过，猫舔鼻子应当保持一定的频率，如果过于频繁或者剧烈，有可能是猫口渴或者情绪紧张。如果猫是因为渴舔鼻子，那么就尽快为它端上一杯水；如果是因为情绪紧张而舔鼻子，主人应当抱着猫，转移它的注意力，并离开使其紧张的环境。

（5）用鼻子试探、接近　猫的警觉性较为敏锐，在面对陌生的事物时从来不会鲁莽地扑上去，而是要在确信百分之百无危险的时候才会放下戒心。在这之前，它会用鼻子小心地去试探，利用鼻子的嗅觉和触觉来判断是否将有可疑情况发生。如果猫正在接近主人的私人物品，如化妆品、毛绒玩具或者衣服等，千万不要因为害怕弄脏物品而制止或呵斥它，要知道这只是猫的一种本能。

3. 耳朵

猫的警惕性不仅依靠鼻子，耳朵也是重要的"报警装置"之一。任何细微的声音都逃不过它的耳朵。它在"耳听八方"的时候还会向主人或其它猫传达自己的想法，告诉大家藏在它耳朵下面的秘密。

（1）外耳向前突出　如果猫的耳朵朝前突出，表示心情很好，此时即使是陌生人猫也不会过分警惕，反而会主动发出友好的表示，有时甚至还会显得比较"八卦"，不分目标地滥用自己的"爱心"。趁着猫的情绪很好，快点做些它平时比较反感的事情，如修剪趾甲、吃药、洗澡等。当然，也不要做得太过分，否则会让猫的情绪"晴转多云"。

（2）耳朵竖起，并未特别朝向何处　如果猫的耳朵只是单纯地竖起，并没有朝向何处，说明这是一只有点机警的小猫，实际上它很放松，只不过是本能让它保持最后的机警性。有时它的心思不一会儿就不知道跑到哪里去了，就连平时最喜欢捉弄的苍蝇都视而不见了。此时，最好不要打扰它，等它休息够了自然就会来找你的，要学会耐心满足宠物的需求而不是只顾自己的乐趣。

（3）耳朵耸起，并向某处转（撇）　猫对声音有时是非常执着的，原因是它能够从声音中获得一切信息，如：是否存在敌人，是否有"同盟"出现，以及猎物是否进入自己的领地等。这些肉眼无法看到的情况用耳朵可作为探测的工具。因此，将周围的声音放小一点，让猫能够听得更清楚些，不要以为猫不会理解主人的良苦用心，它的心里可如明镜般清楚！

（4）耳朵略微朝后展　在表示自己"烦"的时候，猫有多种表现，用耳朵表示就是其中的一种方式。耳朵向后张，表明猫此时的心情不太好，甚至有点烦躁不安。但耳朵向后张也说明猫的烦躁不会持续很长时间，只要找出烦躁的原因并对它进行安抚就可改善猫此时的心情。

（5）耳朵抽动　猫的耳朵如果出现抽动，表示它正处在紧张的状态，很可能遇到自己无法战胜的"猫敌"或者其它敌人，如体型较大的犬、汽车以及认为有危险的人类。这时猫的神经就会绷得很紧，使耳部肌肉因痉挛出现抽动反应。此时应将猫抱在怀里，抚摸它的被毛，并用亲切、温和的声音与它交谈。要让猫感受到主人的关爱。

（6）耳朵拉平，并向后伸或贴在脑后　耳朵向后拉平或者包在头部，这是猫发怒或者害怕时的表现，表示猫正在与危险的生物相互对峙或者被主人责骂。耳朵上的毛发也会随着发怒或害怕的程度发生不同程度的变化，轻度害怕或愤怒只是会将耳朵向后拉平或包住头部；当害怕或愤怒升级后，耳朵周围的毛发也会全部乍起。此时用手按摩已不太管用，还有可能被盛怒或惊恐的猫抓伤。最安全的方法就是放一曲轻柔的音乐。

（7）用耳背摩擦主人的手背　与鼻子一样，猫耳朵上的神经也同样丰富，所以猫十分注意耳朵。当它主动用耳背摩擦主人的手背时，表明对主人非常信任与喜欢。另外，猫用耳背蹭其它硬的物品，可对耳部起到按摩的作用。因此，不管怎么忙碌，都不要将手抽开或粗暴地制止猫的亲密动作，而是应当顺势抚摸它的头部，并轻轻揉捏颈部的皮毛。如果正在做的事情很重要，用单手也可以完成，不妨将猫的头部轻轻移到空闲的手背上，让它充分表达对主人的好感。

4. 嘴

不同种类的猫的脸型、眼睛、耳朵各不相同，然而嘴巴却是完全一样的。不过，在相同的嘴巴中却隐藏着不同的细节，这些细节让猫们更加神秘，想要读懂它们可是要花费一番心思的！

（1）嘴微张　有时人发呆的时候嘴巴常常微微张开，这是因为精神放松使脸部肌肉也同时放松。猫也不例外，在感觉无聊时也会做出同样的动作，有时甚至还会打哈欠，这表明猫已经无聊到了极点，需要有人来陪或几个玩具来玩。如无影鼠、猫薄荷玩具、毛绒球等都是让猫自娱自乐的好东西！

（2）张嘴露出牙齿　不要以为猫张开嘴巴、露出牙齿就意味着它们很勇敢，其实有可能是用这种生气的表情来掩饰自己的恐惧，一旦对方"发威"，猫就有可能选择退缩，随时准备逃之夭夭。如果猫恐惧的对象是主人，那么一定不要先伸手表示示好，因为在猫的世界里，伸手代表着攻击，它会本能地做出反应或发动进攻。最好的方法不要主动找它，而是让猫来找你。

（3）撕咬　在大多数的情况下，猫会显得悠闲、孤傲，对任何事情都显得漠不关心，可是在面对"利益"受到侵犯时或有假想猎物时将会激发它们野性的本能，会对觊觎者或猎物发动猛烈的攻击，用嘴巴进行撕咬，来维护自己的"利益"。因此，仔细了解猫的撕咬习惯，带它外出散步时尽量避开可能会引起撕咬的因素。此外，要选择耐用的玩具作为猫的撕咬的对象，让它在玩具上发挥自己的野性本能。

（4）舔舐　用舌头舔舐毛发是猫的一种本能，发生这种情况有三种可能：一是因为天气过于干燥，猫用舔舐的方法保持毛发湿润；二是猫的身上患有皮肤病或者有伤口，用舔舐的方法缓解皮肤瘙痒或伤口疼痛；三是当主人抚摸猫后，猫会舔舐自己的毛发，目的是"品尝"主人的气味，并将其牢牢地记在脑海中。因此，如果舔舐是因为干燥引起的，应当每天为猫梳理毛发，并在梳理的过程中喷湿毛发；如果是因为疾病或伤口的原因，应立即就医治疗。

（5）嘴巴抿紧　猫将嘴巴抿得紧紧的，天生一副倔强的样子，其实在倔强的背后隐藏着猫另外一种情绪——紧张。较为内向的猫在面对陌生的环境或人时并不会像性格外向的猫用张嘴、龇牙、大叫等来表示自己的勇敢或掩饰自己的紧张情绪，它只会用沉默掩饰自己的真实想法。当猫的嘴巴紧闭时，头部、下巴、嘴角及脸颊的两侧是猫最希望主人抚摸的部位。当这些部位被主人轻柔抚摸时，猫就会放松面部的肌肉，表现出陶醉的样子！

5. 胡须

如果将猫的眼睛比作为黑夜里的星星，那胡须就是猫的指南针和探测仪。此外，在捕捉老鼠的时候，猫也会用胡须衡量洞口的大小，看自己是否能钻进洞里，将它们一网打尽。同时，胡须还是猫表达感情的一个重要方式。

（1）胡须微微浮动　胡须是猫最重要的触觉器官，猫利用胡须对空气压力的轻微变化判断前方是否有障碍物或空间的大小，可以说没有了胡须的猫，就像是一架少了导航仪的飞机，即使知道有着陆点也无法找到具体的下降地点，仿佛患有"夜盲症"一般。因此，不要觉得猫胡须太长、不美观就将胡须剪掉或者剪短，这会对猫自由活动产生重要的影响。如果发现猫胡须不慎折断了，不要从折断处将其剪掉，而是将胡须拔掉，因为拔掉后有利于胡须的再生长。

（2）胡须向前弯　猫打招呼的方式很多，如用头蹭、用鼻子嗅以及用胡须触碰。由于猫的胡须是横着长的，不方便触碰，因此猫只能将胡须向前弯。此时最好将脸颊贴到猫的胡须上或者干脆用头发与胡须接触，说不定猫会将你视为同类，这样更加无隔阂！

（3）胡须不停颤动　当猫的胡须在不停地颤动时，表明它内心非常恐惧与不安。因为每根胡须上都布有敏感的神经，能够发现一切风吹草动，无形中将可能发生的危险或紧张的情况放大100倍左右，使它感到焦虑万分。为了减轻自己的恐惧感，猫会不停地颤动胡须，表明自己的气愤，并利用胡须颤动时空气压力的变化向对方发出警告，以避免不必要的争斗。主人此时应当安慰猫，若猫想挣脱主人的怀抱，那就不要勉强挽留，否则猫就会将怒气撒在主人身上。

（4）用胡须试探并靠近　猫的本性是非常谨慎的，当它们发现某种陌生的事物或人时，即使已确定对方并无恶意的情况下也不会贸然行动，而是用天生的"雷达"反复探测，以确定对方没有任何危险。此时，不要做出突然的动作，这会让猫受到很大的惊吓，并从此"断了"与人亲近的想法。此时要做的事情就是耐心等待，当猫确定对方没有危险后，就会进行下一步的行动，如用头部蹭主人的手臂等，这时才可以用抚摸等方法进一步拉近与猫的距离。

（5）胡须向两旁伸展　猫情绪良好或准备休息时，面部神经通常会比较放松，胡须自然也顺着生长方向自然地伸展，表明自己现在将进入休息状态。这或许也是在向主人传递信息，表示"我要休息了，请你不要打扰我"或者"我现在很愉快，不用担心我会突然袭击"。因此，分清猫胡须向两旁伸展的原因，然后再进行下一步的"行动"。

（6）胡须向前展开　当猫的胡须像扇子一样展开，说明此时它的情绪较紧张，已经进入注意力集中的状态，眼前的任何目标都被视为"假想敌"，并作好随时进攻的准备。此时应找到猫紧张的原因，最好帮助猫"排雷"。如果让猫紧张的对象是自己，那就用温柔的声调安抚猫，或利用玩具、音乐等来转移它的注意力。

（7）胡须向后伸　当猫正在对某个目标进行观望或因感受到威胁而胆怯时就会不由自主地将胡须向后伸，好像要避开危险一样。同时，紧贴的胡须还代表了在危险下身体紧缩，目的在于尽量让对方注意不到自己。此时，主人还是不要随便打扰，否则就有可能给猫留下"假想敌"的印象，反而下定了攻击的决心；也有可能让猫退缩不前，不愿接触外界环境。

6. 尾巴

猫其实并不像人类想象得那么难以沟通，它就像一个羞涩的少女，不肯将自己的心思表达，希望"恋人"能够从一言一行的细微之处来了解自己的情绪。

（1）尾巴竖起，尾端笔直　这是猫向主人撒娇的一种表示，是一种毫无保留的亲近，竖尾巴从猫幼年时就会表现出来，例如猫妈妈准备给小猫喂奶了，小猫就会将尾巴竖起来。抚摸猫竖直的尾巴，告诉它自己已经知道它的心思，同时这也是对猫撒娇的回应。

（2）尾巴竖起，毛竖直　当猫在面对危险时，最常见的动作就是尾巴竖起，并将尾巴上的毛发竖起。因为，猫认为将毛发竖起就会使尾巴变得更粗大一些，从而在体型上起到震慑对方的目的。因此，面对猫的这种行为，主人不宜轻举妄动，更不能企图以抚摸猫尾巴的方式进行安抚，小心猫将你的好意当做攻击行为。音乐对猫有放松的作用，会给猫带来心灵上的安宁，减少攻击性行为的发生。

（3）尾巴竖起，尾尖弯曲　一直自信而又友善的猫为了更好地表达自己的感情，并且让更多的人在最短的时间内知道，就会将自己身体最显眼的部位——尾巴高高举起。有了高度的优势，还怕大家看不见吗！不过，为了避免对方误解自己高举尾巴的动作是准备攻击，猫还细心地将尾巴尖弯曲，表示自己并没有敌意，只是想向对方示好。

（4）尾巴向下，毛发竖起　同样是毛发竖起，但尾巴的方向不同，表达的意思也截然不同。尾巴的这个姿势"告诉"目标"我真的很害怕"。是的，倔强的猫毫不掩饰自己的真性情，用下垂的尾巴为自己的胆怯画上一个句号。如果使猫感到害怕的是主人，那么不妨用手抚摸它的下巴、眉心等猫喜欢被抚摸的部位。

（5）尾巴向下，尾尖向上　猫是很会享受生活的动物，在它看来，每一天的生活都是那么悠闲惬意，不管是颠簸劳累、敌人"寻仇"，还是阳光下的午睡，自有其独特的乐趣，让原本倔强的尾巴也开始"妥协"。不要以为猫的尾巴得了"软骨症"就想用手扶起来，因为猫的性格就像是"六月里的天气"，说变就变。

（6）尾巴弯曲　猫的好奇心非常强，当它们发现某个新奇的玩意时，就连平时最喜欢吃的小鱼也顾不上了，光顾着低头盯着不挪地，尾巴也柔软地弯曲着，仿佛为面前的东西打一个问号。当尾巴出现这种动作时，就有可能是猫对某个事物产生浓厚的兴趣了。如果猫感兴趣的是主人贵重的物品或活物，如亮晶晶的戒指、白滑滑的瓷碗、叽叽喳喳的小鸟或游来游去的小鱼，那么可要做好警惕了，千万别被猫"夺了"心爱之物，否则就"讨"不回来了。

（7）尾巴轻微摇摆　猫并不像人们想象得那样"雷厉风行"，相反，天生谨慎的它们对任何事物都抱有怀疑态度。因此，有时候难免会出现犹豫不决、"优柔寡断"的表情。慢慢摇晃尾巴就是它们犹豫不决、有点紧张的表现之一。如果猫觉得离地面太高，不敢向下跳，不妨用肯定、鼓励的语气增强猫的自信心。当然如果猫正对是否抓家具犹豫时，还是不要鼓励为妙。除了犹豫或有点紧张外，轻晃尾巴也可能是猫贪睡的表现，比如当睡得正香被主人召唤时，猫眼睛也不睁一下，只会摇晃尾巴，意思是告诉主人"还想再睡一会呢！"主人还是不要在这件事上耍主人的权威。

（8）尾巴完全垂下　与犬一样，尾巴是猫的骄傲，自信或领头的猫会将尾巴翘得高高的，而自卑、胆怯的猫的尾巴则是无精打采地耷拉着，一副邋里邋遢、失魂落魄的样子。如果猫将下垂的尾巴夹在后腿之间，表示现在的情绪已经非常恐慌，随时有可能逃走；或在猫社群中地位较低的猫在遇到比自己地位高的同伴时，表示顺从。如果猫垂尾巴是为了向同类表示自己的顺从，那么主人最好不要横加干涉，因为人类的干涉极有可能破坏猫世界的规矩。如果猫是向主人表示顺从，那么一定要做出反应，接受猫"臣服"的表示，否则猫就会认为对方不是和自己"一路"的，以后也不再那么服管教。

（9）尾巴强烈摆动　煽风点火会让猫的火爆脾气大涨，猛烈摇晃的尾巴就是最好的验证，它在左右摆动的时候会在猫周围"煽起"看不见的"漩涡"，目的在于让对方也能感受到气压的变化，以起到震慑的目的。此时应先避免进一步刺激猫的情绪，最好用温和的方法来化解猫忿恨的情绪。

（10）尾巴晃动　猫的尾巴与耳朵、胡须、眼睛等部位相比，所表达的含义更加清晰，特别是当它期望对方能迅速理解自己的意思时，就有可能用尾巴作为传递信息的工具。如猫用尾巴轻柔地拍打主人的身体，表示很期望主人能够与它一同玩耍，此时不妨尽快回应猫，别让它对主人失望；如尾巴拍打得较为猛烈，表示现在它非常生气，随时有可能发动进攻。如猫在享受午后的休闲时光，主人却偏偏还要不知趣地替它梳理毛发，猫就会用急速晃动（左右或上下）尾巴来表示自己的不耐烦，同时也是警告主人最好就此"停手"，自己是不会领情的。此时主人最好回避一下，当然主人不要狼狈地离开，否则猫就会以为自己很厉害，以后就更不会将主人放在眼里了。

（11）尾巴放在身旁　手持武器的人在和自己最信任的人在一起时，不会将武器继续握在手中，而是将其放在身旁，猫也是如此。在它感到非常安全、放松的时候，作为"武器"之一的尾巴就会放在身旁，表明自己现在真的非常放松，没有任何的攻击性。尽管猫将"武器"卸下，但主人不可一味地打扰猫，被打搅休息的猫的情绪会瞬间转变的。当交配期的雌猫做出这个动作，并将尾巴放在身旁时，则表明允许雄性猫与自己亲近。此时，主人还是不要上前打扰，除非你不想自己的猫太早当"爸爸"或"妈妈"。

7. 声音

俗话说"人有人言，兽有兽语"，每一种动物都有一套完整的语言系统，猫也是如此。当主人无法从猫的肢体语言中获悉它的真实意思时，就可通过猫的声音来与之交流。

（1）呼噜呼噜　猫发出呼噜声乍一听好像充满敌意，实际上却是猫感觉懒散或痛苦不适。例如，当主人给猫搔痒、抓挠下巴或猫伸懒腰翻滚时就会发出相关的声音。当猫感觉不适时，也会发出呼噜声音告诉主人。

（2）喵喵声　喵喵声是最常听到的声音，猫常会用这个声音与主人沟通。根据音调的高低，分为三种：一是低沉而温柔的喵喵声，这是猫在向主人打招呼或对客人表示友好欢迎，如果主人用轻柔的声音与猫对话，猫也会用温柔的喵喵声回应；二是短促且音调较高的喵喵声，表示猫正在寻找"失踪"的主人，这经常发生在幼猫、患有疾病或天性黏人的猫身上，也表示猫的心情不太好；三是持久而洪亮的喵喵声，表示猫希望主人能够满足自己的愿望，如开门、准备食物或与自己一起玩耍，有时也可能是对主人的抱怨。

（3）呜呜　除了喵喵声外，呜呜声也是猫最常发出的声音，可以说是猫的"日常用语"，通常情况下是一种友好的表示。例如，如当猫妈妈听到幼仔的召唤后，就会发出呜呜声，表示自己离猫窝或幼仔很近，以此抚慰自己的孩子。大一点的幼猫在遇到比自己强壮的成年猫、妈妈或主人时，呜呜声就代表希望对方能和自己一同玩耍。当较强壮的猫遇到弱小的猫时，呜呜声就代表自己非常友好，没有敌意，不要感到害怕。

（4）唬——唬——　当猫心情不好时或遇到对自己有威胁的异类或同类时，就会发出这样的声音向对方发出警告。"警告声"较低沉，能使人很快地感觉到猫的敌意，尽管"发声者"可能怀里像揣了只兔子一样，心脏在"扑腾"、"扑腾"地乱跳，已经吓得恨不得立刻逃之夭夭。

（5）嗷哇——嗷哇——　这是雌性猫在发情期的叫声，也是雌性猫发情的最明显表现之一，俗称"猫叫春"。这种声音就好像是婴儿的啼哭声，发情无法得到满足时还会发出嚎叫声，在漆黑的深夜里会使人感到胆战心惊、毛骨悚然。

二、猫的本能行为

1. 吐毛球

吐毛球是猫自我保护的一种本能，原因是猫的舌头上有很多小肉刺，猫在梳理毛发的时候将会把脱落的毛发"吞进"肚子里，并且有的猫有异食癖，喜欢吞食一些奇怪的食物，如线头、头发等，这些异物无法被胃肠消化掉，时间一长就会在猫的胃中形成团状，引起身体不适，因此猫要定时将胃中的毛球吐出。有的猫吐毛球速度较快，有的吐出来较费力，但主人都无需担心，这是正常的事情。一旦发现猫吐不出毛球，可给它吃一些花生油或鱼肝油，促使毛球通过粪便排出。此外，如果猫吐毛球过于频繁，千万别忘了给它补充营养，有了充足的营养补充，猫才不会吐得"面黄肌瘦"。

2. 装死

在这个世界上，不光负鼠懂得装死来求生，当猫受到强大的刺激后同样会做出这种本能行为。原因很简单，猫在受到一定的刺激后，体内就会分泌出麻痹物质，这种物质进入大脑后，就会使它失去知觉，从外表上看好像一命呜呼了。猫装死的时间短则几分钟，长则可达数小时，主人在确定猫无疾病或外伤后，可暂时放心，如果实在担心最好带它去就医。

3. 吃草

有句话说得好："世界上没有吃素的猫，更没有更没有无缘无故吃草的猫。"为何猫放着香喷喷的鱼肉不吃，却偏爱吃发涩的青草呢？原因一：为了吐出腹中的异物。青草中也含有维生素和膳食纤维，是猫最喜欢的催吐剂，它能帮助猫将腹中的毛球、寄生虫或有毒食物吐出来，是猫自我保护的本能。原因二：猫和人一样，需要补充叶酸。平时的食物营养虽然丰富，叶酸含量却非常低，因此猫就要自力更生从大自然中寻找自己需要的营养。原因三：青草中含有的某些成分具有促进消化的作用，当贪吃的猫感觉胃肠不适后，就会用青草当作消化药。

4. 射尿

猫射尿与犬遗尿非常相似，都有规划自己的地盘的意思。不同的是，犬常年都能表现出这种本能，而猫仅在发情的时候才表现出这种让主人感觉十分头痛的情况。但猫的射尿行为通常只持续一周，在这段时间内，猫的尿液味道非常浓，它要让异性知道自己已经到了可以恋爱的年龄，是很有"男人味"的，有助吸引发情中的雌猫。同时，射尿也是警告"情敌"，希望它们能够知难而退，不要企图与自己争夺爱人。

5. 洗脸

大多数人认为，猫洗脸是因为它天生爱干净，但也有以下几种作用：一是胡须是猫重要的触觉器官，但是很容易因沾上灰尘而"失灵"，因此在洗脸时让胡须变成最有效的"雷达"；二是猫是很敏感的动物，特别是面部的神经分布比较密集，洗脸能起到"按摩"的作用；三是猫洗脸还有"天气预报"的作用，因为下雨前空气的湿度较高，猫身上的跳蚤将会蠢蠢欲动，此时猫洗脸是为了将"带头的"跳蚤"解决掉"，并警告其它跳蚤"不要太过分！"；四是猫的唾液能够溶解皮毛中的维生素D，猫在洗脸时将维生素D舔进嘴里从而获取营养。

6. 掩埋排泄物

由于排泄物的气味非常浓，为了避免气味被"敌人"嗅到，使自己的行踪暴露而受到敌人的袭击，猫就会用土或砂子将排泄物盖住，不给敌人一点可趁之机。因此，在家中为猫准备一盆猫砂，以免将地板、地毯等抓坏或将小爪弄伤。

7. 捕猎

捕猎是猫的一种本能，虽然没有受过"专业性"的训练，但这种本能让猫成为天生的好捕手。只不过环境条件所限，猫无法充分展现自己的才华，只能利用小蚂蚁、小蟑螂、小麻雀、滚动的小皮球过过"手瘾"。

8. 蹭脸

与射尿一样，猫蹭脸也是为了留下自己的气味，不过更准确地说，猫不是蹭脸而是蹭胡须的根部。因为在猫胡须的根部有一个能够散发自身气味的毛囊，猫在蹭脸的过程中会将气味留在被蹭的物体上，无非是在昭示这里或某个物体已归属于自己。至于猫蹭主人也是出于占有欲，希望主人能够只属于自己。

9. 磨爪

让猫停止磨爪是不可能的事情，因为这是猫不可改变的本能。第一，猫磨爪的目的是将爪子外老化的角质磨掉，从而使其变得锋利无比、所向披靡；第二，如果猫比较胆小，磨爪的行为就会更加频繁，为了让自己"镇静"下来；第三，用爪子扣紧物品，然后使其掉落是一件非常痛快的事情。另外，如果有潜在的"入侵者"出现，猫也会磨爪子，目的是警告对方不要贸然行事。如果猫在磨爪时总是盯着他人，完全是警惕的本能所在。

10. 磨牙

猫在进食、游戏或捕猎时需要用到犬齿进行撕扯，所以为了保持牙齿的锐利需要经常磨牙。此外，幼猫在长牙或换牙的时候由于牙齿根部或牙龈非常痒，也需要进行磨牙止痒。因此，主人应当为猫准备稍硬一些的口粮以及无毒无害的专用磨牙棒，让猫无后顾之忧地尽情磨牙！

11. 早晚兴奋

外表可爱的猫其实是"夜行游侠"，从它们的瞳孔就可以看出来。猫在享受日光浴时瞳孔就会缩成一条缝，此时它就和"睁眼瞎"一样，但是一到阴暗的地方或黑夜，瞳孔就会放大，对黑暗中的东西看得一清二楚。所以，猫在黎明或傍晚特别活跃就不是一件奇怪的事情了。

12. "恐水症"

不少人都知道猫是十分怕水的，但很少有人知道其中的缘由，根据科学家的研究发现，很多动物的皮毛都是防水的，但猫的皮毛却无法抵御水的"侵袭"，淋湿的皮毛会使猫感到十分不舒服，猫对水的抵触情绪自然就大了。幼猫期是猫习惯发展的重要时期，很早接触水的幼猫成年以后对洗澡就不会再排斥了。幼猫在两个月龄时才能洗澡，在此之前不要让它看到其它猫洗澡时的"惨烈"情景，更不要用水枪等对它进行恶作剧，以免对洗澡和水产生负面影响。

13. 选择高处睡觉

猫虽是捕猎性动物，但是由于体型较小，因此对任何庞大事物都有一种天生的恐惧感，出于自我保护的本能，猫往往选择高处作为自己的"占据点"，因为在动物界，对猫能产生威胁并且会爬树的动物很少。也正因为如此，在生活中就会常见到猫跳到餐桌上、柜子上，哪怕被驱赶几十次也仍然执着向上。特别是在睡觉的时候，它宁可忍受又硬又凉的柜子顶也不愿意睡在软软的褥子里。在高处睡觉虽然是猫的一种本能，但依靠训练与调教是完全可以纠正的。

14. 安静地死去

虽然猫有时会"离家出走"，通常好几天都不会回来，但不管怎么样它们都记得自己的家，记得主人对它的好。可是，猫一旦发觉自己的生命所剩无几后，就有可能离开最爱的家，自己找一个安静、隐秘的地方等待死亡的来临。不过，由于生活环境的变化，有的猫并不会离家出走，而是躲在自己的窝里不肯出来，并且拒绝与主人进行"沟通"，最后在窝里离开这个世界。

15. 不识亲子

猫是一种忘性很强的动物，据科学家试验结果表明，雌性猫的记忆力只能维持7天，一旦超过 7 天没能和自己的孩子在一起，就会将自己的孩子彻彻底底地"赶出"自己的记忆。此时，不要以为猫妈妈遇到自己的孩子就会"手下留情"，在健忘的它们眼中，这些小猫有可能只是争夺主人宠爱或争夺领地的侵略者，所以主人还是不要企图唤起它的"母子深情"。

三、猫的异常行为

1. 进入"小猫状态"

猫是一种非常"怀旧"的动物，特别是没有断奶就离开妈妈的小猫对母乳特别留恋，会将自己喜欢的物品或人当作"奶嘴"，津津有味地吸吮。当猫吃奶的时候，还用小爪子按摩猫妈妈的乳房，目的是为了能分泌更多的乳汁。出于对童年的怀念，猫也会用相同的方法"对待"视为亲人的主人，用小爪按摩她（他）的胸部。当猫进入"小猫状态"后，主人尽可能保持静止，不要打扰猫对"幼猫期的回忆"，充满童趣的猫是更惹人疼爱的。

2. 分娩时虐杀猫仔

有的养猫者会非常感到震惊，自己明明没有干扰母猫的产仔全过程，为什么母猫在分娩的过程中会吃掉自己的猫仔？母猫分娩时食仔的原因较复杂，异类干扰只是其中的一个原因，还有其它原因，例如：一是母猫在妊娠期间蛋白质或某些矿物质不足，致使神经系统出现异常；二是在产前产后摄水不足，再加上生产环境的温度过高，生产时水分流失，导致母猫口渴；三是母猫曾经产过死胎，在吞食死胎后就形成了吞仔的怪癖；四是猫幼仔有人类无法发现的畸形，母猫认为幼仔不会存活；五是母猫的母性本能没有发育或天生不具有母性，在生下幼仔后由于受到刺激，有可能做出杀死幼仔的行为；六是幼仔已经死了，母猫处理尸体的方式之一就是吃掉它，在我们的眼里就有可能是母猫正在虐杀幼仔。

3. 吸吮自己的乳房

通常是还未到青春期的猫吸吮自己的乳房，雌雄都有。它们与人类一样，对自己身体的变化感到十分好奇，特别是变化较大的乳房等部位，同时小时候"吃奶"的记忆复苏，因此就会做出吸吮自己乳房的行为。此行为是一种自我伤害的行为，经过吸吮的乳房很容易变得大小不一，而且易使正在发育的乳房发生病变。

4. 游戏时咬人

众所周知，捕猎是猫的天性，而这项"技能"通常是在与其它猫的游戏中得到锻炼的。在游戏中，猫会将对方当作假想敌，进行捕猎游戏。如果主人与小猫玩耍，猫就会将人当作游戏的对象，并理所当然地将捕猎游戏"照搬"过来，在玩到忘形时就会突然咬人。

5. 接受爱抚时咬人

出于自卫的心理，猫会用爪子抓或用利牙咬"敌人"，但有时也会不分青红皂白就"袭击"主人，这通常发生在雄性猫接受爱抚时。有的猫会在咬人之前用低沉的咆哮、猛甩尾巴或颤抖皮肤等动作来警告主人，但也有的猫会突然袭击。根据动物学家的研究，他们提出 3

种理论：一是并不是所有的抚摸都会让猫感到舒服的，当猫对主人的抚摸感到反感，但又不知如何"开口"诉说时，就可能用咬人的行为表达自己的真实感受；二是抚摸让猫感到十分舒服，有时会进入梦乡，如果主人的"手法"重一些，就会使猫惊醒，被惊醒的猫一时间无法进入状态，出于求生的本能就会一口咬下去；三是猫感觉到室外有其它猫或者"敌人"的出现，就会认为自己受到威胁，过于紧张的它们会将气"撒"在主人的身上，发生"咬人"的事件。

6. 静卧时打呼噜

猫在真正入睡时是不会发出呼噜声的，它其实仅是猫假声带出现震动，并通过喉腔与真声带和软骨环发生共鸣而发出的声音。一般情况下，幼年猫由于假声带尚未发育成熟，所以很少"打呼噜"。猫"打呼噜"是精神放松、舒心惬意的一种表现。

7. 做梦时颤抖身体

几乎所有的哺乳动物都会做梦，智力相当于一周岁半婴儿的猫做的梦更加复杂。例如，胡须颤抖、身体发抖、小爪蠕动、尾巴抽动，有可能是猫在与假想的老鼠对峙；如抬头、梳理毛发则有可能是将日常习惯在梦中再现。

8. 起床时做"体操"

这套"体操"是大多数猫起床后必做的动作，目的是使长时间躺卧的身体恢复睡前的状态。例如，使心跳适当加快，为身体提供充足的血液；增加肌肉的弹性，防止在活动时因肌肉粘连而出现痉挛、挫伤等；活动关节，使关节及连接骨骼的韧带充分活动，起到"热身"的作用，以免因突然奔跑或跳跃等活动造成身体上的损伤。

9. 照镜子时慌张、害怕

大多数的猫没有从小就养成照镜子的习惯，当猫看到镜子中的自己后，第一反应就是害怕，它以为自己与对方这么近，极有可能受到攻击，于是就表现出慌张、害怕的样子。为了掩饰自己的胆怯，有的猫还会做出反击的动作，来警告对方。

10. 捕猎时"玩弄"猎物

这只是猫在"回忆"妈妈传授的捕猎技巧。被猫妈妈带大的猫在幼猫期间，会跟着妈妈学习捕猎行为，通常是妈妈将猎物带到幼猫面前，但并不让它吃掉，而是在"猎物"逃跑的时候让它抓回来。如此反复，直到幼猫掌握了抓捕技巧。当猫长大后，由于对童年生活的"缅怀"，在吃饱喝足之际就会重复曾经学过的捕猎技巧。

11. 将猎物带给人

有的人会遇到这样的事情，早上睡醒了发现枕边摆着老鼠或发现在家中某一个地方摆着老鼠、昆虫的尸体，有时在桌子上还会摆放着奄奄一息的金鱼，然而猫正站在一旁冲人咪咪直叫。面对这种令人毛骨悚然的"犯罪现场"，相信所有的人都感到疑惑，这难道是猫的恶作剧？平日乖巧的猫怎么会和主人开这样一个"玩笑"呢？如果你也这么想，那就大错特错了。因为对于猫来说，为主人或他人准备这样一份"礼物"不是恶作剧，就像是猎人打猎后将猎物带回家一样正常，这是在向对方表示好感。

12. 在陌生环境中格外兴奋

猫对环境的依赖程度很高，原因是经过长时间的生活，它已经使自己的气味散布到家中的每一个角落，这会让它感到非常安心，一旦突然进入一个陌生的环境，猫不仅嗅不到自己的气味，还会闻到各种奇怪的气味，这会让它感觉自己身处险境，周围充满了看不见的敌人，从而使神经变得异常紧张，出现过于兴奋的状态。

13. 一个人在家时藏东西

猫并不像犬那样黏人，但是当主人的作息突然改变时，如早走或晚归等，留在家中的猫就会感到十分不安，将主人的衣物拖到自己的窝中。这样做的原因有二：一是使主人的气味包围自己；二是将主人经常穿的或用的东西藏起来，主人就不会不辞而别了。

14. 客人来访时躲起来

与犬"自来熟"不同，猫对任何人都怀有一定的戒心，特别是第一次见面的客人。猫在没有将来客的各种讯息"录入"大脑前是绝对不会主动亲近的，而是躲在某个角落，静静地观察客人的一举一动。当猫出来时，主人不要主动去抱它，而是让猫主动"投怀送抱"。当猫肯接近客人时，可在客人的手里放一点猫喜欢吃的食物，然后将手放到沙发或自己的腿上吸引猫。当猫的警戒性稍微放松后，客人可试着摸摸猫的头部、下颌，并和它做游戏。

第三节　观赏鸟的行为

一、定向和导航行为

鸟类的定向和导航主要表现在其迁移活动方面。

1. 迁移

迁移是动物群从一个区域或者栖息地到另一个区域或者栖息地的移动行为，尤其是指鸟类和鱼类在一年的特定季节离开一个区域再到这个区域的周期性移动。

鸟类迁徙是最引人注目的自然现象，世界上每年有几十亿只候鸟在秋天离开它们的繁殖地，迁往更为适宜的地方越冬。早在古代，人们就注意到部分鸟周期性出现和消失这一自然现象。1899 年丹麦中学教师马尔·腾森用刻有编号和地点的铝环套在 164 只欧椋鸟的脚环上，放飞后研究鸟类迁徙，开辟了鸟类环志先河。目前鸟类环志研究遍及全球各地，很多国家已建立了专门的鸟类环志机构，每年环志候鸟数百万只。通过环志研究，鸟类学家掌握了数百种鸟类的迁徙时间、路线、速度以及种群数量、年龄结构等科学资料。我国于 1982 年在中国林业科学研究院正式建立"全国鸟类环志中心",负责中国的鸟类环志研究。候鸟越冬地与繁殖地之间的距离,有几百公里到几千公里,甚至上万公里。迁徙距离较长的鸟是北极燕鸥,夏季它们在北极地区繁殖,冬季则飞到南非海岸越冬,单程达 18000km。鸟迁徙的飞行速度因距离而不同,迁徙距离长的鸟,每天飞行 150~200km,迁徙距离短的鸟,每天飞行距离不超过 100 km。也有一些鸟类一周内飞行 5000km;游隼 24h 内飞行 2896km。鸟类迁徙飞行高度通常不超过 1000m,小型鸣禽的飞行高度不超过 300m,大型鸟类飞行高度多在 3000~6300m,个别种类可达到 9000m。鹤、鹳、鹰、隼大多在白天迁飞,大多数候鸟,特别是小型食虫鸟、食谷鸟、涉禽、雁和鸭都在夜间迁徙,以防猛禽袭击。

20 世纪 80 年代中期,人类开始利用人造卫星追踪系统研究鸟类迁徙,解开了鸟类更多的迁徙秘密。数量仅 700 多只的黑脸琵鹭,原本无人知晓其繁殖地,采用卫星追踪后,才发现它们主要在朝鲜半岛的三八线军事禁区内进行繁殖。

2. 鸟的定向和导航机制

几十亿只鸟类每年准确地往返于繁殖地和越冬地,它们必须随时知道自身所处的位置、飞行方向和目的地确切位置,它们有精确的导航定向能力。有些当年出生的幼鸟,没有亲鸟带领,也从未到过越冬地,却能够准确无误地飞到几千公里外的越冬地。鸟类如何定向至今仍是一个谜。有的试验证实鸟类能用太阳定向,有的试验表明鸟类能用星星定向。一些鸟类学家根据鸟类迁徙时总是沿着海岸线、河流和山脉飞行,提出鸟类也能借助陆地标志物定向。另外一些试验表明,鸟类能利用地球磁场定向。还有一些试验探索鸟类是否利用嗅觉或听觉来定向。但是,迄今为止,科学家们还没有对鸟类任何一种定向机制完全搞清楚,需要继续寻找新的定向信息和线索,才能弄明白各种定向机制的相互作用。也许鸟类还有人类意想不到的定向行为。

二、领域行为

动物个体、配偶或家族通常都只是局限活动在一定范围的区域,如果这个区域受保卫,不允许其它动物(通常是同种动物)进入,那么这个区域或空间就称为领域,而动物占有领域的行为则称为领域行为或领域性。领域行为是种内竞争资源的方式之一。保护领域的目的主要是保证食物资源、营巢地,从而获取配偶和养育后代。

鸟类占有和保卫一个领域,主要的好处是可以调节鸟类的群体密度,减少疾病,为鸟类提供心理支持和躲避敌害,得到充足的食物。有领域行为的鸟只有占据领域后,才有繁殖的机会。

1. 保卫领域的方法

(1) 靠鸣叫声对可能的入侵者发出信号和警告。

(2) 当来犯者不顾警告非法侵入领域或进犯到领域边界时,它便采取各种特定的行为来维护自己的领域。

(3) 当鸣叫和特定行为都无效时,便采取驱赶和攻击行动。

2. 领域的标记

（1）领域的视觉标记　领域的占有者常常借助一些明显的炫耀行为来让其它动物认清自己的领域范围。动物的一些特有的运动、特定姿态以及身体上一些醒目的标志都可以作为向其它动物发出的信号。

（2）领域的声音标记　鸣叫的动物常常用声音来标记自己的领域，其中最好的例子是鸟类的鸣叫声。

三、繁殖行为

每一种动物，不论是低等的，还是高等的，在它们生长发育成熟时，都能够进行发育繁殖，与动物发育繁殖有关的行为，称为动物的繁殖行为。主要包括雌雄两性动物的识别、占有繁殖的空间、求偶、交配、孵卵等。各种动物的繁殖行为使它们能够产生大量的后代，正因如此，种类繁多的动物才能世世代代生存至今。

1. 求偶行为

求偶行为，生儿育女、繁衍后代是动物生活的极重要的一方面。在有性生殖活动中，求偶是很重要的行为。求偶的方式各种各样，持续的时间有长有短，有的可以持续几小时，有的持续几天。鸟类发展出多种求偶炫耀方式，有的舒展美妙的歌喉，有的长出形态独特的饰羽，有的表演古怪的舞蹈，有的在竞技场上大打出手，有的在空中进行高难度的技巧飞行，有的卖力炫耀五彩缤纷的羽毛，有的还建造独特的园亭。

2. 婚配行为

鸟类学家把雌雄鸟的配对形式，雌雄鸟在繁殖期间孵化和养育幼鸟时所承担的责任称为鸟类婚配制度。大多数鸟类实行一夫一妻的单配制。部分鸟类实行一夫多妻制，少数鸟类实行一妻多夫制，还有一些鸟类实行不固定配偶的多夫多妻混交制。同时鸟类的婚配制度在某些特定的情况下，会从一种婚配形式转变成另一种婚配形式。一些被认为是一夫一妻的单配制鸟类，通过DNA技术的检测，发现他们也有"婚外情"和"私生子"。

形成配偶后的持续时间有长有短，流苏鹬、黑琴鸡、极乐鸟仅在交配时相遇，交配结束后就各奔东西了；红喉蜂鸟雌雄鸟在一起能呆上几天；野鸭配偶能维持几星期到几个月，直到孵化时才结束；很多雀形目鸟类，如鸫鹟、家燕配对后整个繁殖期始终住在一起，直到幼鸟能独立生活才分开；鹥、天鹅、大雁、旋木雀和鹦鹉形成配偶后，全年都在一起活动，配偶关系甚至能保持终生。

3. 筑巢行为

"高高树上一个碗，天天下雨装不满。"这首童谣描述了典型鸟巢的特征，其实鸟巢多种多样。蜂鸟的巢像一个小酒盅，重量仅为几克；白头海雕巨大的平台巢重量可达2t。巢的类型有编织巢、泥巢、洞巢、袋形巢等；形状有碗状、杯状、球状、盘状、平台状、口袋状、烤炉状等。鸟类筑巢的时间有的仅需几分钟，在地面用爪刨个浅坑就算将巢做好了，有的历时几个月；还有些巢每年修理加固，使用长达几十年。多数鸟类配对后在领域内营巢，而部分鸟类喜欢集群营巢，鹭成群结队地在同一棵树上筑巢；白腰雨燕、鸬鹚和某些海鸟成千上万地集中在某个地点筑巢。集体营巢的好处是增加了安全性。

好多人都认为，鸟巢就是鸟的家。但经仔细观察一下就会发现，狂风暴雨时许多鸟并不躲在窝里，它们也不在鸟巢里过夜。夜晚，野鸭和天鹅脖子弯曲着，把头夹在翅膀内，漂浮在水面上入睡了。鹤、鹳和鹭等长脚鸟，是站在地上睡觉的。这时候，它们一只脚落在地上，另一只脚却缩到腹部的羽毛间。原来，对于大多数鸟类来说，鸟巢不是它们的家，而是这类动物精心营造的"产房"。雌鸟大多是在窝里产蛋，产蛋后就呆在巢里孵化卵，有时候雌鸟和雄鸟轮流孵化卵。这时，不担负孵蛋任务的成鸟，只能知趣地呆在附近的地面或树枝上过夜了。小鸟们出壳后，便渐渐长大了，鸟巢塞得满满的。在巢里，它们的父母已无立足之地了。等到小鸟飞离这个"产房"后，由于风吹雨打，大多数巢窝已破烂不堪。这时，鸟巢的使用寿命已经完成，自然而然地被鸟们遗弃了。有些鸟是不筑巢的，它们孵化卵时不需要专门的"产房"。生活在南极大陆的帝企鹅就是如此。雌鸟把蛋产下来后，雄鸟就立刻跑过来，借助嘴巴把蛋滚到自己的脚面上，用温暖的腹部盖住，让蛋在里面很好地孵化。这些鸟连"产房"都没有，也就更甭提"家"了。也有以巢为家的鸟，但不是很多，喜鹊和一部分猛禽一年四季都居住在鸟巢中。鸟类学家经过调查和分析后认为，对于大多数鸟类来说，鸟巢只是"产房"，而不是它们舒适的家；但是，也有少数鸟类确实是以鸟巢为家的。

4. 孵卵行为

多数鸟用自己的体热孵化鸟卵，孵化时鸟并不是静止不动地伏在卵上，孵卵鸟要经常改换姿势，并用嘴翻动自己的卵，让卵受热均匀并防止胚胎与蛋壳粘连，使孵化效果较好。气温过高时，鸟会用翅膀为卵遮荫，或用水给卵降温；气温过低时，鸟会长时间伏在卵上为其保温。

鸟类是唯一恒温产卵动物，其胚胎所需的温度以接近体温才能生长发育，因此孵卵是鸟类繁衍生存的关键所在。在以雌鸟为主的孵卵"队列"中，却有许多巧夺天工的自然选择"佳作"。生活在云南南部的犀鸟，能用衔来的泥土杂物混上胃内分泌物，将孵卵雌鸟的洞口封闭，仅可供雌鸟伸出嘴尖取食的缝隙，卵在雌鸟身下散发的热量下进行生长发育，经28～40天后，当雏鸟即将出飞时，雌鸟才"破门而出"重获自由。犀鸟这种"金屋藏娇"行为可确保雌鸟、雏鸟免遭猴、松鼠、蛇等天敌伤害。我国常见的观赏鸟戴胜，因其头顶有颇为美丽的扇状冠羽，俗称"花蒲扇"。这种鸟在树洞、建筑物缝隙或柴堆中建巢孵卵，在12～15天的孵化期间，雌鸟竟能从尾脂腺分泌一种黑色液体，形成一道散发奇臭的"化学屏障"，使敌害不敢越雷池一步，从而保护雏鸟安全，巧妙的进化适应性真是令人拍案叫绝。

生活在南极大陆边界的帝企鹅，是全世界18种企鹅中的佼佼者，也是由雄性孵卵的唯一代表者。它身高1.2m，重40～50kg，以鳍状前肢划水或与后肢配合在冰面上滑行。每年3、4月份间它们就群聚于固定冰面上开始寻偶，5、6月份间正值南极黑夜季节时交配繁殖，此时雌雄鸟均不进食，在白昼到来时，雌企鹅就在冰面上产下唯一的一枚重约450g的卵，这时雄企鹅需要并拢双脚，用喙将卵移到脚背上，同时身体向前倾、用下腹部的袋状皮褶将脚面的卵覆盖好，依靠鳞状羽毛和脂肪，来抵御－40～－60℃的南极严寒与风雪的袭击，恪尽职守地精心孵卵60天，直到7月中旬至8月初幼雏出世和雌企鹅归来。雌雄企鹅见面后要经过一番激烈的"争雏战",然后雌企鹅才能领着幼雏进行哺育。雄企鹅则在交班后奔赴大海觅食补充体内的消耗。

在千姿百态的鸟类世界中,还有其它一些别出心裁的独特的孵卵方式。体重100~300g的杜鹃鸟,不会筑巢孵卵,但它能把卵产在莺科、雀科、画眉科等300多种鸟类的巢中,由"义亲"代孵代养。由于它产的卵与"义亲"的卵有着难以想象的相似性,孵化期仅13天,出生的小杜鹃背上长有一些能产生"抛出"动作的触觉小突起,当它与巢中的卵或雏鸟接触时,能将"义亲"的卵或雏鸟驮在背部,慢慢爬到巢边,借助抖动双翅,把卵或雏鸟推于巢下,从而独享"义亲"的哺育。

生活在大洋洲的营冢鸟,则把卵埋在腐烂的植物堆内,靠腐材发酵散发的热量孵卵成雏。而鲣鸟与塘鹅,则把卵踩在脚下,依靠脚部网络化的脉管系统和快速血液流动释放的体热,促进卵的孵化。

5. 亲代抚育行为

育幼行为:是指亲代个体对生育地的选择、加工以及对后代的一系列护理行为。这些护理行为包括供给食物、御寒、清理脏物以及防御敌害等。鸟类的孵化,哺乳类的哺乳也属于育幼行为。

育幼行为狭义地讲,是双亲对出生后的卵及仔的照顾方式,广义地讲是从配对、交媾、筑巢、产卵、育幼直至"子"、"女"独立前的所有保卫行为。

动物的育幼形式包括无亲照顾、单亲照顾、双亲共同育幼。它的多样化是受环境条件影响的。其进化因子是复杂的,包括对环境的季节性、繁殖季节的长短、资源可预测性及竞争间相关性程度等的进化。张晓爱老师曾研究过的10余种高寒草甸雀形目鸟类都是一雌一雄的单配制及雌雄共同育幼,但两性之间的育幼程度和分工方式各不相同。重要的差异是孵卵期间雄性和雌性的分工不同,大致上可以分为3种:一是防御型,雌性坐巢抱卵,雄性保卫,如角百灵;二是情饲型,雌性坐巢,雄性喂雌,如黄嘴朱顶雀、褐背拟地鸦;三是雌雄轮流坐巢型,如黄头鹡鸰。这3种类型最明显的特征是雄性的"情饲"与"防御"两种行为任选其一的问题,即有防御者没有情饲,有情饲者没有防御。如黄头鹡鸰与角百灵没有情饲行为,但有防御行为,而朱顶雀与地鸦有情饲而没有防御行为。"防御"和"情饲"都是雄性付出的附加代价,剔除任何一种雄性在这方面的作用都将导致繁殖失败。

多数亲鸟在可能的情况下会尽力保护巢、卵和幼鸟,有些鸟遇到威胁还会把卵或者幼鸟进行转移。如水雉在水要淹没巢之前,会用喙把卵转移到安全的地方;黄腹角雉、红腹啄木鸟、卡罗琳夜鹰当巢卵遇到威胁时,会把卵移到安全的地方,待危险解除后,再把卵搬回巢中;红尾鸫会用爪抓起幼鸟飞到较安全的地方。同时有些亲鸟,如野鸭、雁、鸻等鸟类为了引开天敌,会假装受伤把一只翅膀垂下,好像已经断了,发出叫声引诱天敌的注意力,天敌误以为美餐唾手可得,拼命追赶,待天敌的利爪快要够到自己时伴伤的亲鸟就会展翅飞走,当然,这种保护幼鸟行为是要冒一定风险的。

四、利他行为

有时人们可以看到3只成年樫鸟同时喂养一窝小鸟的怪异现象。显然,其中必然有1只成鸟不是小鸟的双亲,而是外来帮助喂养小鸟的无私"奉献者"。据研究,奉献者有的是前一窝的小鸟,现在长大了,前来帮助父母喂养自己的小兄弟姐妹,这种行为的遗传学根据是,它们与父母之间的亲缘系数同它们与兄弟姐妹之间的亲缘系数是相等的。因此,帮助父母多养育一窝小鸟同自己产卵繁殖养育一窝后代,其广义适合度是一样的,所以每当它们因为某种原因而不能产卵育雏时,便前来帮助父母进行繁殖。此外,奉献者也可能是邻居,正如前面所说的,邻里之间往往也有亲缘关系,因此一旦有谁的巢不幸遭遇了破坏,而又来不及建筑第二个窝时,那弥补损失的最好办法就是去帮助邻居多喂养一些小鸟。如果说奉献者所付出的牺牲还不够大的话,那么野火鸡的性行为也许是一个更好的实例。同窝孵出的野火鸡,长大后都分群成2~3只一小群,在同一求偶场向雌火鸡表演各种动作以示求偶;但在众多的兄弟中仅一只最有优势的雄火鸡才能与雌火鸡进行交配,其它都因优势较差而不能和雌鸟进行交配,但这些奉献者却都甘心情愿服从于优势者并千方百计用自己的炫耀行为帮助优势者取得交配和繁殖的成功。

五、语言行为

鸟类彼此间需要联络,鸣叫则是联络的重要方式。鸟类学家将鸟类千变万化的鸣叫声分为叫鸣、啭鸣和效鸣三类。

1. 叫鸣

叫鸣的音节单调、短促、重复固定,是鸟类彼此交流的主要"语言"交流方式。雌、雄鸟和幼鸟都能发出叫声。叫声分为呼唤声、警戒声、惊叫声和恐吓声等,功能是协调群体成员之间的关系,通报位置,发出危险警告。有时不同种类的鸟叫声也会很相似,一只鸟发出的报警声可能会惊飞附近不同种类的鸟。

2. 啭鸣

啭鸣的音节复杂多变,婉转动听。通常只有雄鸟在繁殖期才会发出啭鸣。啭鸣又称为歌声,主要有两个功能:建立领域和吸引配偶。有些鸟类在鸣啭时,一组听似由一只鸟发出的叫声实际上是两只鸟分别唱出来的。锈脸钩嘴鹛响亮清脆的"呀喝给,呀喝给"是由一对鸟合作完成的。一只鸟唱出"呀喝",紧接着另一只鸟立刻加上"给",组成完美的二重唱。

3. 效鸣

效鸣是鸟类模仿自然界的各种声音和其它鸟类的鸣叫。草丛中蟋蟀的叫声、公路上汽车的刹车声、音乐甚至京剧唱腔,鸟类都能模仿。但鸟类最常模仿的还是其它鸟类的鸣叫声。鸟类为什么要模仿其它鸟类的叫声?科学家现在还没找出准确的答案。一般认为模仿者模仿其它鸟类的叫声有三个目的:吓跑对手、吸引配偶和觅食需要。

我国汉族的方言种类之多,差异之大,令很多中国人都听不懂"中国话"。同人类一样,居住在不同地区的同种鸟,也发展出不同的方言。栖息在英国、德国、印度、阿富汗、中国、日本的大山雀的鸣叫声,就存在着很大差异。有时在一个不算很大的区域内,鸟类方言现象也是很明显的。

六、本能与学习行为

本能和学习都能使观赏鸟的行为适应它们的社会环境，前者是在物种进化过程中形成的，而后者是在个体发育过程中得到的。实际上，处在环节动物进化水平以上的所有动物都具有自己的本能行为，也具有一定的学习能力，本文在此不赘述。

复习思考

1. 犬的正常行为分哪几类？
2. 如何理解犬的遗尿和猫的射尿行为？
3. 什么是迁移？如何理解鸟的迁移行为？

第四章 宠物驯导的基本原理——反射活动

知识目标：了解和掌握反射的基本原理和条件反射的形成。
能力目标：能运用反射原理分析宠物行为，以指导宠物的驯导。

第一节 宠物行为与机体反射

一、反射简介

宠物的一切简单和复杂的行为都是机体反射活动的结果。从最简单的眨眼反射（机械刺激角膜引起眼睑闭合）到复杂的行为表现，都是反射活动。

反射是指在中枢神经系统参与下，有机体对内、外环境刺激的应答性反应。反射是行为的生理过程，行为则是反射的效应表现。简单的反射表现为简单的行为，复杂的行为体现为一系列的连锁式反射，即许多反射的时间组合和相继组合。

反射的结构基础和基本单位是反射弧。反射弧由感受器、传入神经、反射中枢、传出神经和效应器五个组成部分（图4-1）。感受器一般是神经末梢的特殊结构，是一种换能装置，可将所感受的各种刺激信息转变为神经冲动。感受器的种类多，分布广，有严格的选择性，只能接受特定的某种适宜刺激。反射中枢是中枢神经系统中调节某一特定生理功能的神经细胞群。效应器是实现反射的"执行机构"，如骨骼肌、平滑肌、心肌和腺体等。动物的各种行为虽然不同，但神经生理学基础是完全相同的。

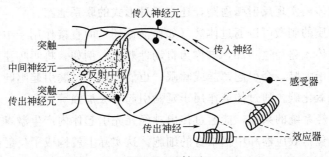

图4-1 反射弧

神经元依其在反射弧中的不同地位可分为传入神经元、中间神经元和传出神经元，它们之间通过突触联系，构成复杂多样的联系方式，归纳起来主要有单线式联系、辐散式联系、聚合式联系、链锁式联系与环式联系5种（图4-2）。

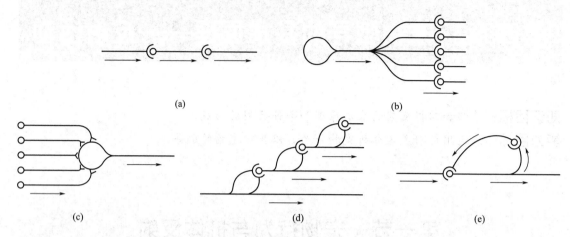

图 4-2　中枢神经元的联系方式示意图
(a) 单线式联系；(b) 辐散式联系；(c) 聚合式联系；(d) 链锁式联系；(e) 环式联系

二、反射弧通路

就组织结构而论，反射弧通路是由5个部分的联系组成，但就实现一个正确完整的反射活动的机能联系而言，还应在此5部分之外加上强化的效应反馈作用（返回联系）这一过程。因为一个反射活动不可能只经过一次联系，就圆满达到反应效果；还需要把反射的效应结果再通过感受器（不一定是原感受器）返回神经中枢进行调整，经调整校正传出后所引起的效果，就会比前一次正确。起增强效果的为正反馈，起减弱效果的为负反馈。如此的效应反馈活动可能循环多次，直至达到与外界条件相适应为止。这意味着，动物的复杂行为或反射，不是仅止于回答反应，而决定于预期行为与回答反应是否相符。这样，反射弧的概念进而发展成了反射环的概念。

因此，反射弧多次重复作用，形成的反射环在动物的实际训练中具有重要意义。它使动物动作的精细化和对动物进行进一步训练成为可能，是动物的训练行为不断改进的很好途径。

此外，在动物体内实现反射弧通路，还有两种形式的联系通路：

其一，化学物质的刺激可以通过体液（如血液循环）而直接作用于中枢。这就是省略了反射弧的感受器和传入路径这一环，被称为自动性刺激。例如，将吗啡注射到动物体内，通过体液传递而作用于大脑，会引起镇静或睡眠；也能作用于延髓引起呕吐。又如，动物体内新陈代谢产生的二氧化碳，通过体液作用于延髓引起呼吸加强等。

其二，中枢神经系统的兴奋，能通过传出神经元先引起体内产生激素，激素再通过体液传递于其它组织，包括效应器和中枢本身的细胞。这实际上就构成了反射弧的传出路径的一环。这被称为神经-体液传递。在实际训练中，通过体液参与的反射途径较少应用，但体液对于动物的行为有非常重要的影响。通过人为的化学物质控制能纠正动物的某些不良行为，或得到人们期望的特性。

三、行为发生的过程

感受器感受一定的刺激后发生兴奋，兴奋以神经冲动的方式经传入神经传向中枢，通过中枢的分析与综合，做出一定的反应，产生相应的行为结果。如果中枢发生兴奋，其冲动沿传出神经到达效应器，使效应器发生反应。如果中枢发生抑制，则中枢原有的传出冲动减弱或停止。在自然条件下，反射活动需要反射弧结构和功能的完整，如果反射弧中任何一个环节中断，反射将不能进行。最简单的反射只通过一个突触，如腱反射，这种反射称为单突触反射。但大多数反射则经过两个以上的突触，称多突触反射，如屈肌反射。

在动物身上，一个行为的发生，只通过简单的反射弧是不可能完成的，其反射的神经联系十分复杂。一方面刺激感受传入不会仅接通一个反射活动，而是同时造成几个反射弧的同步联系。即使是一种刺激感受传入，也不可能仅传到一个神经中枢或只进入皮层下中枢，还要升至皮层的高级中枢。信息传入如此，它的传出也同样如此。由此可见，刺激被感受并传入中枢后，将会汇合在一起。

完整机体的活动基本上都是反射活动。在同一时间，机体内进行着各种各样的反射活动，它们之间互相配合，表现高度的协调，以适应当时机体活动的整体需要。反射活动所以能协调一致，是由于中枢内部的兴奋过程与抑制过程存在着有规律的相互影响和相互制约。因此，有些反射互相协同和加强，有些反射互相拮抗和削弱，也有些反射互相衔接和配套。

第二节 宠物行为发生的生理和物质基础

动物的感觉功能具有重要的生物学意义，因为动物的活动大多是对外环境变化所产生刺激作用的规律性反应。丧失感觉机能就不可能对内外环境变化作出反射性的反应，从而无法适应环境，并难以生存。感觉机能与运动机能间的紧密联系保证了动物的正常生命活动以及适应的机能。

一、躯体感觉

多数宠物（如犬、猫等）的皮肤内主要以机械感受器为主。但是在有毛皮肤和无毛皮肤内，感受器的类型又有不同。所有感受器的传入纤维一般都具有髓鞘，直径为 $5\sim12\mu m$，传导速度为 $30\sim70m/s$，属于Ⅱ类纤维。所以当刺激作用在感受器后的几毫秒时间内，兴奋的信息即可进入中枢，转入分析和反应过程。

在测定皮肤感受器的动物实验中，一般需要分离单根感觉神经轴突，记录其动作电位。

可使用金属微电极刺入皮下神经的单根纤维，使用各种适宜的皮肤刺激作用于感受器，观察刺激后纤维放电的变化。测定的结果表明，各种感受器对于刺激的适应情况不同。一般分为3类：一是快适应感受器，对于每次压力刺激不论压力的持续时间多久，只有1次或2次电发放，这类感受器有帕西尼小体（或称环层小体）；二是较快适应的感受器，每次皮肤压力刺激可引起50~600ms的电发放，如触觉小体（即麦斯纳小体）；三是慢适应的感受器，这类感受器所产生的电发放的延续时间长短取决于刺激作用的时间，刺激作用时间多长放电时间维持多久，这类感受器中有鲁菲尼小体触盘和美克尔小盘等。

1. 压觉

压觉刺激的是慢适应感受器，压力持续多久，放电延续多久，而且放电的频率与压力的强度有关。

从功能角度看，这种感受器是测定作用于皮肤的机械刺激强度的强度检测计。由于这种感受器能够长时间地对压力刺激起反应，而不会产生适应，因而它也能够传入刺激作为信息。这类感受器中包括脚掌、无毛皮肤区、表面最下层的美克尔小盘和位于有毛皮肤、高出于皮肤表面触觉小盘之内的美克尔小盘，以及位于真皮内的鲁菲尼小体。

2. 触觉

用细棒轻轻拨动手背的几根毛，使其向一面倾斜而不触及皮肤，就会发现，只有当手背的毛发生运动的时候才会引起触觉。如果停止拨动而仅仅使毛保持弯曲，触觉也会很快消失。这表示毛囊内的感受器不是感应毛的位移程度多少，而是对毛的运动，或者是对运动的速度起反应。在无毛皮肤内，也有感受器以类似方式对刺激做出反应。以小棒压凹皮肤，当下压的速度不同时，放电的频率随下压的速度增大而增加。如果停止小棒下压运动，即使小棒仍压在皮肤上，这类感受器也没有放电反应。这清楚地表明，这类感受器输入的信息与小棒下压皮肤的速度有关，因而可以称作速度检测器。这类感受器为无毛皮肤真皮乳头内的麦斯纳小体，在有毛皮肤上为位于内皮中的毛囊感受器。

3. 振动觉

有一类感受器能够对皮肤振动的位移起反应。这类感受器的特点是：对于每一次刺激只产生一次放电，不管刺激强度的大小和刺激时程的长短，是一种快适应感受器。

对于55Hz和10Hz的正弦波式的机械刺激，其反应特性是相同的，每个正弦波引起一次放电。这类感受器不传送下压皮肤刺激的运动速度和深度的信息，可称为振荡检测器。据研究证实，在无毛及有毛皮肤的皮下脂肪组织内的帕西尼小体属于这种感受器。这种感受器较大，由多层结缔组织包围神经末梢而构成，形如洋葱头一般。除皮下脂肪组织，在肌腱、肌鞘膜、骨膜及关节囊内也分布有这种感受装置。

4. 温觉

皮肤具有2种温度感觉：温觉和冷觉。皮肤有特殊的感受"冷"和"热"的冷点和温点，这些点上只是对冷、热产生感觉。根据测定主观反射时的结果可以知道，冷觉比温觉传导快。利用选择性阻断神经纤维传导的方法可以证明，冷觉和温觉是分别独立存在的不同感觉。目前，冷觉和温觉感受器的结构尚不能确定，但它们具有以下几方面的特点：

① 分布在全身，但各处密度不同，经过比较研究证明，冷点比温点多。如前肢每平方厘米分布有冷点 13～15 个，而温点只有 1～2 个；前额每平方厘米皮肤分布有 5～8 个冷点，缺少温点，故对冷敏感而对热敏感很差。

② 温度感受器感觉纤维传导速度低于 20m/s，有些纤维的传导速度低至 0.4m/s，因而传导温度的感觉纤维可能属于 Aδ 类及 C 类纤维。

③ 在 20～40℃范围内，经过一定时间即产生适应。如果温度高于 40℃或低于 20℃则产生恒定的"热"感觉或"冷"感觉。

④ 在恒定皮肤温度下，维持电发放。其放电频率高低与皮肤温度有关，当皮肤温度变化，电发放的频率随之变化。

⑤ 对于非温度刺激不敏感。每单根感觉纤维只与 1 个或少数温点或冷点相连，即单根纤维的感受狭小。温度感觉具有空间综合的特性。温度刺激所产生的感觉强度取决于接受刺激部位的面积。同样的温度作用于机体的面积愈大，被兴奋的感觉点愈多，产生的感觉也愈强。

5. 痛觉

痛觉是机体受到伤害性刺激或发生疾病的一种信号。疼痛刺激可引起植物性神经系统的一系列反应，如肾上腺素分泌增加、血糖升高、血压上升等，剧烈疼痛可导致机体休克。疼痛的部位、时间和性质可辅助诊断某些疾病。

根据痛觉感受器分布的部位，痛觉可分为 3 种：皮肤或体表痛觉，肌肉、关节和筋膜深部痛觉，内脏痛觉。皮肤黏膜痛觉有灼痛、压痛和刺痛等；深部痛觉有跳痛、胀痛和压痛；内脏痛觉有绞痛、牵涉痛和胀痛等。

① 皮肤痛觉 伤害性刺激引起皮肤疼痛时，可先后导致两种性质的痛觉：一种是快痛，也叫刺痛，它的特点是感觉鲜明、定位清楚、发生迅速；消失也迅速；另一种是慢痛，也叫灼痛，其表现为痛觉形成缓慢，呈弥漫性且定位较差，持续时间长，疼痛强烈而难以忍受。这类疼痛常伴以心血管和呼吸反应。临床上遇到的疼痛大部分属于慢痛。另外有些痛觉冲动，在脑干网状结构经多次换元后，间接传到丘脑的内侧部（髓板内核群如束旁核和中央外侧核等），最后前传至大脑边缘系统及大脑皮质的第二体感区。这一通路与感觉关系密切，如破坏此通路，可缓解病畜的疼痛，但不影响皮肤的其它痛觉机能。

② 内脏痛觉 内脏疼痛可分为两类：一类是体腔壁的浆膜痛，如胸膜或腹膜受到炎症、摩擦或手术的牵拉刺激所引起的疼痛；另一类是内脏本身出现的脏器痛。

引起脏器痛的原因可能有两种：一是器官受机械性膨胀或牵拉（如胃、肠、膀胱或胆囊等受到膨胀或牵拉、内脏平滑肌痉挛时）所引起的疼痛；二是化学性刺激引起的疼痛，如内脏局部缺血引起代谢物（乳酸、丙酮酸等）积聚，如刺激神经末梢所引起的剧烈疼痛。内脏虽有神经末梢感受刺激，但较皮肤的神经末梢稀疏，传入通路也较散在，因此，这种痛觉模糊，定位不明显，属于钝痛性质。

③ 牵涉痛 当某些内脏患病时，常在皮肤不同区域发生疼痛过敏，叫做牵涉痛。例如：心肌缺血引起的心绞痛，其痛觉定位却是胸的腹侧和左前肢内侧的皮肤；又如，膈

中央的痛觉是一种浆膜痛，但却引起肩胛部和颈部皮肤的牵涉性痛。疼痛牵涉痛发生的原因，一般认为是从某脏器来的感觉纤维和该段皮肤区来的感觉纤维传递到同一节段脊髓。脏器和皮肤的一部分感觉纤维传来的冲动，沿各自专用的神经元前达丘脑；另一部分感觉传入冲动，在该段脊髓内，沿共用的神经元传到丘脑，由丘脑再传至大脑皮质，产生脏器感觉或皮肤感觉。

痛觉不要求特殊的适宜刺激，机械、温度、化学等刺激物只要到达某种刺激强度都可引起痛觉；缺乏适应性，牙痛、头痛可以长达数小时至数日。

动物在内脏产生痛觉时，由于没有适当的表达方式，主人不容易及时了解。但动物在内脏疼痛时会有特定的行为表现，如行为迟缓、反应迟钝、食欲不振等。在遇到这种情况时，应及时就医。

二、内脏感觉

在胸腔、腹腔和盆腔的内脏器官上分布着许多感受器，这些感受器称为内脏感受器。或内感受器。现在已经知道，分布在心血管系统、呼吸系统、消化系统和泌尿系统器官上的感受器有20多种。从所感受的刺激性质来分，有机械感受器、化学感受器等。这些内脏感受器的向中纤维混合在内脏大神经、迷走神经和盆神经干内，由背根进入脊髓，与躯体感觉神经进入脊髓的方式没有差别。

在高等哺乳动物中，迷走神经干中所含的传入纤维最多，占纤维总数的 $80\% \sim 90\%$，内脏大神经中的向中纤维在 50% 以上，而盆神经中约占 30%。这些纤维中，有的是 Aδ 类纤维，有的是无髓鞘 C 类纤维。C 类纤维的数量相当大，可能和传导内脏痛觉有关。

此外，较粗的纤维可能和传导胃、直肠以及膀胱的充胀感觉有关。但是，应该知道，许多内脏感受器的传入纤维，只在脊髓、延脑水平构成内脏反射弧的一部分，它们所传入的信息并不一定进入中枢神经系统的高级部位，因而不会引起机体的感受。有实验证明，电刺激迷走神经，由于传入纤维的兴奋，可以引起脑皮质自发电活动的变化。刺激内脏大神经和盆神经，甚至可以在皮质感觉区的一定局限范围内引起诱发电位。但是，这些投射区都很狭小，更没有像躯体感觉在皮质上那样精确的空间投射分布，这一点很可能是机体对内脏感觉缺乏定位和空间分辨能力的原因。

三、神经中枢

内外界信息通过感受器传到中枢神经系统。感觉器官所接受到的刺激，本质上是多种多样的，有化学的、温度的或机械的。在正常情况下，机体的神经系统结构及其机能的复杂化，决定了机体以较为完善的方式适应面临的非常多样而又经常变化的生存环境，这就使动物的训练成为可能。

大脑皮层有对刺激进行高度分析综合的机能。主要是保持机体与生存的环境之间的统一，并能协调有机体本身各部活动的统一。而皮层下部脑的各级中枢的主要机能，只是保持机体本身各部活动的统一，即主导着先天性的本能活动。皮层与皮层下中枢的活动是密切相关的，要联系起来全面地看中枢神经系统对动物行为的作用。

四、神经系统与激素

1. 内分泌的作用途径

内分泌与中枢神经系统及动物行为之间是相互影响的，其作用的途径有 3 个方面：激素作用于感觉系统，从而改变输入的感觉信息；或者作用于神经中枢；或者作用于效应器。但是，内分泌对这三方面的影响作用不是相等的，其中有的很显著，有的就差一些。

甲状旁腺、胰岛、肾上腺、垂体及性腺分泌的激素，主要是作用于效应器，直接促进或抑制组织的新陈代谢和行为活动。垂体所分泌的促性腺素、促乳激素及相应的其它激素，对动物的生殖行为、性行为、母性行为、择食行为及其反应强度和形式等都有重大的影响，同时也与动物的正常生长发育、两性行为差别等直接相关。例如，甲状腺分泌的甲状腺素，不但影响机体的新陈代谢，而且对机体的生长发育，包括对神经系统的发育和功能也有重要影响；此外，甲状腺素对维持正常生殖也有重要影响。

2. 内分泌与中枢神经系统的联系

内分泌活动对机体生存是绝对重要的。但是，内分泌系统的活动，只有同中枢神经系统的活动相互联系，并在中枢神经系统的主导调节下，才能使机体达到适应生存条件的目的。这可从两方面说明：

一方面，由于内分泌腺同外界环境缺乏直接的联系，致使对外界环境的任何变化，只能通过感受器和中枢神经系统的传入神经作用于内分泌腺，或者经由传出神经直接到达（也可通过神经-体液传递途径转达）。同时，中枢神经系统在协调犬体各部活动时，也离不开内分泌腺的配合。因为中枢神经系统本身，同样需要受有关内分泌腺的反馈影响，而且神经细胞的新陈代谢也有赖于正常的内分泌作用。

另一方面，从进化过程看，内分泌系统与神经系统可能是相互关联进化起来的，而且体液因素的存在比中枢神经系统还早。在高等动物身上，内分泌腺的结构和机能的进化是很有限的，而中枢神经系统，特别是高级部位，却有了高度的发展：其中有些神经细胞或神经元，已改变成为产生一定化学物质的神经分泌细胞，它们丛生成腺体，既与神经相接，又与血管相连。

五、神经的兴奋和抑制

神经活动有两个基本的对立统一的过程：兴奋、抑制。所谓兴奋，就是当神经组织受到刺激时，就由相对静止的状态转入活动状态，或由较弱的活动状态转入较强的活动状态。根据它是否能传导，有局部性兴奋和扩散性兴奋之分。通常所说的兴奋是扩散性兴奋，这种扩散性兴奋就是神经冲动。所谓抑制，就是当神经组织受到刺激时，就由较强的活动状态转入较弱的活动状态，或由活动状态转入静息状态。抑制也有局部性抑制与弥漫性抑制之分。兴奋和抑制的性质相反，但二者又相互依存，而且在一定条件下可以互相转化；它们不仅各自通过积累而加强，而且二者在同一点相遇时相互抵消、相互协调。

在化学变化上，兴奋过程可能和分解代谢有关，抑制过程可能和合成代谢有关。研究证明，动物在睡眠状态下（即抑制占主导时）大脑的合成代谢占优势。机体的活动增强或减弱的过程，在动物的日常饲养中表现是比较明显的。大多数动物在清晨活动表现精力充沛，这就是一种兴奋活动的过程。一般在这种情况下，动物形成条件反射的速度快，对训练会有较好的效果。对训练中出现的不良记忆的消退、对非需求刺激的分化、对延时刺激的接受等，则是一种抑制活动的过程。

兴奋过程和抑制过程是实现反射活动（行为）的基础，对动物适应生存环境具有重要的生物学意义。兴奋过程保证动物能敏锐地感受体内的各种刺激，从而发生有规律的应答反应。特别是能对那些复杂多变的外界刺激，产生信号联系，提高行为的预见性及应变性。抑制过程则能根据外界条件的变化，不断校正行为反应，使其对不同刺激准确分化辨别，并改变原来已不再符合某种外界条件的行为方式，以适应新的情况。

抑制过程对神经细胞还具有保护作用，它可以防止细胞由于刺激超强或过频过久产生过度兴奋，造成机能的破坏。在这种情况下，细胞可由兴奋活动自动转为抑制状态，以促进自身合成代谢的进行和加速机能的恢复。

在机体的大脑皮层中所产生的兴奋和抑制过程，并不是静止、孤立的，而是互相影响着的。正是由于它们在时间和空间上有规律的运动和互相作用的结果，才使动物的行为经常适应于错综复杂而又多变的外界环境。这种运动有两个基本规律，即扩散集中和相互诱导。

第三节　非条件反射和条件反射

一、反射与动机的形成

1. 非条件反射和条件反射的联系与区别

反射活动可分为非条件反射和条件反射。非条件反射是通过遗传获得的先天性反射活动。例如，食物进入动物口腔，就会引起唾液分泌；异物刺激角膜就会引起眨眼等，都属于非条件反射。非条件反射的反射弧固定，数量有限，只能保证动物的各种基本生命活动的正常进行，很难适应复杂的环境变化。条件反射是个体在后天生活过程中建立起来的反射，如在很远的地方就能辨别食物，主动去寻找；在伤害性刺激没有作用于机体之前，能预先主动地回避等。条件反射的反射弧不固定，数量无限，但是随着机体需要可建立也可消退。条件反射的建立需要大脑皮层的参与，是比较复杂的神经活动，从而也就提高了动物适应环境的能力。非条件反射与条件反射的区别如表4-1。

表 4-1 非条件反射与条件反射的区别

非条件反射	条件反射
具有先天性的固定反射弧	暂时性的神经联系主要发生在大脑皮质
具有永久的神经联系，一般发生在皮质下中枢	必须在非条件反射的基础上才能形成
只要有直接适宜刺激作用，就会无条件立即引起相应活动	是对特定信号刺激发生的相应活动
反应形式是定型化的系列行为	形式灵活、可变，但不恒定，有很大的可塑性

2. 动机的形成

动物有时会出现"令人费解"的行为，比如追咬自己的尾巴、看着某东西发呆或跑到某一个地方会害怕。欲了解动物行为的起因，需追溯到其行为动机这个源头。通过分析动物的行为活动，可以推断动物的行为动机。当知道了导致行为的目的，动机就明确了。它是由先天遗传的成分与后天获得的成分复合而成的。先天的成分包括各种简单反应和本能行为；获得的成分包括各种条件反射、学习得来的反应的习惯。

动物的行为动机虽然形成于机体内部，但它起源于为数众多因素的共同融合。这些因素包括各种刺激、机体当时的生理状况、遗传或动物已有经验而来的性状。动机值反映动机水平，它取决于下列关联因素的影响：

（1）内部感受到的刺激 如来自肠道和血液中的渗透压和血糖等的生化指标，能影响饮食动机。

（2）外部有无特定的关键刺激 如幼仔是引发母性反应的关键。

（3）血液中的激素水平 如性激素决定性行为。

（4）内源节律（生物钟）的周期性 生物钟能使动物的某些行为只发生在一定的时间或时期，如雌性动物的发情期和孕产期有周期节律。

（5）个体发育成熟阶段的反应状况 同一只动物在不同的发育期，对同一刺激会有不同的反应。如仔犬与母犬的母子关系行为，会随着仔犬的发育和断奶，相互渐趋松弛直至解体，仔犬行为的幼稚特征也将逐渐变化。

（6）既往经历 动物以往的行为经验对动机的引发有潜在影响，如寻食经验有强化食物动机的作用。动物的某一行为过后的时间与该行为动机的再生及强度有关。如吃饱后的动物，在一定时间内一般不会再产生摄食动机。

（7）中枢神经系统自动产生的兴奋性 中枢神经系统自动产生的兴奋性也能影响自发行为。

二、动物的本能行为——非条件反射

1. 非条件反射与本能

动物的本能行为是指动物先天具有的相对定型化的行为，也就是生理学中所说的非条件反射。

本能是指经遗传贮存，在神经系统中具有层次编码的定型化的行为模式。一般地讲，机体的本能都是不必学习就能做出的有利于个体的适应性行为。有的属于非条件反射性的本能反应，如吮乳、眨眼、排便、搔痒、平衡、收缩等。这些都是受内外局部刺激作用，通过固有的神经通路必然发生的简单、刻板而又恒定的活动。有的则属于复杂的有层次序列性的链锁行为，如性本能、猎取本能等。这些本能不仅受外界随机而来的有关刺激影响产生活动，而且当机体内部潜在的活动势能聚集起来达到一定的生理状态时，也可被相应的刺激所引发，表现出特定的行为方式。

先天性本能行为，虽然是固定在神经系统中具有适应的综合体系，但在高级动物的复杂本能活动中，不可能没有个体后天学习经验的参与。以觅食行为为例，尽管动物所表现的食物行为链是先天本能的固有反应，但在寻食的欲求过程中，动物的行为方式都是随机而异、灵活多变的。动物并不盲目地到处乱跑，而是有目标地走向易于获得食物的地方觅食，这说明本能的适应性是很局限刻板的，也可以说它是以"先天不足"产生的。因此，需要通过后天个体经验的补充和修饰得以完善。由此可见，动物的复杂本能行为，实际上是由两部分组成：一部分是先天固有的，它决定动作发生的时间和强度；另一部分是通过对外界刺激反应的反馈效应，灵活地控制和校正动作的空间方向，以求更好地适应生存环境。只有两者的密切协调，才能产生正确的行为效果。

具体地讲，动物的本能行为是很多的，其中与动物的生存和受训工作有关的本能主要有：食物本能、防御本能、性本能、母性本能、保养本能、自由本能、结群本能、领域本能等。

2. 兴奋性非条件反射与训练的关系

现将与动物的生存有密切关系，并为训练可资利用的主要非条件反射分述于下：

(1) 食物反射　动物为了正常生存，必须不停地与外界发生能量或物质交换。因此，我们可以充分利用动物的食物反射，通过科学精心饲养管理，保证动物的正常生长发育，并借以建立和增强动物对主人的依恋性。食物反射是在调教与训练动物的过程中经常利用的一种反射。它的作用有两个方面：一种是作为对动物的诱导，即以食物刺激为诱饵，引导动物做出一定的动作；另一种是对动物的奖励，通过用食物奖励来强化和巩固动物的正确动作，加速能力的培养。

(2) 防御反射　动物对不利刺激总是以消极防御或积极进攻加以反应，这对其自身生存具有护卫作用。因此，我们可以根据训练课目能力培养的要求，采取相应的机械刺激手段，迫使动物产生适度的被动防御反射而做出训练的动作。也可通过较强的机械刺激，达到制止动物的某些不良习性的目的。尤其是在警犬的训练中，助驯员采取足以能激发犬产生仇视性的方法，有助于培养犬的警戒反应和勇于攻击、凶猛扑咬等主动防御能力。

(3) 探求反射　动物为了与生存环境保持动力平衡，必须随时觉察外界新事物的平衡，并加以熟悉和适应。探究反射与动物的学习行为也有密切的关系。因此，我们可以在训练中采取新异好奇的刺激手段和方法，以引起动物对特定事物的探究与警戒反应，培养动物细致识别或高度警惕的能力。也可以通过日常环境锻炼，使动物对陌生事物熟悉适应，消除动物在训练和使用中的外抑制影响。例如：在犬对外界环境的了解过程中，很大程度上依靠嗅觉；而犬在对环境的感知过程中，主要依靠它的探求反射。为培养犬在嗅觉作业中对气味的嗅认及分辨能力，可以利用犬的这种反射。具体办法为：当犬欲嗅某一物品时，主人指向该物品并且发出"嗅"的口令。伴以适时的奖励，犬就会逐渐建立起对这一口令的反应。

（4）猎取反射　动物的狩猎行为是与食物反射相联系的，但犬、猫等宠物被家庭养殖后已渐趋退化（除猎犬外）。在训练犬中已将其转为获物性质的反射。犬、猫虽具有这种先天性能，但个体间差异较大。因此，需要通过耐心而巧妙的诱导手段，充分调动和发展动物对获取所求物品的高度兴奋性和强烈占有欲。这一反射是培养动物积极进行鉴别、追踪、扑咬、搜索等作业能力的重要基础。

衔取是指犬能根据驯导员的指挥，兴奋而迅速地将物品衔在口中的能力。衔取科目是训练犬追踪、鉴别、搜索等使用课目的重要基础，特别是警犬应具备的基本能力和选材的重要标准。

衔取分为抛物衔取、送物衔取、隐蔽式衔取、鉴别式衔取 4 种形式。衔取的 4 种形式中，抛物衔取是基本能力，犬只有具备强烈的抛物衔取的欲望才能有效地完成其它衔取形式训练。

① 抛物衔取的训练方法　驯导员在与犬戏耍过程中，用毛巾、树枝等物品在犬面前摆动调引，当犬有获取该物品欲望时，驯导员可下口令"衔"并抛出该物品。犬在猎取反射基础上对物品进行追逐并衔取在口中，驯导员则对犬施以口令"好"或抚摸来奖励犬，或采取与犬适当争夺物品的方法来进一步激发犬对物品的占有欲。如果在一定时间和训练次数后，犬已产生了对物品强烈的衔取欲望，可对犬进行吐物品训练。方法是在犬衔取的基础上，下口令"吐"并使用适当的机械刺激，如轻击犬嘴，使犬将物品吐出，再对犬进行奖励。在同一时间内，可按照上述方法同时训练 2~3 次。当犬能衔、吐物品后，应逐渐减少和取消摇晃调引动作，使犬形成根据口令衔、吐物品的能力。

② 送物衔取的训练方法　先令犬坐待延缓，驯导员将物品送到距犬 10m 左右、且犬能看见的地面上，再回到犬的右侧指挥犬去衔取。犬将物品衔回后，令犬坐于左侧，然后发出"吐"的口令，将物品接下，再加以奖励。犬如不去衔取，应引导犬前去。犬如果衔而不来，应采取诱导或使用训练绳控制来加以纠正。

③ 隐蔽式衔取训练方法　驯导员将犬牵到事先选好的训练场地，令犬坐待延缓，驯导员手持衔取物对犬晃动几下，引起犬注意后送到 30m 以外的地点隐蔽起来，并用脚踏踩留下气味。再按原路返回，令犬衔取。犬如能通过嗅觉寻找并衔回物品，则应给予奖励。通过训练，当犬能顺利地运用嗅觉发现和衔取隐蔽的物品后，则应延伸送物距离至 50m，以提高其隐蔽式衔取能力。这种衔取形式对于犬追踪能力和搜索能力将起到基础训练作用。

④ 鉴别式衔取训练方法　驯导员事先准备 3~4 件不附有人体气味的干净物品，将物品摆放在平坦而清洁的地面上。然后牵犬到距摆放物品 3~5m 处令犬坐下，当着犬面将附有驯导员本人气味的衔取物品令犬嗅认，然后放到其它物品当中去令犬去衔。当犬能通过逐个嗅认物品，将附有驯导员气味的物品衔回后，驯导员立即以"好"的口令加以奖励，如犬错衔物品，应让犬吐掉，再指引犬重新嗅认后，指挥犬将附有驯导员气味的物品衔回并加以奖励。如此反复训练，犬就能以鉴别的形式正确地衔取所求物品。对衔取兴奋性较低的犬，可采取将物品抛入鉴别物中令犬去衔，继续以鉴别式衔取的方法进行训练。对兴奋性高而嗅认不仔细的犬，可带训练绳牵引训练。这种衔取形式对犬的鉴别训练起到基础训练作用。

在上述训练中需注意的问题主要有：为保持和提高犬衔取的兴奋性，应选用和更换令犬兴奋的物品，而且训练衔取的次数不能连续而频繁，对犬的每次正确衔取，都应充分加以奖励；纠正犬在衔取时撕咬、玩耍和自动吐掉物品的毛病，以保持衔物动作的正确性；培养犬对各种物品的适应性，在训练中应经常更换衔取物品品种，为以后使用课目的训练奠定良好的基础；防止犬早吐物品，驯导员的接物动作不能突然，食物奖励也不应过早、过多，只能在接物后给予奖励。

（5）姿势反射　动物的活动必须保持正常的相应姿势和运动的平衡。因此，在训练中可以利用动物固有的自然动作（姿势）及躯体平衡的运动反应，通过正确的引导和适当的强制，以进行基础科目的训练，使动物形成符合规范化要求的各种动作。

（6）自由反射　长期处于拴系或圈养条件下生活的动物，总是力图挣脱所受限制，获得自由活动的机会。因此。我们可以利用动物的这一反射，在训练间隙放动物自由活动片刻，以缓和动物的神经活动紧张状态或消除超限抑制的影响。也可在动物完成一次训练后，作为一种奖励手段来满足它获得自由活动的欲求。自由反射还有助于发展动物的活动、耐力和技巧，对发泄过剩能量也有一定的作用。

（7）性反射　动物以此繁衍后代，绵延种族。与此相关的还有母性反射，使其照料初生幼仔的正常生存。动物的这一反射是动物繁育十分重要的基础。但性反射对工作犬的训练和使用都有程度不同的不利影响。

动物的非条件反射不仅表现在上述 7 种，还有很多方面，这里不再一一叙述。不论动物有多少非条件反射，也只能是行为活动的基础，只能是训练利用的基本条件。虽然这对动物的正常生存和训练是十分必要的，但还很不完善，还不能很好地适应生存条件。只有在此基础上，通过动物的自身学习活动和人为的训练，使其形成更为高级的条件反射，才能使动物有效地与外界环境保持动力的平衡，才能使动物具备有价值的各种作业能力。

3. 抑制性非条件反射与训练的关系

非条件抑制与非条件反射一样，也属于先天遗传的本能活动，可以认为是一种抑制性的非条件反射。非条件抑制可分为外抑制和超限抑制两种。

（1）外抑制　在动物的神经系统中，由于新异刺激作用所引起的新异神经活动，对于原来兴奋反射活动的抑制现象，叫做外抑制。这就是我们通常所了解的一种活动的出现对原来活动的制止现象。在训练动物的过程中经常会遇到外抑制现象。例如，正在训练犬做某一动作时，突然在犬的周围出现了某种犬所不习惯的刺激（如行人、车辆、嘈杂声、家畜等），就会发生这种现象，有时也可能是由于犬体内部的某种刺激（如直肠充便）。只有当其影响完全消失以后，外抑制才能消失。但当以后再出现这种刺激时，又同样会产生外抑制。类似这种性质的外抑制，就是恒定的不可消除的外抑制。因此，在训练动物时，要注意动物的健康状况和使动物预先排除大小便，以免影响训练的正常进行。

（2）超限抑制　由于刺激的强度过强，超过了大脑皮层神经细胞机能的限度而产生的抑制，叫做超限抑制。过分频繁而单调的刺激作用也能引起超限抑制。超限抑制也叫保护性抑制，它能防止皮层细胞的活动机能遭到破坏。

由于皮层神经细胞敏感性的提高是有一定限度的，因而，当刺激物的强度超过这一限度时，不但不能增强其兴奋反应，反而会显著降低或不再发生反应，这就是产生了超限抑制。

强度超限越大，其抑制程度也越深。例如：在训练中，过分大声的口令或过于频繁地进行同一动作的训练不仅不能使动物做出正确的动作，反而会导致超限抑制的产生，使训练效果越来越坏。当动物产生超限抑制后，经过一定时间的休息，动物就又能非常兴奋而顺利地做出动作，这是由于动物的神经系统从超限抑制中解脱出来的缘故。又如，突然而又强烈的鞭炮声，可能引起某些动物在数日内完全处于抑制状态，不仅条件反射被抑制，而且连某些非条件反射都受到抑制，甚至引起神经症的产生。

我们在训练中，当发现由于对某一科目的训练过于频繁，致使动物产生超限抑制状态时，就应毫不犹豫地停止这一科目的训练或让动物休息；尤其在训练科目进入复杂而困难的阶段时，应特别注意防止超限抑制的产生。因为这些科目的训练，很容易造成动物的神经系统的活动极度紧张。

大脑皮层细胞活动能力的限度，每个动物都不是等同固定的，这与机体的健康状态以及神经类型有很大的关系。例如，在体质衰弱、患病、睡眠、年老等情况下，皮层细胞的活动能力限度就会降低，本来不致引起超限抑制发生的刺激，现在也变成超强的刺激了。同一强度的刺激，对于强型的犬可能不是超强刺激，但对弱型犬就可能是超强的。

4. 抑制与睡眠

实验证明，任何一种形式的抑制过程，都可以逐渐和迅速地发展成为睡眠。某一种刺激，如果持久而单调地作用大脑皮层的某点，必然会或迟或早地陷入睡眠。例如，在犬的训练过程中，如果对犬施以非常频繁而单调的刺激，或反复地进行同一科目的训练，就会发现犬有打哈欠的状态。当然，在训练时，由于外部环境条件的复杂多变以及其它方面的原因经常作用于动物神经系统，使其不断发生兴奋，因而，睡眠的发生也不是那么容易的。

睡眠不是全部大脑皮层都处于相同程度的抑制。实际上，除了抑制过程外，在局部，还有某些为维持生命和适应当时所处环境中的一定条件而必须觉醒着的兴奋点，即所谓"警戒点"。只要有关的现象一发生，这"警戒点"立刻提高兴奋面扩散来引起醒觉。例如，"看家犬"在它处于睡眠状态时，无论是鸟声、婴儿啼哭声甚至火车鸣笛声等，都不能把它惊醒，然而，它对陌生人的极其微小的脚步声却有着高度的警觉。这一生理现象，与犬的生存条件的专门训练有很大关系。为了防止和解除动物睡眠的发生，就要注意避免频繁单调的刺激，而且要经常更换刺激性质和强度，以保持和提高皮层的兴奋过程，限制抑制过程的扩散。

抑制和睡眠在本质上是同一神经过程，它们的区别仅表现为抑制是一种局部的、片断的，是被兴奋过程局限于一定范围内的。而睡眠则是抑制扩散到大脑的大部直到整个两半球，甚至于到达下面中脑的过程。也就是说，抑制在程度上和范围上都比睡眠较浅、较小。

三、动物的学习行为——条件反射

动物的学习行为就是动物后天获得的适应性行为。"学习"是借用词，用以表达动物个体行为，由于获得经验而引起适应性改变的过程。学习行为是个体后天学得的行为或经验行为，动物通过后天学习，可使先天本能得以完善，进而产生灵活性好、应变性强、适应性更高的新行为。这应看作是行为的一个改变过程。主要由条件反射来完成。此外，动物的学习方式还有印记、模仿、惯化等。

1. 条件反射

（1）条件反射形成的机制　动物的学习方式是多种多样的，其中条件反射是最主要的学习方式。条件反射形成的神经机制是大脑皮层发生暂时神经联系的结果。条件反射建立之前，存在着结构上的联系，但在机能上并未接通，也就是没有神经冲动在这种联系上形成规律性的通过。根据巴甫洛夫的观点，他认为这种暂时联系是由于在大脑皮层中所引起的那个较强的兴奋部位（非条件刺激作用）能吸引较弱的兴奋部位（条件刺激作用）向它联系，于是两部分间才发生了神经接通。此后，只要条件刺激作用一发生，就能同时导致相关部位产生兴奋，因而条件反射也就形成了。

有关暂时联系接通机制问题，继巴甫洛夫的论述之后，前苏联的一些专家对此又有了新的发展。其中阿诺兴的"机能系统理论"，以及哈纳什维里的"学习神经元微系统概念"都有一定的见解。他们突破了暂时联系只能发生于大脑皮层兴奋点之间神经性接通的局限性认识，进而扩展到参与条件反射活动的脑皮层结构，范围更为广泛。皮层下许多结构，以至单个神经元及效应细胞，都在暂时联系形成过程中发生复杂而明显的机能变化，都在暂时联系的接通活动中起着重要的作用。艾克尔斯提出："异质性刺激在单个神经元上汇合是暂时联系形成的基础。"阿诺兴也根据不同感觉通过刺激可能汇合于单个神经元，以及神经元后突触膜的化学异质性材料的事实，提出了"暂时联系汇合性接通"的假说。哈纳什维里发现有些神经元在暂时联系形成后，能对条件刺激发生稳定的反应，具有把结合刺激的痕迹固着下来的作用。因此，他把这种神经元称为学习神经元。这种学习神经元在皮层中虽然只占反应神经的20%~25%，但它在条件反射活动中组成了微系统。这种微系统就是实现暂时联系接通活动的组织结构和机能单位。上述接通机制虽有各自的理论根据，但它们都认为暂时神经联系是条件反射形成的神经机制。

（2）条件反射的两种形成过程　兴奋性的条件反射分为古典式条件反射和操作式条件反射两种。

① 古典式条件反射　俄国生理学家巴甫洛夫在他的生理研究实验中。以犬为对象，采用一种原来与犬无关的条件刺激（如灯光），与另一种对犬有生物学意义的非条件刺激（如食物）结合作用，引起犬出现食物反应。经过多次重复结合后，只要单独使用灯光刺激而不用再结合食物，同样能引起食物反应，这说明灯光对犬已具有食物信号意义。犬的这种行为的产生是在一定条件下，通过学习获得的经验，所以把它称为条件反射。它的反应程序是刺激在前，行为在后，行为是刺激的结果，犬对刺激的反应是既定的。它的联系表现为：刺激—动作—强化—条件信号活动。

在多数的以犬的被动防御（躲避）反应为主的科目训练中，比如犬的坐、卧、立科目，建立犬条件反射的过程，是按照古典式条件反射来完成的。

② 操作式条件反射　这种方式表现为动物常以自发的试探性活动与偶然获得正确或错误的行为效果相联系进行学习。例如，关在犬舍内的犬，由于它的活动偶然触及犬舍内的饮水开关而获得了饮水，以后便学会了用扳动开关的行为获得饮水。这样，操作杠杆之类的条件性行为反应，就成了借以获得奖励强化的工具。因此，把它叫操作式条件

反射，也有称作工具条件反射的。实际上，它也是一种"试错法"的学习。试探行为的结果，既有可能获得成功受到奖励的经验，也有可能遭受失败挫折得到惩罚的教训。如在活动时，偶然被活动板打痛的犬以后便产生了躲避活动板以免挨打的谨慎行动。在工作犬训练中，根据某一训练课目的要求，利用能诱使犬做出相应动作的机会，当犬的适宜行为一出现，就立即给予奖励强化。如为使犬学会按指令吠叫的课目，就应创造能促使犬吠叫的机会和条件，每当犬发声吠叫时，就一边给指令一边给奖励。即使犬叫的声音不大，只要有表示，就应鼓励。如此反复练习，随着学习的进展，强化作用能导致学习的不断进步和动作的熟练，直至犬完全学会按指令吠叫。由于主人根据犬的行为表现，有选择地对其进行奖励和惩罚，就能使被奖励强化的正确行为变得更主动、更频繁，而被惩罚强化的错误行为就受到抑制和纠正。

在多数以犬的主动活动为基础的科目训练中，比如犬的吠叫、嗅认、扑咬等，犬建立条件反射的过程是按照操作式条件反射的模式来完成的。因为只有在这个过程中，才能通过给犬提供"机会"而使其形成主动的信号联系。需要注意的是，在使用"机会训练"时，犬会自发做出某些不规范动作，在训练中对犬的某些不规范动作，应通过逐渐耐心引导和整形加以矫正。对合乎要求的动作要给予奖励强化。如果犬出现某种与训练不相宜的不良习性行为时，则应立即予以禁止。

这种学习方式较为实用，也有利于调动动物主动学习的积极性。它的反应程序是行为在前，效果在后，行为的后果又能成为以后行为的原因。它的联系表现为：自发动作—强化—冲动—条件性主动活动。

（3）建立条件反射的条件　建立条件反射需要具有一定的条件，否则，暂时神经联系就不能形成。其基本条件有如下 5 项：

① 建立条件反射时，要将所采用的条件刺激与相应的非条件刺激结合起来作用于动物。而且，条件刺激的作用先于非条件刺激的作用，并要重复结合，连续作用，直至条件反射的形成。其中，结合的间隔时间不同，会引起不同的反应效果。同时结合所形成的条件反射，叫做同时性条件反射；延时结合所形成的条件反射，叫做延时性条件反射；利用条件刺激作用留在大脑皮层中的痕迹，同非条件刺激结合所形成的条件反射，叫做痕迹性条件反射。不论哪一种条件反射，其前提条件都必须是将 2 种刺激相结合。

在训练犬形成条件反射的课目时，有的人并没有严格按照犬的条件反射形成的规律进行训练。主要表现为：口令与诱导或机械刺激结合的顺序掌握得不准确。正确的做法是：先下口令，再做出刺激或对犬进行诱导以使其产生动作。

② 建立条件反射时，要正确掌握所使用的刺激强度。刺激强度在相对比较的情况下，强刺激引起强反应，弱刺激引起弱反应，超强的（阈限上的）或过弱的（阈限下的）刺激都将引起抑制。这在生理学上称作"强度相关法则"。就条件刺激与非条件刺激两者的强度对比而言，在建立条件反射时，应掌握使用非条件刺激的强度大于条件刺激的强度。

③ 建立条件反射时，动物要健康。而且，大脑皮层应处于觉醒状态。因为动物的任何病理刺激和大脑的不清醒，都将影响暂时神经联系的接通，阻碍条件反射的形成。

所以，训练关键在质，而不是量。当动物处于较为兴奋的状态时，动物会表现出很好的学习能力；当动物处于病态时，如果强行训练，只能使动物变得非常被动，严重时甚至影响已经训练的课目。

④ 建立条件反射时，相关的非条件反射中枢，应处于相当的兴奋状态。动物如缺乏非条件反射活动的足够兴奋性，就失去了应有的基础，条件反射就难以建立。

值得注意的是，条件反射不仅可以在非条件反射基础上形成，而且还能在已巩固的条件反射基础上再建立新的条件反射，这称为二级条件反射。在训练中主人使用手势，大多数是在动物对口令形成条件反射之后，再以此为基础而形成的。在犬的身上，一般能到三级，但已比较困难，也不易巩固。

⑤ 建立条件反射时，动物的大脑皮层不应被其它不相干的活动占据。外界环境中作用于动物的各种刺激，都可能干扰动物的学习注意力，抑制条件反射活动。所以在训练初期应选择比较清静的环境，尽量避免和减少不利因素的影响。来自动物体内部的某些偶然活动（如膀胱膨胀、直肠充便、性冲动等）也同样能占据大脑皮层，阻碍条件反射的形成。

上述 2 种方式的条件反射，虽然在反应程序和联系表现上有所不同，但实质是一样的，都是神经系统有规律的活动。在实际训练中，既可分别应用，也可将其结合，以取长补短。

(4) 条件反射的抑制　条件抑制按其发生条件的不同，基本上分为消退抑制、延缓抑制、分化抑制和狭义的条件抑制 4 种。

这里仅将与训练有直接关系的前 3 种抑制分述如下：

① 消退抑制　对于既已形成的条件反射，如果只使用条件刺激。而始终不给予相应的非条件刺激强化，或使条件刺激的作用长期停止，就会逐渐趋于消退。这种消退的实质，是由于在大脑皮层原来产生条件反射的中枢内，由条件刺激所引起的兴奋状态因条件的改变而转化为抑制状态了。条件刺激失去了原有的兴奋效果，而重新获得了抑制作用。这种转化而来的抑制，被称为消退抑制。

根据这一原理，我们在训练动物时，对于那些已经训练好的课目，要特别注意适当地给予强化，使其巩固，避免消退。同时也要注意到，由于训练方法不当，而使动物产生的某些不良联系，则应及时进行消退。总之，了解消退抑制的意义，在于对动物的正确动作要给予强化，而不正确的动作就不予以强化。

消退抑制的形成，并不能完全证明原来的条件反射已被彻底消除和暂时联系已被彻底破坏。因为经过一个时期以后，原来的条件反射又会出现。训练经验证明，动物的某些不良联系虽经消退，但有时还会重新出现。因此，需要不间断地彻底进行消退。就是在彻底进行消退以后，若一经强化，又会比较容易恢复。

例如，在训练中使用"好"的口令结合食物强化，使犬形成了条件反射，"好"的口令就具有了食物到来的信号意义，能引起犬的食物反应。但是，以后长期的只单独使用"好"的口令，而始终不用食物强化。"好"的口令就会逐渐失去条件刺激的信号意义，犬就不再对"好"的口令发生兴奋，而产生了抑制，这种现象就是消退抑制。

② 延缓抑制　由于延长条件刺激与非条件刺激结合的间隔时间而发生的抑制，称为延缓抑制。在形成条件反射的基本条件中，曾提到所采用的某一无关刺激的作用，必须稍早于非条件刺激的作用 1～2s。但是，现在要把某一无关刺激的作用不是早于非条件刺激 1～2s，而是更早一些，例如：由几秒钟提早到几分钟，也就是在条件刺激作用后，不马上给予非条件刺激强化，而是间歇一定的时间，如 3min 之后才给予强化。这样做的结果，就使得兴奋性反应总是延缓到间歇的 3min 终了，当接近强化时才出现。其所以如此，就是因为在兴奋

性反应出现之前的 2min 内，大脑皮层的相应部位是处于抑制状态的。

延缓抑制对于培养动物的忍耐能力是有很大意义的，例如：训练犬坐下或卧下不使其随便走开，并能等待一定的时间，这时就在犬的大脑皮层的相应部位发展着延缓抑制。所以说，延缓抑制是培养忍耐能力的基础。

在形成延缓抑制的过程中，新异刺激的作用可能会使延缓抑制受到解除。例如：训练犬坐着或卧着不动时，突然出现了某一新异刺激，犬就立即产生朝向反射甚至离开原地。连续使用抑制刺激能使这一抑制加深。

延缓抑制形成的速度及其巩固性，取决于多方面的原因。基本原因之一，是与动物的神经类型有关。安静型的动物，就比兴奋型的动物易于形成和巩固。其次，是与相应的神经中枢当时的兴奋程度有关，如果正处于高度的兴奋状态时，延缓抑制就很难形成。还有延缓抑制的形成绝不是一下子就能达到很长时间的，而是需要逐渐延长，因为延缓抑制过程是逐渐发展巩固的。

③ 分化抑制 动物对与条件刺激相近似的其它刺激（即被分化的刺激）所产生的抑制，称为分化抑制。在形成条件反射的过程中，动物不仅对受到非条件刺激强化的条件刺激发生兴奋性反应，而且，也会对其它未受强化的并与条件刺激相近似的无关刺激同样发生兴奋性反应，这种现象被称为泛化现象。也就是说，动物还不能对相近似的刺激加以区分辨别。泛化是动物在进行分化抑制的过程中出现的一种与分化相对的现象。例如：在许多课目的训练中，犬都会表现出泛化现象，特别是进行气味作业如气味鉴别时，犬的泛化现象更为突出。但是，泛化现象会随着条件刺激不断受到强化，其它近似刺激（即被分化的刺激）得不到强化，而逐渐趋于消失。结果，就使动物只对受到强化的条件刺激发生兴奋性反应，而对其它不受强化的分化刺激产生抑制，这就是分化抑制的形成。分化抑制是动物对外界复杂多变的刺激加以精确分析的基础。它对于培养动物的鉴别和追踪能力具有极其重要的意义。

分化抑制形成的速度，取决于多方面的因素。首先，是与动物的神经型有很大关系，兴奋型的动物要比活泼型和安静型的动物形成得慢。其次，是所采用的条件刺激和分化刺激的性质以及近似程度的差别越大，形成得就越快。还有，如能掌握循序渐进由简入繁的原则进行培养，分化抑制就易于形成。在形成分化抑制的过程中，分化刺激所引起的抑制过程，可能会影响到动物对条件刺激的兴奋性反应。在训练中，可根据不同动物的情况，采取适当方法加以对待。例如，用机械刺激抑制犬的过度兴奋或喂食后再进行训练，以保持犬相应中枢的适当兴奋，从而达到较好的训练效果。

2. 印记

印记是指主要发生于生命早期的牢记现象，有的行为学家称其为"铭记"、"印痕"等。在成年期印记也能起一定的作用。动物的印记受敏感期的影响很大，如果在相应期间没有产生某种行为，以后就可能很难产生或不再产生。幼仔通过视听、嗅觉的印记，可识别自己的母亲、同伴和主人。印记在许多动物身上都有表现，例如，雏鸟对于它第一眼看到的会动的物体就会产生印记，实验证明，雏鸭会认较早看到的孵化它的母鸡为母亲。

3. 模仿

模仿是动物通过观察间接地增加经验的学习方法，在模仿中能获得原来不会的一些新行为。动物能通过模仿，从自己母亲的行为中学到许多生活经验，从观察同伴的活动中学会某些动作。例如：猎犬跟随着猎犬学习狩猎最为有效。在工作犬训练中，采用以老带新、集体观摩的方法训练吠叫、扑咬等科目，也能取得理想效果。但是模仿学习如引导不当，会造成动物的某些不良习性的传播，这要十分注意。

在动物的群体活动中，由于某种行为的感应作用，也会引起与模仿类似的行为。例如，一只犬单吠能带动群犬齐叫，这是由于情绪感染所形成的同步行为，所以不同于模仿，不属于学习。区别是否为模仿的关键在于动物是否曾有过这种行为。

需要注意的是：与人相比，犬的模仿能力是有限的。它们通常只对那些有待开发的能力才能通过模仿而形成能力，而对于稍复杂一些的通过条件反射形成的能力，几乎无法通过模仿形成。

4. 惯化

惯化也可以称为习惯化，是指动物对那些反复出现，但又无生物学意义的刺激，逐渐变得无动于衷，直至不再反应的行为现象。因为它是从不习惯到习惯，从不适应到适应，所以也是一种学习。但这种方式的学习不是使动物增加反应，而是通过惯化过程，消除某些不必要的反应。犬对它生存环境中的许多习以为常的自然现象或某些无关刺激，不再表现大惊小怪，就是惯化的结果。例如，为使工作犬适应各种复杂多变的环境条件（强灯光照、较大音响、光滑地面等刺激），应从幼犬时期就开始进行惯化锻炼。抓早、抓小、抓经常，是取得最佳学习效果的基本经验。在惯化中要注意逐渐增加刺激的强度，以保证动物较少产生被动反应。

惯化不能消除与动物有切身利害关系的某些刺激所引起的必然反应，这可能是先天性阻力机制决定的，因为这与动物的生存攸关。

复 习 思 考

1. 何谓反射？其基本结构是什么？
2. 神经元的联系方式有哪些？
3. 什么是神经活动的兴奋过程和抑制过程？分别举例说明。
4. 非条件反射与条件反射有何区别？
5. 建立条件反射的要求有哪些？
6. 举例说明非条件反射与宠物驯导的关系。
7. 条件反射的两种形成过程是什么？有何区别？
8. 举例说明条件反射与宠物驯导的关系。

第五章 宠物驯导前的准备

知识目标：熟悉宠物驯导前的主要准备，包括场地、器具及宠物自身的选择。
能力目标：能够独立完成宠物驯导前的各项准备工作。

第一节 驯导场地与器具的准备

一、驯导场地的准备

1. 场地选择

场地应选择环境清静，地势高且干燥，每天有 2~3h 以上时间可晒到阳光，远离污染的地方。最理想的地点应该是距离城市不远的郊区，交通便利，便于物资和人员的抵达。要尽可能离居民区远一点，不要因为宠物训练吵闹影响了别人。

同时要预留停车的空间，以备有客人来参观或者购买宠物。至于土地面积的大小，就依据个人的需求和能力而定，但要保证有足够的土地来建设训练用的运动场等。

2. 场地要求

（1）运动场　一个可以让宠物自由奔跑、进行训练的大型运动场地是不可或缺的。在犬舍四周以铁丝圈出范围，作为犬只的运动场地。运动场面积越宽广越好，在前方制造坡度，以利排水，并在场地一角做排水沟，必要时还可供饮水用，再加上自来水设备，易于清扫又卫生。夏天时，还应撑起一块遮阳板，以利防暑降温。

（2）栅栏　运动场地的护栏最好用实心的金属链条，或者是铁丝网架在稳固的柱子上。护栏高度最好为 1.8m，柱子在离顶端 30cm 的地方最好向内弯曲，避免犬只攀爬。护栏的开口处做成大门状，以实心的钢铁为框，以稍细的铁丝为网。由于钢铁护栏造价较高，也可用木质护栏。木质护栏容易被咬坏，因此要选用结实粗壮的木板材。

（3）地面　通常，运动场地面选用的材料有草皮、水泥、块料/石块或者柏油。

① 草皮　铺草皮是最经济的运动场方案，只是需要定期修整。草地利于排水，整洁美观，而且利于减小运动时受伤的概率。草地的弊端是不便消毒，而且受气候影响很大，比如在寒冬腊月，草地就没法使用了。

② 水泥地　一大片水泥地面的运动场看上去并不美观，造价不菲，还需花费很多时间来保持其清洁。但它的好处也是显而易见的，那就是一年四季无论寒暑都可以使用。但是如果地面太粗糙，动物行走时会感到不适，清洁起来也会很麻烦；如果太光滑，也不利于动物行动，尤其在下雨天，被雨水打湿的地面会很容易造成滑倒。另外一个关键是排水系统的安装。坚硬的水泥地表无法自行吸收水分，因此，如何在其下安装排水系统至关重要。

③ 块料铺砌/石块铺面　这两种材质的运动场都很美观，有各种不同颜色、具体材质、大小等可供选择，耐腐蚀，可以每日清洗，消毒剂和尿液都不易让其褪色。两种材料中，相对而言，石块铺面较好，因为石块体积较大，接缝处相对较少，路面也相对平整。

④ 柏油路面　柏油路面的操场开始时看起来很合适，可是实际上存在很多缺陷。例如，柏油材质多孔渗水，水分和动物尿液很容易渗入地基中；夏季，由于烈日曝晒，柏油路面很容易升温，动物在上面走或卧都会感觉不适，甚至被高温灼伤；在曝晒后，柏油材质会变软，可能会粘住动物的脚趾，或是柏油变软后暴露出其中混杂的小石子，刺伤其脚趾。

(4) 清洁　每天打扫卫生，随时清理粪便。清洁工具应包括刷子、小铲子、粗硬的大扫把、水桶等，还要有水龙头和长水管。搞好卫生，加强消毒，每7~10天对训练场彻底清洁和消毒一次。

(5) 绿化　训练场四周应植树、栽花、种草，起到绿化、乘凉、净化空气、改善环境的作用，定期清除周围的垃圾及杂草，造就一个良好的生态环境。

(6) 噪声控制　随着环保意识的增强，解决噪声问题已是当务之急。比如犬舍规模越大，噪声问题越突出。噪声大的地方不但对人体有害，还容易引起犬的心神不宁。正常的办公环境中，噪声指数应该在50dB左右。一旦平时噪声超过85dB，应采取一些保护措施。最好还是在筹建、考虑选址时就确定一个尽量不扰民的安静地点，免去日后很多烦恼。

二、驯导器具的准备

1. 驯犬器具的准备

(1) 基本用具

① 脖圈　有皮制和金属制两种，在管理和训练中便于牵引犬。皮制脖圈通常长60cm，宽3.5cm，一端连接一扣环，以便围成环状及随意调整松紧，在铁扣旁套一铁环，用以扣接牵引带。装有刺钉的脖圈，属于特殊训练所需，主要用于制服高大凶猛、不易驯服的犬，不宜经常使用。

② 牵引带　用皮革或尼龙编织带、铁链等制成，带长约1.5m，带宽2~2.5cm，带前端装有特制金属牵引钩，后端缝合成约15cm大小的环形套手，在管理和训练时方便牵引和掌握犬的行动。

③ 锁链　用金属链环结制成，长约2m，前端装特制金属牵引钩，后端装有一小节0.5cm的金属圆环，能使金属棒套入圆环内便于拴系。锁链用于拴犬，拉力较强，牢固安全。

④ 训练绳　用牢固的棉麻线或尼龙丝带制成绳，粗约1cm，长度约10m，绳的一端装有特制金属牵引钩，在训练中用于掌握并控制犬的行动。

⑤ 口笼　用皮革或塑料制成，装活动襻带，可自由调节松紧，口笼前端留有通气孔，前端有若干小孔以排泄口水。给犬佩戴口笼是为了防止犬互相咬架或随意咬人，是训练扑咬的用具。

⑥ 衔取训练器材　包括木球、皮球、布球、衔口架、衔棒、木制哑铃、小型奇异玩具，甚至砖块、石块均可作为衔取物。

⑦ 奖食　多用新鲜的肉块、肉干、饼干、商品型犬粮、红肠等适口性好的食品，也可用奖励信号器响片（clicker）等。

(2) 特殊器材

① 障碍训练器材　包括跳高架、树枝架、大板墙、小板墙、栅栏、窜天桥、垛桥、平台、高板桥、窗形架、壕沟、涵洞。

跳高架：宽1.2m，高1.0~1.5m。

大板墙：宽1.5m，高2.0~2.5m，插板可自由装卸来调节高度。

小板墙：长1.5m，宽1.2m，插板可自由装卸来调节高度。

窜天桥：桥高2.5m，桥面宽30cm，桥长4m，两端有4.2m的斜阶梯。

平台：高2.3~3.0m，宽1.4m，长1.6m，一面有长3.3m的斜阶梯，一面有可调节坡度的鱼鳞板，高2.2m。

窗形架：宽1.5m，高1.8m，空心高度距地面约1.0m，直径不小于0.5m。

壕沟：深1.5m，宽1.5~2m，长2m。

涵洞：用粗形水泥管道连接而成，长5~7m，高0.5m。

② 扑咬训练器材　包括化装服、护身服、护袖、防护帽、防护鞋、防护手套、软鞭、鞭条、音响枪。

化装服：为改变助驯员形象特征的服装，化装服应多样化并随着训练能力的提高经常更换。

护身服：帆布、麻袋或毛毡缝制成的上下装或短大衣，厚度须超过1cm。

护袖：帆布、麻袋或毛毡缝制成的衣袖，厚度须超过1cm。

内护袖：牛皮制成，穿戴在衣袖内。

外护袖：帆布、麻袋布或毛毡制成的衣袖，直接穿戴在助驯员的胳膊上。

防护帽：用于保护助驯员头部的帽子，与坦克乘员防震帽相似。

防护鞋：用于防护脚部的高腰鞋子，牛皮制成。

防护手套：用于防护手部的手套，帆布及毛毡制成，厚度须超过1cm。

软鞭：硬质橡胶或塑料制成，长度约80cm。用以培养犬的搏斗技巧，轻击犬体激发犬凶猛性和仇视性的用具。

鞭条：在长度约60cm木棍的一端，拴系一根长约1m的绳条，助驯员可抖动鞭条发出声响。

音响枪：训练中结合声响锻炼的用具。

③ 鉴别训练器材　包括镊子、鉴别物品、鉴别杯、鉴别罐、鉴别夹等。

镊子及剪刀：长25cm的金属镊子和普通剪刀。

鉴别物品：毛巾、手帕、手套、鞋垫、纱布、无味卫生纸等。

鉴别罐：以不锈金属或结实的陶瓷制品为宜，大小视需要而定。

鉴别夹：以无味无毒的软塑料制品为宜，便于清洁，一般文件夹即可。

④ 电流工具　包括电棍、电脖圈、电护袖。

⑤ 其它用品　包括玻璃试管、口瓶、无味无毒塑料袋、酒精度、嗅源提取器及有关工具、热水袋、玻璃板、小喷雾器、小型冰箱等。

2. 驯猫器具的准备

(1) 食盆和饮水盆　在选购食盆和饮水盆时，应选质地结实、盆底厚重、盆边缘钝厚的，以防猫在吃食或饮水时将其打翻或划伤。

(2) 磨爪器　挑选质地坚硬的木板或木桩，长40cm左右，宽20～30cm。目前已有现成的磨爪器出售。

(3) 项圈　皮制项圈，颜色最好和猫的毛色相搭配。目前市场上还有除蚤项圈，是在塑料中加入药物而制成，可杀灭和驱除猫身上的蚤虱，有效期3～6个月。

(4) 玩具　猫特别喜爱圆形的五颜六色的能滚动的玩具，可准备色彩艳丽的皮球、乒乓球、线球、塑料球和气球、塑料青蛙等。猫对悬挂着的彩色布条、纸条等也极感兴趣，但给猫的玩具应选不易破碎及不易吞咽的。

(5) 修饰用品　猫专用的梳子、刷子和剪刀等。

(6) 电动逗猫游戏机　电动逗猫游戏机是会让猫抓狂的魔力逗猫棒。主机长15.5cm，宽9cm；底座长21.5cm，宽13.5cm，整体高度约18cm。产品为可爱的老鼠造型，鼻头为开关钮，科技IC芯片电动玩具。只要轻轻转动鼻子造型的开关钮，棒子就会不定向地甩动，甩动的棒子及毛球有如魔法般吸引猫的注意，刺激猫的运动神经。棒子甩动速度可用开关钮来调节快慢，杠杆可转动，调整甩棒的位置及高度，可依饲主的喜好自行增加逗猫棒的数量，智能型不定向甩动设计如同人类与猫之间的互动。

(7) 便盆。

三、驯导人员的准备

1. 要有爱心

宠物是很有灵性的动物，是美的化身。要求用审美的眼光去欣赏它，用爱心去精心呵护它。对宠物而言，温和而坚定的态度是最管用的，当它犯错误的时候，一定要按捺住自己的怒火，耐心教育它，呵斥和殴打只会让宠物感到恐惧和困惑，并导致一系列行为问题发生。

2. 有效沟通

宠物是有感情的，是有独立思想的生命。它还有自己的语言，应该学会去理解它在表达什么想法，这样才能有效地进行沟通。和人类一样，在现代社会快节奏的生活中也会感到压力。所以，要学会和宠物沟通，让它感觉到对它的关注。跟宠物在一起时，不要做出很突然的举动，也不要猛然发出很大的声音，因为这些都可能被它误以为要攻击它。对宠物的良好表现，都应该慷慨地给予奖赏。

3. 要有耐心和恒心

宠物不是只教一两次就能马上记住并照办的动物，需要在不停地训练过程中逐渐形成记忆。因此要求训练者要有耐心，不断地进行训练，决不放弃。

4. 下达口令清楚

训练时最好使用简短、发音清楚的语句作为口令，而且不宜反复说许多不一样的话。

第二节 犬 的 准 备

一、犬的基本神经类型

犬的神经类型是指个体犬特有的能力、气质、兴趣、性格等心理特征的总和，是犬的行为的标志性特点，表现为犬心理特性的神经系统基本特性的典型结合。犬的神经类型是根据犬脑皮层兴奋和抑制的强度、均衡性及灵活性这三个特点及其相互关系进行划分的。神经类型不同导致性格不同，用途也不一样。通常把犬的神经类型分为四种。

1. 兴奋型

这种类型犬的特点是进行兴奋活动的能力显著地大于抑制活动，二者的强弱不均衡。这种犬性情暴躁，活泼，不易受约束，富于攻击性。它们能迅速地建立许多阳性条件反射，而且比较巩固，经得起强烈的刺激；但抑制过程，特别是内抑制有缺陷，阴性条件反射很难建立，条件反射的精细程度和对类似刺激的辨别能力很差。

2. 活泼型

这种类型犬的特点是兴奋和抑制两种神经过程发展得比较均衡，而且能够迅速地互相转化。这种类型的犬活泼好动，很容易和人接近并熟悉新的环境。对外界任何事物的反应都灵敏，很难安静下来，若强制它安静就会沉沉入睡。它们能很快形成阳性或阴性条件反射，能很精细地辨别十分相似的刺激并作出不同的条件反射性反应，善于适应变化复杂的环境，这是生理上最好的神经型。

3. 安静型

这种类型犬的特点是兴奋和抑制过程发展得比较均衡，但互相转化较为缓慢和困难。这种犬行为上稳健、细致、温驯、不好动，对一切事物都淡漠，不易接近生人。不易熟悉新的环境。它们能很好地建立各种阳性和阴性条件反射，而且形成的条件反射很精细，形成的速度慢。

4. 抑制型

这种类型犬的特点是进行抑制活动的能力显著大于兴奋活动。在行为上怯懦、不好动、易于疲劳、常常畏缩不前和带有防御性，总是把尾巴夹在两腿之间，顺着墙根走，遇到稍强的声音，便表现出被动防御反应，瘫在地下哀鸣，甚至大小便失禁。它们不能适应变化复杂的环境，也难胜任较长和较持久的活动。这是生理上最差的类型。

一般来说，活泼型的个体最容易训练，其次是安静型，再次是兴奋型，最差的是抑制型。

二、犬的选择原则

1. 根据人的喜爱选择合适的犬

犬的品种多种多样，体型有大有小，人们可根据自己的喜爱、场所大小、饲养条件来选择合适的爱犬。

(1) 大型犬与小型犬　这要根据饲养空间及目的来决定。如果有较大的饲养空间，并且准备用作护卫犬或工作犬时，即可饲养大中型犬。如果饲养空间狭小，甚至只能在房间饲养的话，那就只能饲养小型犬。

(2) 幼犬与成年犬　初养犬者选择犬的理想年龄应为2~6月龄。此时的犬可塑性很大，可根据自己的意志去训练犬，也极易培养人犬之间的感情。6月龄以上的犬已近成年，和过去的主人生活太长，培养了极深的感情，有思恋之心，且带有许多以前的习惯，很难在短期内（有的甚至永远也不可能）和新主人建立起感情，也可能由于对新环境不适应，发生意想不到的事件（如绝食或攻击人）。

(3) 长毛犬与短毛犬　长毛犬优雅漂亮，惹人喜爱，但得花很多时间为它梳洗整理，否则被毛会缠结到一起，使犬感到不舒服。短毛犬虽不如长毛犬那么漂亮，但也有它的特点，最重要的是无需花很多时间为它整理被毛，毛色要求纯正。

(4) 公犬与母犬　公犬性情刚毅，斗性较强，活泼好动，没有母犬温顺，调教训练也较母犬费时间。母犬虽然温顺，易调教，但每年两次发情会使住处到处是血，同时还会增加怀孕产仔等麻烦。

(5) 纯种犬与杂种犬　一般情况下应尽量选择纯种犬，而不选择杂种犬。因为杂种犬外观不雅，容易变异，鲜有卓越的才能，并且繁殖的幼犬价格不高，另外杂种犬还不能参加犬展。

2. 根据健康状况选择爱犬

(1) 整体状态及饮食欲　正常犬喜动活跃，见到主人或熟悉的人会比较兴奋；对外界反应机敏，并且对一些新事物充满了好奇；病犬可能精神沉郁、不爱活动或过度兴奋不安。另外，健康犬饮食欲均好，无呕吐现象，喂食后无异常反应；病犬饮食欲差，常伴有呕吐现象。

健康犬立、卧、坐均正常，动作自然、灵活而协调，无跛行。病犬可能步态蹒跚或肢体麻痹和跛行。

健康犬不胖不瘦，过瘦犬可能有寄生虫或胃肠道疾病。

(2) 五官检查　健康犬眼结膜为粉红色，双眼有神，角膜不混浊，眼睛不流泪，无任何分泌物，双眼大小一致无外伤。病犬常见眼结膜充血、苍白、发绀或黄疸，两眼无光，有浆液性或脓性分泌物，或羞明流泪；有的角膜混浊或角膜创伤，下眼窝有泪痕或有湿疹；眼球突出或凹陷，或双眼大小不均匀。

健康犬鼻端湿润有光泽，发凉，无浆性或脓性分泌物。若鼻端干燥，温度升高或分泌物过多则提示病态。

健康犬口腔粉红色，清洁湿润，舌鲜红，无舌苔，无臭味，闭口无流涎，无吞咽困难。病犬则口色变红或紫，甚至呈枯骨白色，舌苔厚而腻，口水多，有异味。

（3）其它　健康犬皮肤柔软有弹性，皮温适中，被毛蓬松，有光泽，无脱落，无皮疹、痂皮和溃烂。病犬则被毛粗乱，皮肤干燥无光或有脱毛现象，有的有疹块、痂皮、溃疡或局部有痒感，犬抓挠不止。

健康犬肛门紧缩、清洁，无发炎和溃疡，触之不敏感。下痢病犬常见肛门松弛、污秽不洁，有时有炎症及溃疡。

健康雌犬阴道内应无异常分泌物，无明显异味；雄犬包皮口无脓性分泌物，黏膜无溃疡。

三、犬的选择方法

1. 玩赏犬的选择

（1）犬种选择　观赏犬的品种很多，每种都有自己的优势和缺点，要根据自己的喜好和不同的目的以及饲养条件来确定对象。目前我国家养观赏犬多以小型犬为主，如北京犬、贵妇犬、西施犬、蝴蝶犬等。小型犬食量小，体形短，体重轻，连小孩都能将其抱在怀里，很受小孩和妇女的欢迎。大型犬如阿富汗猎犬、大丹犬等由于身长、体重，且其食量是小型犬的5～10倍，长成成犬后在散步或运动时，运动量也大，老人或小孩常适应不了，故目前饲养者较少。

（2）年龄选择　最好是断奶不久的幼龄犬为最好。幼龄犬适应性强，能很快适应环境，与主人建立感情和友谊牢固，容易调教和训练。选择幼犬的最佳年龄是生后2月龄。这时幼犬的个性可以表现出来。可以看出幼犬的身体发育好坏。但是幼龄犬独立生活能力差，需要精心照顾，花费较多的时间进行调教和训练。

幼犬出生20天左右即长出乳齿，4～6周龄，乳门齿长齐；2月龄，28枚乳齿全部长齐。2～4月龄，更换第一乳门齿；5～6月龄，更换第2～3乳门齿及乳犬齿；8月龄以后，全部更换成恒齿。

（3）性别选择　就感情、忠实和性情来说，决定因素是犬的品种，不是犬的性别。但在同一品种内公犬性情刚毅，活泼好斗，体力强壮，训练时要花费更多时间。母犬性情温顺，容易训练调教。但是怀孕产仔会增添许多麻烦。所以人们喜欢选择阉割后的犬，不但易于训练，也减少了发情时的麻烦。

（4）选择方法　最好选择纯种犬，是否纯正主要看血统证书，但很难办到，只能靠自己的经验和知识，从外形上识别犬的优劣。还要看其父母的品种优劣。有病或有缺陷的犬，品种再好也不能选留。为了适合技巧训练，需作以下检查：

① 测试幼犬反应是否灵敏。先让犬看一下物体，然后把该物轻轻向上抛起，犬若紧盯

跌下的物体，属正常。如果对跌下物毫不关心，则属精神涣散或迟钝。

②用手提起幼犬时，以不叫不挣扎者为好。若死不肯就范属"难教"的品种。

③注意观察有无遗传性毛病。纯种犬往往为了保留品种优势，常因近亲繁殖而出现遗传性疾病，如沙皮犬、松狮犬、北京犬、贵妇犬易发生眼睫毛倒立。另外是脾性和情绪，凡是神经质或情绪不稳定的犬，行为难以预测，多数是遗传或人为行为（常故意踢它）所引起。有咬人史的犬，其下一代也可能遗传，这类犬即使外观都好也必须淘汰。

④身体各部分要匀称，合比例。鼻、肛门周围及脚底等处色素要足够。各方面合乎标准。

⑤了解是否预防接种过（特别是犬瘟热及狂犬病疫苗），包括疫苗的种类、接种的时间等。

2. 工作犬的选择

除玩赏犬外，还有很多能帮助人们做不少工作的专业用犬。如：看护羊群和其它牲畜的牧羊犬；帮助军队和公安部门传递信息、追踪、辨认和捕捉犯罪嫌疑人的军、警犬；寻找和捕获猎物的猎犬；以及救援犬、导盲犬、护卫犬等，这些犬通称为工作犬或使役犬。这些犬的品种繁多，多数忠诚灵活，易于训练，大多属中型至大型犬。由于要完成某些特定的任务，对犬的要求较为严格，除前述玩赏犬所需要求外，还应做一些特殊项目的检查。

（1）形体检查　现以世界公认的良种军、警犬——德国牧羊犬（狼犬）为例，介绍其选择标准。

德国牧羊犬是一种常见的大型犬，公犬高63cm、母犬高58cm的高度较为理想。一般只有中等大小、健壮的犬才兼有力量、耐力、灵敏和速度等优点。

德国牧羊犬应有优美的线条。线条美是身体结构协调的表现，也是德国牧羊犬俊美形象之所在。上部线条从耳尖开始，中间无弯曲，经背部平缓地下降，直到尾尖。下部的线条从颈部开始，经前胸和胸下，向后经腹部稍微升高。犬尾应呈马刀状，向下悬垂，兴奋时也不能超过水平线。

胸要深，但不宜过宽，肋骨要平，前肢笔直，两腿间距要上下一致，两爪位置端正。后躯的主要任务是使犬向前移动，是影响犬运动速度的关键因素。足掌和爪是直接着地的运动器官，其优劣直接影响犬的站立和运动。

（2）性格检查　就是确定犬的神经类型，观察犬对外界刺激的反应程度。

①判定犬兴奋过程强度的方法　比较简便的方法是观察犬对威胁性音调口令的反应。兴奋过程强的犬不会被口令所抑制，而兴奋过程弱的犬，却表现为极度的抑制，甚至停止活动。也可以在犬正进食时突然发出较大的声响观察犬的反应。兴奋过程强的犬，对此无反应或抬头看看又继续吃食；有的犬在听到声音后可能会暂时离开食盆，然后又走回去继续吃食，并不再对同样的声音有反应，这样的犬兴奋过程也比较强。兴奋过程弱的犬能被这种声音刺激所抑制而不再进食。也有的人用记步器测定，方法是将饥饿的犬拴起来，测试者在距犬7~8m的地方手拿食物逗引犬，犬会不停地运动，每走一步记录一次，2min后，检查步表上记录的运动次数，运动次数在100次以上的均可认为是兴奋过程强的犬。

②判断犬抑制过程强度的方法　让犬做一些限制其活动的动作或做某种单一动作，比

如让犬坐着不动。抑制过程强的犬,能够很快而且比较准确地完成,而抑制过程弱的犬,完成得就比较慢。

③ 判断犬神经过程灵活性的方法　实际上与我们平时所说的反应速度是相一致的。常是连续应用两个作用相反的口令,如"不许动"和"过来",观察犬从一种状态转变为另一种状态的速度。灵活性好的犬反应快,能迅速从一种状态转变为另一种状态,而灵活性差的犬则反应迟钝,不能立即按另一口令做出动作。

使役犬应选用兴奋和抑制过程都强,而且灵活性好的犬。

(3) 胆量和依恋性的检查　工作犬应具备胆大、勇猛、对主人驯服的良好素质。

观察犬的胆量要使用能引起惊恐的手段,如突然发出的声响、能发出声音的玩具等。胆大的犬,最初可能一惊,但并不躲避,而是采用一种警觉的姿势注视着发出声响的地方或器械。而胆小的犬可能逃跑甚至东躲西藏。不过有时同一只犬对于不同的刺激或由于所处状态的不同而反应有所差异。因此,检查时要分别在不同的场合进行数次,才能下结论。

犬对主人的依恋是一种天性,但依恋性的强弱,就是同一窝犬也有所不同。观察依恋性的强弱,要看其在主人出现时的表现。依恋性强的犬,见到主人后,总是迅速地跑上前去,在主人的身前身后盘绕跳跃,表现出特殊的亲昵;而依恋性差的犬则反应淡漠,甚至不予理睬,只顾玩耍。要选择依恋性强的犬,这样的犬能与主人迅速建立起友谊,表现出极端的忠诚,无论在平时还是在工作时,都能很好地服从主人命令和善解人意。

第三节　猫的准备

一、猫的选择原则

1. 品种

长、短毛品种猫的差别在于日常梳洗及照顾上,长毛猫要花费较多的精力和时间。选择纯种猫以后可参赛及繁殖,但要注意各猫种的特征。如果纯粹是作伴,选择家猫就行。

2. 年龄

成猫因已定型,大小、毛色、健康一目了然。选择小猫最重要的是确定已经断奶,能够进食干饲料,通常是8周龄左右。

3. 体格检查

无论要养哪种猫,或从什么地方买到猫,一定要研究猫的健康状况。千万别买病猫或未达到标准的猫。检查猫以前先把手洗干净,逗猫玩一会儿,消除猫的紧张情绪。整个检查程序中,要又稳又轻地抓住猫的身体,防止猫逃走。

4. 习性是否良好

在选购猫时，一定要找机灵、友善、顽皮、愿意被人管教的猫。如果买小猫，最好选体格比较健壮、胆子较大、先出生的猫；而不要选一窝猫中体型最小、最怕生的小猫，因为最小的猫往往容易生病。

5. 健康证明书和接种疫苗

经兽医检查，并出具一张书面健康证明。如果是小猫，至少在购买之前一周已注射抗猫肠炎和猫流行性感冒疫苗。如果买的是成年猫，则要查明它在幼猫时是否注射过疫苗，以后是否定期注射过增强药效的辅助药剂。注射过预防疫苗和辅助药剂，必须有兽医的书面证明。此外，为了证明猫是否感染上白血病，应给新买的猫验血，结果为阴性的则可以购买。

6. 纯种猫登记

凡是满5周龄的纯种猫，应将这些猫连同其毛色、猫的双亲等细节进行登记。如不进行登记，将来就不准参加纯种猫的猫展。

7. 根据健康标准选择

（1）整体状态　猫行走时步态是否平稳、灵活，站立时，其四肢有无弯曲变形，体态是否优美，躺卧时是否神态正常。四肢有疾病时，行走蹒跚或跛行，站立姿势不正。腹痛时躺卧不自然。

猫的呼吸受季节、气温以及活动量的影响。猫的正常呼吸次数是20～30次/min。

肌肉坚实、发达，不生皮疹。身体的触感应该不太胖也不太瘦，骨架要结实。摸上去略瘦的小猫可能消化系统有问题。肚子应该略鼓，过于鼓胀的肚子是有消化道寄生虫的症状。

被毛光滑，皮肤柔软，没有秃斑、肿块，皮肤不发红，全身被毛应当没有掉毛的区域，无外伤、结痂。病猫的被毛往往比较粗乱，缺乏光泽、体瘦、无力。如果被毛稀疏不匀，呈斑块状的毛长或毛短，仔细观察还有毛屑，这样的猫可能患有皮肤病。如果发现皮毛内有一些小黑点类的东西，说明猫身上有跳蚤。

（2）五官　眼睛明亮、灵活、有神，明亮圆大，两眼大小一致，第三眼睑即瞬膜不外露，不流泪，没有分泌物，也没有炎症。

口的周围应清洁干燥，不附有唾液和食物，无口臭，齿龈、舌和上腭呈粉红色，牙齿白色或微黄，不缺齿（不过当小猫害怕生人或不适应新的环境时，可能会龇牙咧嘴）。

耳朵清洁，竖起，耳垢少或没有，无其它异物。健康猫在安静状态下对主人的呼唤或其它声响反应灵敏，闻声后两耳前后来回摆动。

鼻前端应该是湿而凉，没有过多的分泌物。鼻子干燥时，说明猫可能患有热性疾病。不过猫睡觉时鼻子是干燥的。

（3）肛门和外生殖器　均应清洁，无分泌物，附近的被毛上不应沾有粪便污物。检查外生殖器易分辨公母猫。

二、猫的选择

1. 纯种猫与混种猫的选择

（1）**纯种猫**　现存的纯种家猫共有 100 多个品种和不同颜色，基本上可分为 5 个大类：波斯猫或长毛猫、其它长毛猫、英国短毛猫、美国短毛猫和异国短毛猫。纯种猫的外貌和性格与该品种猫的特征相符。但由于世世代代的近亲繁殖，纯种猫很容易患一些遗传性疾病，导致行为问题的概率也大大提高。

（2）**杂育猫**　杂育猫为两个不同品种的纯种猫交配所生。许多新品种纯种猫都是通过精心配对杂交所生。杂育猫通常具备两个品种的行为和身体特征，例如杂交的暹罗猫可能身体结构与暹罗猫相似，但是却没有纯种暹罗猫身上的斑点。杂交暹罗猫身上仍会留有纯种暹罗猫的一些特征，尽管不似纯种的那么明显。例如，杂交的暹罗猫可能更爱叫、不听话，但是没有纯种猫那么苛求人类的关注照料。

（3）**混种猫**　混种猫是指那些完全由非纯种猫杂交所产的品种。多数混种猫都可以归为"短毛家猫"或"长毛家猫"。混种猫最大的优点就是其健康问题少和行为个性好。混种猫通常比纯种猫更为健康，它们有巨大的基因库可以调用，而本身的基因问题却很少。它们有更加平衡、全面的性格。养混种猫最大的缺点就是，无法知道幼猫将来会长成什么样子、体型会长到多大、毛会长到多长、其主要的性格特点是什么等。

2. 成年猫与幼猫的选择

（1）**小猫**　它们灵巧可爱，活泼顽皮，对任何事情都十分好奇，但它们需要主人给予更多的关心和注意。

（2）**成年猫**　成年猫同样活泼好玩，但是它们已经在别人家里、户外生活，甚至在流浪过程中形成了自己的性格，性格已经定型，因此很容易理解把握。

（3）**老年猫**　老年猫更喜欢整晚睡觉，随地便溺或对其它猫的攻击行为在老猫身上都不多见，所以老年猫也是不错的宠物选择。

选择哪个年龄段的猫作为自己的宠物，理想的方法是与可供选择的成年猫或小猫亲热嬉戏，双方是否合得来完全取决于第一印象，是否投缘，这是很难预料的。

（4）**猫的年龄鉴定**　一般情况下，猫生后第 2~3 周开始长乳牙，2~3 个月长齐乳牙，并开始换牙，至 6 个月时，永久门牙全部长齐。1 年后下颌门牙开始磨损，5 年后犬齿开始磨损，7 年后下颌门牙磨成圆形，10 年以上时，上颌门牙磨损成圆形。

也可根据毛的生长情况和毛的颜色变化情况大致鉴别猫的年龄。猫出生 6 个月后，长出新毛表示成年；六七年后进入中年期，此时，嘴部长出白须；到老年期，则头、背部长出白毛。

3. 公猫与母猫的选择

如果它们都做了绝育手术，公猫和母猫都是很好的宠物，它们的行为几乎没有差别。

（1）**公猫**

① 公猫好动，活泼可爱，接受训练的能力比母猫强，经过训练可以学会好多有趣的动作，对主人比较亲热和友好，主人接近它时，公猫会毫不犹豫地跳到主人的腿上或怀里，与主人亲近和"交谈"。

② 公猫的饲养要求也比母猫低些，体格健壮，抗病力强。

③ 有时公猫性情比较暴躁，攻击性强，有可能抓伤人或其它小动物。

④ 未阉割的公猫会四处游荡，到处撒刺鼻的尿，还十分好斗。

（2）母猫 母猫的抗病力差，特别易患产科病。未做绝育的母猫会发出尖利的叫声。母猫发情时，很难将它们关在家里。猫在很小的时候就可能会怀孕，无计划的生育其代价是昂贵的，猫会变得难以管束。

母猫绝育手术的费用一般比公猫高，而如果母猫已经怀孕了，那么绝育的费用将更高。

（3）猫的性别鉴定 具体方法是：用手掀起尾巴，可以看到尾下有两个孔，上面的是肛门，下面的是外生殖器开口处。比较两者之间的距离，距离长者是公猫，一般为 1~1.5cm；距离短者是母猫，两孔几乎紧挨在一起。最好是从同一窝猫中抓出两只比较一下就更为准确了。

另外，可以查看外生殖器开口的形状，公猫呈圆形或近似圆形，母猫呈三角形或扁的裂隙状。也有人形象地描绘公、母猫的区别，公猫尾下的两孔（即肛门与外生殖器孔）排成冒号"："，母猫的就像一个倒感叹号"i"，即肛门孔呈圆点状，紧挨着的外生殖器开口呈扁的裂隙状。去势后的成年公猫因已摘除睾丸，因此也要看肛门和外生殖器开口的距离，一般为1.5cm，而同龄母猫只有1cm。

（4）猫的去势时间 公猫一般在9月龄进行，过早会影响生殖器官的发育和形成。母猫一般在4~9月龄进行，可以把双侧卵巢和子宫都去掉。

第四节 观赏鸟的准备

一、观赏鸟的分类

1. 按鉴赏功能进行分类

① 观赏型 该类型鸟一般外表华丽，羽色鲜艳，体态优美，活泼好动，令人赏心悦目，博得广大玩赏鸟饲养者喜爱。该类型鸟主要有寿带、翠鸟、三宝鸟、红嘴蓝鹊、蓝翅八色鸫、金山珍珠、白腹蓝翁、牡丹鹦鹉、高冠鹦鹉、观赏鸽。还有一些体型较大的如孔雀、山鸡等。

② 实用型 该类型鸟较聪明，经训练可能掌握一定的技艺与表演能力。如鹩哥、八哥、绯胸鹦鹉、蓝歌鸲、白腰文鸟、棕头鸦雀、黑头蜡嘴雀等。这些鸟有的能模仿人语，有的能依照人指示叼携物体，逗人开心。有的甚至能帮人打猎，如猎鹰、猎隼等。

③ 鸣唱型　该类型鸟善于鸣叫，鸣声悦耳婉转，动人心弦。如画眉、柳莺、金翅雀、云雀、树莺等。饲养这类鸟的目的就是欣赏其鸣叫声，尤其是如果饲养有几个品种时，鸟鸣声此起彼伏，明亮多变，让人感觉到妙趣横生，心旷神怡。

2. 按鸟的功能进行分类

① 鸣叫型　在欣赏观赏鸟时，十分注意鸟的鸣叫声。鸟的叫声有的激昂悠扬，有的清朗流畅，有的柔润婉转，给人以不同的艺术享受。以鸣叫为主的观赏鸟有画眉、百灵、云雀、黄雀、金翅雀、白头鹎、红耳鹎、红嘴蓝鹊、白喉矶鸫、鹊鸲、相思鸟、红点颏、蓝点颏、乌鸫等。最能唱的百灵据说有"十三套音韵"，简直如同乐器齐全的合唱队。

② 外观型　以鸟的羽毛是否美丽作为观赏标准。具有较高观赏价值的鸟有红嘴蓝鹊、黄鹂、寿带鸟、翡翠、交嘴雀、燕雀、太平鸟、红耳鹎、白喉矶鸫、灰顶红尾鸲、相思鸟、绣眼鸟、戴胜等。另外，鸟类飞舞的姿态是否优美也是重要的观赏标准，善飞的鸟有百灵、云雀、绣眼鸟等。

③ 善斗型　这类鸟的观赏价值体现上擅长争斗上，具有这种特质的鸟类有棕头雅雀、画眉、鹌鹑、鹊鸲等。

④ 技艺型　能接受训练而学会技艺的鸟类。如黄雀、蜡嘴雀、金翅雀、交嘴雀、燕雀、朱顶雀、白腰文鸟等，通过训练能表演杂技。

技艺型观赏鸟中，值得一提的是鸽。中国观赏鸽的品种十分丰富：有全体洁白，头部黑色的"雪花"，全体乌黑，头部洁白的"缁衣"，全体洁白，头尾乌黑的"两头乌"，全体黑白相间的"喜鹊"，尾羽数多于一般鸽二倍并经常竖立似扇面的"扇面鸽"，胸部气囊鼓起如球的"球胸鸽"，眼周特别大的"眼镜鸽"，鼻部蜡膜特别发达的"瘤鼻鸽"和能翻筋斗的"筋斗鸽"等。

⑤ 模仿型　鹦鹉、八哥、鹩哥等经训练都可模仿人类语言，还可模仿自然界其它鸟兽的叫声以及汽车、火车的鸣笛声等多种声响。

3. 根据鸟类的食性进行分类

① 软食鸟　就是指以细软饲料为主食的鸟类，观赏鸟中这类鸟比较多。如红点颏、蓝点颏、蓝歌鸲、红胁蓝尾鸲、白眉鸫、白腹鸫、灰鸫、黑喉石䳭、树莺等。这些鸟因嘴短小细弱，其主要的食物是虫类，不食谷类等硬食。

② 硬食鸟　是指主食以植物种子为主的鸟类，种类也不少。观赏鸟中属硬食类的有金山珍珠鸟、芙蓉鸟、娇凤、灰文鸟等。这些鸟以谷物种子为主食，食种子时有剥壳的习惯。其中画眉、白头翁、太平鸟等属杂食性鸟，饲料以蛋米为主。

③ 生食鸟　是指以鱼、肉等为主要饲料的鸟类，在家养观赏鸟中种类较少，如鹰隼、猫头鹰等。这些鸟的饲料不能用其它饲料代替。由于生食，这类鸟的粪便特别腥臭，必须及时清理。此类鸟的耐饥能力比上述两类鸟强，有时一两天不喂问题也不大，所以在笼内不必经常置备饲料，只要每日喂有1~2次新鲜饲料就足够了。

二、观赏鸟的选择原则

1. 根据实际情况选观赏鸟

蜡嘴、金翅、黄雀等鸟轻巧活泼,比较贪嘴,以食物为诱饵训练其掌握翻飞、衔物、取物等动作并不很难。侧重鸟的技艺者,比较适合选养。但需要经常训练巩固,花费较多的时间和精力,正值学习、工作的年轻人不宜养这类鸟。

画眉、百灵、绣眼、四喜、白头翁,其鸣声或激昂悠扬,或婉转动听。对于侧重选养聆听鸣声的人是比较适宜的。但饲养者要在清晨或下午带鸟到人多鸟多的地方去遛鸟。这几种鸟适合离、退休老人饲养。

芙蓉鸟性情文静,能唱善鸣,除换羽期外,全年鸣声不断。它的歌声婉转动听,富有音韵,加之有较漂亮的羽毛,很逗人喜爱。芙蓉鸟的饲养方法简单,无须过多照料,很适合职场人士饲养。

有小孩的家庭应选养八哥、鹩哥、鹦鹉。最好从幼鸟开始驯养。幼鸟容易调教,让孩子用不多的时间教鸟说话,会给孩子带来欢乐。如果孩子已经上学,则以养娇凤(虎皮鹦鹉)为最好。它鸣声虽不太悦耳,但以羽毛色彩丰富而著称,且便于饲养,一年能繁殖几次。中小学生可以在观察它的生活习性及产卵、孵化和喂幼鸟的过程中,学到许多鸟类的知识。

2. 正确选观赏鸟的技巧

购买鸟雀时,首先要在笼子前观察一阵。一般来说,同笼鸟中外观个头较大和跳跃、鸣叫活泼、抢食和啄咬其它鸟的为首选。然后可将首选的小鸟抓在手中认真查看。主要要注意以下几个部位:

(1) 肛门 正常小鸟肛门应该清洁和无粪便等黏结物,附近的羽毛应该蓬松干燥,如有黏液或粪便黏着,这只小鸟则可能患有肠胃病。

(2) 眼睛 看小鸟的眼睛是否有神,是否正常,如果有伤口、白内障等眼疾或天生独眼的则应放弃。

(3) 鸟嘴 注意小鸟的嘴喙、嘴角是否有发炎或萎缩,喙角是否平滑均匀,有无创伤等。

(4) 脚爪 观察小鸟的指爪及后趾是否脱趾、脱甲,是否缺断趾或有否扭伤。

(5) 鸟毛 健康的鸟毛应该是平整和厚实的,小鸟如有脱毛,或全身羽毛耸立、杂乱短缺,都是不正常的现象。

3. 观赏鸟的年龄判断

一般来说,可以从鸟的羽毛、腿部等方面的观察来分析。鸟的年龄越小(未成年幼鸟除外),身体上的羽毛就越显得光亮和鲜艳。年龄增大后,特别是进入老年期后,羽毛就渐渐失去了光泽,而且显得杂乱和粗糙。新鸟腿趾上的皮比较细嫩,一般换羽 1~2 次后还没有鱼鳞斑状的皮,以后随着年龄增长,腿上鱼鳞斑状的皮越来越明显,皮质也越来越厚。年轻的鸟,它们的腿、趾、爪的皮肤都呈褐色,油亮并带有淡红,随着年龄的增长,褐红色会逐步退化,渐渐变为浅白色。所以腿、趾、爪上的鳞片明显且很粗糙的一定是老雀了。

三、观赏鸟的选择

1. 八哥

(1) 八哥的优劣鉴别

① 羽毛紧紧贴住身体(俗称"收身"),眼睛有神、毛色有光泽的为优质鸟;呆头呆脑,全身羽毛蓬松的是劣质鸟或病鸟。

② 一般要选择窝雏鸟长大的,以黄嘴黄脚、尾羽有白色羽端、尾下覆羽全白、全身羽毛黑色并呈现金属光泽的雄鸟为上乘。

③ 胆子较大,会鸣唱,站立时挺胸、亮翅,个头比较大的八哥为上品。

(2) 野生八哥的鉴别

① 野生成鸟怕人,在笼内上蹿下跳不停,严重时会撞笼,甚至撞得头破血流,翅折羽断。从窝养大的成鸟没有这种现象。

② 野生成鸟的脚爪、跗趾部分比较光滑,没有起皮的现象。窝雏鸟长大的,脚爪比较粗糙,有时有鱼鳞状突起的现象。

③ 野生的成鸟一般不会啭鸣,只会"咯咯"的呼唤。窝雏养大的成鸟都会啭鸣和仿鸣。

(3) 训练八哥的注意事项

① 在八哥空肚子时教它说话。训练八哥说话,差不多一句话要花10天才可教会。训练的时期大致在它换毛以后半年左右,此时期它的记忆力特别好。尤其是在为它洗澡后或空肚子时,施以训练最佳。高音域的女性或小孩训练比低音域的人训练效果更好。

② 当雏八哥会走时,就开始训练它自己跳到你的手上来找食吃。方法是在小八哥饥饿时,一边喊小八哥的名字,一边用食物引它上手,边喂边抚摸它,以便它长大后用手轻轻地抚摸它不会逃走,形成固定的条件反射。

③ 当小八哥基本上会飞时,这时也养成了一定习惯,再用小虫叫它飞到手上来吃。这样训练一段时间,加上小时候打好的基础,小八哥就会很听话了,无论你伸手势还是喊它名字,小八哥都会乖乖地飞过来。

2. 鹩哥

(1) 鹩哥调教时间 调教鹩哥学唱和说话应从幼鸟开始。其生性胆怯怕惊,不宜外出遛鸟,可在家中笼养喜鹊等鸣禽,或播放鸣禽鸣唱录音及其它欲教会其鸣唱的声响录音。经过驯化,鹩哥不但对人的畏惧心理可以得到改善,还能学会许多种鸟和动物的叫声。鹩哥学说人语不用捻舌,且口齿伶俐,吐字清楚。训练时应在每日清晨选择安静环境,教它学一些简单语句,并奖励一些其爱吃的食物。训练要有耐心,学会了一句再教第二句。此类鸟接受能力颇强,千万别在它面前说一些无聊或骂人的话,免得被其学会有辱养鸟之文明初衷。当年幼鸟开口说第一句话的时间一般都在7月份,虽有个体差异,但不会差太多。用鹩哥教鹩哥的方法能让鸟更快学会。从换羽开始后是学话的黄金阶段。大概一星期就可学会一句话。这样进入冬季后,当年幼鸟的学话能力基本定型。

(2) 鹩哥的选择

① 选择健康体壮的鸟　俗话说:"人贵有志,鸟贵羽丽"。羽毛是鸟的时装和保护层。体壮的鹩哥鸟必然是羽毛平整有纹,毛色黑亮并带有金属光泽;双眼要黑亮有神,身躯较大,站立姿态优美,双脚抓栖杠有力;食欲旺盛,喜欢鸣唱和经常梳理羽毛,所排出的粪便呈条状。如果羽毛不整,缺少黑色金属光泽,眼睛半开半闭,暗淡无光,或尾部带有潮湿粪便,不爱鸣叫,常站立不动,食欲不旺的鸟一般是体弱、非健康的鸟,应慎重购买,不然可能造成饲养半途死亡,更不要说驯教成功了。

② 选择易驯的幼鸟　选择头窝幼鸟最佳,头窝的幼鸟比较聪明。有条件的应选择双亲均是青年鹩哥鸟的后代第一窝鸟。如果在市场选购应选择繁殖季节第一批孵出的幼鸟。鹩哥一年繁殖两次,5~6月份的幼鸟,大多是繁殖期第一次出的头窝鸟。此时,气候适宜,食物丰富,亲鸟的精力亦较旺盛,因此头窝的幼鸟体质亦比较好,较易驯教成功。选飞羽全部长齐与快要离巢出飞的鸟为好,飞羽已全部长齐而快要出飞的幼鸟,经亲鸟的饲喂已有一定适应外界环境的能力,并具有一定的抗病能力,经人工喂养成活率较高;同时,这种幼鸟尚不具备成鸟的野性,较易驯化。

③ 选择胆大的幼鸟　胆大的鹩哥幼鸟,不怕人,接受驯化的能力强,易调教。选择时,先轻轻将大笼震动或发出响声,看幼鸟的反应后,再加大声响或震动,凡发现在笼内乱飞乱撞者,多为胆子小,不宜选取;如果幼鸟眼睛睁大,挺胸昂首,准备起飞,说明其胆子大,为上品,可以选取。

④ 选择已驯养为熟鸟的上品成鸟　现在市场上出售的并非都是幼鸟,有一部分是成鸟,其中有生鸟与已驯养的熟鸟。应该选上品且已经驯养的成鸟为好。其特点是全身羽毛紧贴而不蓬松,尾羽不散开,短而自然下垂;尾羽腹侧的端部有清晰白点,嘴浅黄带白玉色,腿浅黄色;全身羽毛带有黑色金属光泽;两翼腹侧的"八字"形白斑洁白而明显;站立时昂首挺胸,精神饱满。鹩哥的优劣与其头部肉垂有关。肉垂小的灵活好学,肉垂大的则显得反应慢,接受能力差一些,是懒惰鸟,不宜选作训练用鸟。

(3) 鹩哥的雌雄鉴别　雌雄鸟同色,从外表很难区分。一般地说,雌鸟体羽金属光泽较淡,其头后的肉垂较小,因其产地不同头后肉垂大小略有不同,因此需仔细观察方能鉴别其性别。亦可通过对泄殖腔的观察来鉴别,泄殖腔内若有突起者为雄性,若无突起且扁平者为雌性。

还可根据体型大小和头形综合加以区别。头形大而圆、体型大者为雄性;头形小而尖,体型也小,这样的鸟多为雌性。

听声音辨别。雄鸟声音粗壮多爱鸣叫,善于模仿各种鸟叫、警笛等声音。雌鸟声音圆润,适合学习短语,模仿说话。

3. 画眉

画眉鸟属于野生的鸟类,栖息在山野之中,它的活动范围多在人迹罕至之处,故其性野。一般饲养来源是从鸟店购得。

(1) 雄鸟与雌鸟鉴别

画眉鸟基本上雌雄同色，因此要从笼中选择雄鸟的确是一门学问，简单的办法是听鸟鸣叫后进行判别，但实际上常常遇到"画眉不开口，神仙难下手"的局面，因此必须靠眼睛来鉴别。

① 体型　雄画眉鸟一般说来体型比雌画眉鸟大；胸肌因经常鸣叫锻炼，亦比雌鸟发达。抓在手上，用两只手指捏住画眉双脚时，雄鸟的挣脱力量也明显大于雌鸟；雄鸟的毛比雌鸟紧。雄鸟体型修长，而雌鸟短而胖。

② 头形　以头部形状区别，雄性头大而长；而雌鸟则圆而小；雄鸟的头门较宽，即两眼间距离较宽，而雌鸟的头门则狭窄。

③ 羽色　雌鸟的羽色比雄鸟的美丽。而在阳光照射下，可见雄鸟的羽毛比雌鸟的羽毛更富有光泽。

④ 脚形　雄鸟的大腿和跗，要比雌鸟显得粗壮有力，后趾下面的肉瘤也要比雌鸟稍大。

⑤ 须式　雄画眉与雌画眉触须的排列有别，雄鸟排列既细且直，而雌鸟则显得粗而规则。

(2) 画眉鸟优劣鉴别　选鸟首先要根据饲养者的目的来挑，有的要求画眉鸟善鸣，有的要求善斗，有的要求两者兼具，当然既善鸣又善斗确乎至善至美，但是养鸟实践证明，这种想法常常不符合实际。通常情况下，能叫的鸟未必善斗，能斗的鸟未必善叫，因此以鸣叫和打斗分开挑选还是比较实际的。如果想饲养一只善于鸣唱的画眉鸟，应选择毛紧密，眼圈又白又大，眼睛大而突，眉长而清，无杂毛，不断线，在笼内跳跃端庄，不甚畏人，鸣叫时身体挺立不下蹲，膛音高，浑厚响亮，音韵富有变化，出口节奏较快者为优。

4. 赛鸽

赛鸽亦称"通信鸽"，是生活中普遍见到的鸽子中衍生、发展和培育出来的一个种群。人们从关养到放养的过程中，发现鸽子有认巢的习性，然后有意识地把鸽子带到乙地并使之飞归甲地，这就产生了通信鸽。它经过普通鸽子的驯化，提取其优越性能加以利用和培育，来传递紧要信息。

(1) 赛鸽分类　当人们看归巢的信鸽有先有后，于是又萌发了用鸽子竞翔取乐的愿望，从而发展成为竞翔这一高尚的体育活动。人们为了夺取比赛的胜利，各自在繁殖、饲养和训练上潜心研究探索，不断设法改进，终于形成了赛鸽这一个新的品种。赛鸽一般体型不大，成年公鸽约500g，母鸽约450g。骨骼硬扎，肌肉丰满，眼睛明亮，羽毛薄而紧，羽色主要有雨点、黑、绛、灰、白、花等多种。

传统的赛鸽品种有戴笠鸽、中国蓝鸽、中国粉灰鸽、红血蓝眼鸽、中国枭、竞翔贺姆鸽、安特卫普鸽、烈日鸽、美国飞行鸽等。按赛程可分为中短程鸽、远程鸽和超远程鸽。为了提高赛鸽的归巢性能和飞翔性能，必须选好种鸽并进行科学的饲养管理与训练。挑选赛鸽的标准为骨骼发达而有力，羽毛紧密坚挺而富光泽，肌肉结实而有弹性。翅翼宽大，眼睛色彩明亮，更重要的是血统优良。

① 中短程鸽　擅长于中、短程竞翔的赛鸽。竞翔路程一般在300km左右为短程；

500~700km 之间为中程。中短程鸽的特点为飞行时爆发力强，飞行快速，但缺乏耐久力，在长程和超长程比赛中相形见绌。

② 远程鸽　擅长于长程竞翔的赛鸽。竞翔路程一般在 1000km 左右。长程鸽的特点为飞行时耐久力强，但因爆发力欠佳，在中短程比赛中相形见绌。

③ 超远程鸽　擅长于超长距离竞翔的赛鸽。竞翔路程一般在 1500km 左右以上。超长程鸽的特点为飞行时耐久力强，以及在野外觅食、宿夜的自生能力特强，但因爆发力欠佳，不宜参加中、短程比赛。

(2) 赛鸽的选择　中国近代信鸽活动是 20 世纪 20 年代在上海等大城市发展起来。1929 年上海竞鸽会成立，举办过信鸽竞翔比赛。现代信鸽比赛项目有竞翔比赛和品评赛两种。前者是按不同距离以赛鸽归巢时间最快者为优胜的比赛；后者是对优胜赛鸽按其体型、手感和头部等综合评分决定优劣。1948 年国际信鸽联盟成立后，每年举行世界信鸽锦标赛，两年举行一次国际奥林匹克信鸽品评比赛。1984 年中国信鸽协会成立后，每年举行一次全国信鸽竞翔赛和品评赛。迄今已举办过四届中国国际公开赛。中国信鸽协会在 1990 年迎接第十一届亚运会期间举行全国信鸽大赛和全国优胜赛鸽品评赛，1992 年在上海首届东亚运动会举行全国幼鸽大赛。

一个鸽舍的兴衰，从育种的角度来看，很大程度上取决于幼鸽的选择。对于所出的幼鸽，应加以选择。如不管优劣一概留养，既浪费了精力、物力，也会导致整棚翔绩下降。反之精心选择优质幼鸽，于育种竞翔都十分有利。所以，鸽主必须重视幼鸽的选择。

① 血统是基础　根据竞翔实践选留棚中血统好、表现杰出的幼鸽作续代种鸽。杂交鸽可以在选留遗传上最杰出的幼鸽准备参赛，这样必须认准自己的鸽子，哪一路血统应作主血，哪几个作为配组的血统，主血留种，杂血参赛。

② 选择幼鸽要看体型　一羽赛鸽在激烈比赛中，在千万羽强鸽如林的面前要赢得胜利，哪怕在零点几秒的争夺中，除了本身血统、貌相、眼睛均为上乘之外，剩下的条件就是体健。体健包括体形，应选择流线体形的鸽子。从空气动力学的原理来理解，流线体形信鸽飞行阻力小、平衡好，续飞时间长，体力消耗少，所以在选择任何品种的流线型体形鸽是首要选择。从整体形态来讲，长宽厚，即身长、背宽和胸厚。从比赛优胜鸽的数据来看，中短程比赛的优胜鸽大部分是属于短粗，或短小精悍，这种赛鸽往往是爆发力强，续飞时间短，这是由于它们的体型特征决定的，也就是说，中短程鸽种与远程和超远程的鸽种，其体型特征是不相同的。因此在选择幼鸽时，要结合参赛项目选择幼鸽的体型。

③ 幼鸽的眼睛　因为是幼鸽，各人鉴鸽方法不同，有的还不能看出其所以然。但实践告诉我们，面砂、瞳孔、眼志、内线扣好的血统鸽，对育种竞翔都有利。

④ 幼鸽的骨骼　骨骼是构成赛鸽的基础，骨骼是赛鸽所有运动的部分，以及产生运动肌肉的依托，只有一副强壮、柔和、坚固的骨骼结构，方能对不同部分的肌肉提供合适的支柱。一羽幼鸽握在手中，应有硬托、结实的感觉。龙骨要长、粗、有弧度。耻骨一端稍上翘，耻骨要短粗结实，闭合得紧，上膊骨，长得粗壮坚硬扇扑有力，可增加扇扑的频率。

⑤ 肌肉　大胸肌显得丰满和强壮，有一种坚定自若的感觉。经过训练和比赛后的赛鸽，脂肪全部消失，大胸肌从软性变成具有弹性的感觉，当鸽握在手中展开时，双翼产生一种柔

和且富有弹性的感觉。

⑥ 羽毛　要求羽毛绵绒度好，羽毛光滑，色泽光亮，羽支细如丝，紧密排列成扁而薄的弹性羽毛，紧贴全身，握在手中有一种滑脱手的感觉。

⑦ 性别的选择　成年鸽的性别鉴别，有经验的饲养人员极易掌握，主要是从鸽的外表与行为两方面加以鉴别，其中行为鉴别的可靠性大于外表鉴别。

成年雄鸽体型较大而肥壮，头顶稍平，眼环大而略松，眼睑（瞬膜）闪动迅速，炯炯有神，鼻瘤大，额宽，颈粗短，颈椎粗硬有力，颈羽略粗呈紫绿色金属光泽，十分艳丽。胸骨末端与耻骨间距较小，脚粗壮有力，胫骨粗而圆，主翼羽尖端为圆形。肛门闭合时呈凸状，张开时呈六角形。成年雄鸽性情活泼，爱动好斗，行走时常昂首阔步，在鸽群追逐其它鸽子，并发出"咕嘟、咕嘟"的鸣叫声。用手抓鸽时，抵抗力较强。鸣叫时，其声音响亮，颈羽松起，颈上气囊膨胀，背羽隆起，尾羽散开如扇状，边叫边扫尾，常一边跟雌鸽转，一边鸣叫，并不断上下点头。若以上外表与行为综合起来，仍不足以鉴别雌雄时，亦可将疑似雄鸽与已鉴别出来的雄鸽关入一笼观察，如双方都发出"咕咕"叫声，颈羽竖起相互打斗的，应确认为雄鸽。

成年雌鸽的体型结构紧凑而优美，头部狭长，头顶稍圆，眼环紧贴，鼻瘤较窄小且显得紧密。颈细长而稍软，颈羽也较纤细而软，金属光泽不如雄鸽艳丽。胸骨短而直，胸骨末端与耻骨间距较宽，同时耻骨之间的距离既宽又富有弹性。脚细而短，胫骨较细，两侧为扁形，主翼羽羽尖和胸部羽毛尖端为尖形，翅膀收得较紧，尾羽较雄鸽洁净。肛门闭合时呈凹形，张开时呈星状。

雌鸽的性情比较温顺，好静不好斗，常蹲伏于偏僻处或巢窝内。发情时常尾随或依偎于雄鸽身旁。用手抓鸽时，它抵抗力较弱，无声或仅发出低沉的"咕咕"声。鸣叫时，声音低而短促，间或伴有翅膀的轻微颤动。当雄鸽追逐时，雌鸽有微微的点头之状。若握其观察，雌鸽双眼不像雄鸽那样炯炯有神，而是显得比较温和，眼睑的闪动也比较缓慢。如上述对外形与行为的观察仍不能确定性别时，亦可将疑似雌鸽与已知雄鸽关养至一笼，如开始阶段稍有打斗，雄鸽以嘴进攻，待鉴定鸽以翅还击，尔后分离避让，可确定为雌鸽。

另有一种假吻方法：一手持鸽，一手持鸽嘴，两手同时上下移动（像鸽接吻一样），一般来说，尾向下垂的是雄鸽，尾向上翘的是雌鸽。

当前，随着生物科学的发展，已有人采用伴性遗传技术来鉴别雌雄，此法称为"自别雌雄法"。此法的原理是利用某些性状仅能在单一性别中表现的现象达到鉴别雌雄的目的。目前应用的这类性状多为乳鸽绒毛的长短和羽色。如使用银黄色的雄鸽配白卡尼雌鸽，其杂一代的所有雌雏绒毛均为褐色；短绒毛白卡尼雄鸽配正常绒毛的白卡尼雌鸽其后代中凡是短绒毛的都是雌鸽，而所有雄鸽均为正常绒毛。

⑧ 综合外观　幼鸽有强壮的体态及聪慧、冷静、自信的神态。要给人一种平衡的感觉，两只脚不宜太长、太直，也不要显得太短。雄鸽要有一种落落大方的雄相外表；雌鸽有一种端庄秀气的雌相外表，要"静若处子，动若蛟龙"，对主人有亲和感，对陌生人抱有高度警惕性。

一羽优良品种的信鸽，鼻型应长得紧凑，鼻型长而平整，鼻根到鼻尖处要平整。理想的膀羽韧带处应厚实有力，当拉开膀羽后收缩时要富有弹性，不能有僵死感，副羽的毛片要大，手感要柔软，并富有光泽，翅膀外侧的三根羽条要长些，并富有弹性，直观上看去就像一把锋利的刀子，三根大羽几乎要一样长。一羽优良信鸽羽质应紧、密、薄、富有弹性、柔软、有光泽。

用手指推它的背部时，背部应该平坦，以没有凸出或下凹而成圆形的感觉为佳，背微微凸起，尾略向下弯，这种体型比较好。理想的尾羽应该是长于大羽轴2cm左右，宽度相当于尾羽羽条的一根或一根半（就是我们讲的一字尾），信鸽抓在手中，尾羽往下沉。信鸽的腿以短为好，但必须强健有力。龙骨应直，没有起伏不平及弯曲或缺口的情形才好。总而言之一句话：抓在手中不戳手，为最理想的龙骨，粗比细好。

锁骨：以平整而不突出为为优良，以短而有抵抗力的为佳。

耻门：就是常说的蛋门，理想中的耻门与龙骨之间的间隔愈狭愈好，如耻门能深入体内则更佳，同时呈现出强的抵抗力。

面砂应呈盆子形，外面厚、里面薄、看上去有一层厚厚的油层，砂粒高低不平，显示出很强的立体感，砂面外缘厚，靠里面薄而少，让底砂一圈露出来，这才是理想的面砂。底砂应该厚实、紧密，这是理想的。相反就较次。一般来讲，瞳孔内有"内线扣"就是上品鸽。"内线扣"有多种类型和结构，我们可以从它的形状、色泽、轮廓、波纹、宽度、厚度以及生长的位置上鉴别它的好坏。眼志又叫阿尔砂，眼志种类很多，一般我们用肉眼很容易发现和看得到，眼志有全眼志、卧眼志、立眼志、不全眼志、黄眼志、绿眼志等，它的色素越深越好，给人一种结构严谨的感觉，宽度要宽，要凸凹不平，立体感要明显，强劲有力。

总之，优良种鸽有一共同特点，相貌中带凶（指雄鸽），外表文静（指雌鸽），眼珠明亮有神，眼睛力求厚实、明亮、层次分明、有神、晶亮、干洁，面砂有立体感，底砂清澈，眼球转动灵活，瞳孔反应敏锐，收放幅度大。具备以上几点要求时，则是一羽好种鸽或赛鸽。

(3) 饲养赛鸽的用具

① 饮水器　这是赛鸽用来喝水的用具。现在的饮水器是很人性化的，里面可以储存很多水，比如有五格，它过段时间下一格，过段时间再下一格，这样鸽子会一直有水喝，而喝的水也会很干净，不会像其它的瓶瓶罐罐，放那么长的时间，里面容易进灰尘、鸽子的羽毛、粪便之类的污物。

② 食槽　食槽是用来让鸽子吃食的，这是固定的。一般30~50只鸽子需要准备3~4个食槽，让鸽子自动过来吃食。

③ 巢穴　用干草编织而成的，就和鸟窝一样，是信鸽用来睡觉的。

④ 鸽门　鸽门通常是指跳门、活洛门，这两个是一起用的。

⑤ 巢箱　巢箱是繁殖小鸽子的地方。如果有条件，可以弄个好的巢箱；如果没有条件，可以用旧的小柜子、小橱子改做。

⑥ 保健砂钵　因为保健砂对于信鸽来说是不可缺少的，所以要有专门盛保健砂的器具。用木板的、铝的都可以，不需太大，保健砂随吃随放。

⑦ 运输笼　常用的笼子一般是用竹子做的，材料强度要够硬，避免被压坏。

复习思考

1. 驯导犬、猫常用的器具有哪些？
2. 如何挑选良好的宠物犬？
3. 挑选健康宠物猫的注意事项有哪些？
4. 观赏鸟有哪些类型？并举例。
5. 八哥和鹩哥训练时有哪些不同？其注意事项有哪些？
6. 赛鸽挑选有哪些重点？

第六章 犬的驯导与调教

知识目标： 掌握幼犬与成犬的生活习性特点，熟悉幼犬与成犬驯导与调教的方法。
能力目标： 能用科学的方法对幼犬与成犬进行基础科目与特定科目的驯导与调教，并达到预定的驯导效果。

第一节 幼犬的训练与调教

幼犬活泼好动，"坐不住"，与儿童习性接近，因此，不能要求太高，不要强求幼犬什么都能服从，但对于不希望犬去做的事应明确表示"不行"。循序渐进，犬会学会服从而不任性。惩罚应在犬犯规时进行，事后算账，犬不一定能明白。犬的本能是后天训练的基础，而训练者的科学培训，是造就优秀犬的必经之路。我们看到的优秀军犬、警犬以及马戏团会数数字的聪明小型犬，都是经过培训而成的。与儿童学习知识相似，犬也有接受训练的最佳时间，对于大多数的犬，1岁之前的训练至关重要，幼犬出生后45天断奶，到3个月时可以开始训练一些简单的口令，如衔物、嗅物、起立、趴下、敬礼等动作，幼犬不一定完成得很出色，但这些基本动作与口令的条件反射训练，是今后进一步训练的基础。小型犬到1岁多已发育到体成熟，而德国牧羊犬、大丹犬和圣伯纳犬等大型犬则到2岁时身体发育才成熟，但1岁的工作犬就有能力参加"工作"了，1岁的伴侣犬也应该会完成许多较为常见的动作。

幼犬训练的最理想时期是在其出生后70天左右开始。另外，平日训练则从幼犬到家里之日开始，循序渐进慢慢地进行。这个阶段，幼犬尚未染上任何恶习，而且力量比较弱小，这对饲养者来说就比较省力。出生后1年，犬就能达到成年，体力也增长不少。这阶段要训练的话，就要花上一定的体力，而且要有一定的耐心。例如，要牵住一条重9kg左右的犬，不让它向前跑或扑，在散步过程中无缘无故地吠叫，随处大小便，看见人就扑上去等，矫正就比较吃力了。在幼犬时期，如要纠正得花上2～3个月的话，那么纠正成年犬则要花上更长的时间。

犬成长最快的是出生后1年。这期间，脑逐渐发育完善，也是犬学好学坏的关键时期。因此，在这一年里，是训练犬的最佳时期。但不要认为，犬已经长大了，恐怕不能再训练了。事实上，无论多大的犬都能接受训练。不过，和从幼犬时期训练相比，则要花上更多的体力和更大的耐心。如果是以前没有花更多时间来照料或放任其自由的犬，已经染上了恶习，则要花上 2 倍、3 倍甚至更长的时间，但无论如何对自家的犬应抱有信心，经过训练一定能调教好。

幼犬训练可分为两大阶段：首先，从到家之日起就开始训练，例如固定睡觉、排便地方等；其次，服从训练，一般在出生后 70 天开始，例如坐下、站起来等。成犬训练也是分阶段的，不要过早地检验犬的本领，尤其是凶猛的扑咬，应该让犬听从命令，使之成为训练有素的工作犬或活泼聪明的观赏犬。

一、犬的反射活动

犬的正常反射活动，包括生而有之的非条件反射（本能）和后天获得的条件反射。

非条件反射主要有以下方面：①食物反射，犬见到食物后或闻到食物的气味时，唾液的分泌量增加；②探求反射，犬为适应生存环境，对外界环境中的事物有用鼻子嗅辨的现象，以判断对自己有无危害；③防御反应，犬对陌生人和动物有戒心和警惕性，对进攻者扑咬为主动防御，对进攻者躲避是保护自己的被动防御；④自由反射，犬喜欢无拘无束地到户外活动，与主人一同戏耍，这种天性为自由反射；⑤猎取反射，犬对周围物品有兴趣，衔取物品或者运送物品，是相关训练的基础；⑥性反射，性成熟后，公、母犬都会有接近异性犬、交配生育的本能，是进化繁衍的需要。而条件反射是后天获得的，是建立在非条件反射的基础之上的生理活动，是训练的结果。例如，见到主人穿鞋、穿衣服，犬会明白要外出活动，立即奔向门口；听到主人的脚步声，犬会站在门口迎接回家的主人；听到主人呼唤"犬友"名字，犬会兴奋摇摆尾巴，以示高兴。经过训练后，犬能服从主人的相应命令，完成一系列复杂的动作。

二、驯导员的素养

1. 科学的方法

训练是一门艺术，具有很强的科学性，要从动物心理变化的角度进行思考，按照一定规矩驯犬，不能把犬当成玩具，想起来就教几下，无规律，不负责任，无连贯性，长此下去，犬会无所适从。

2. 表扬和鼓励为主

犬不会一学就会，因此，只要犬努力去做，驯导员就应该话语亲切地予以表扬，并用少量食物奖励犬，建立良性的条件反射。

3. 幼犬的训练

幼犬活泼好动，"坐不住"与儿童习性接近，因此，不能要求太高，不要幼犬什么都服从，但对于不希望犬去做的事应明确表示"不行"。

4. 与犬友善相处

这是犬认同驯导员（或主人）的基础。犬爱憎分明，因此，平时多为犬梳理被毛，多抚摸观赏犬，有利于建立信任，犬会熟悉人的气味、声音和态度。犬高兴时训练效果会好很多，而强迫训练会引起犬的反感。

5. 合理约束犬

若想让犬完成口令，应该让犬理解你的口令的意思，手势、示范和口令的合理应用是必要的。手势要尽量简单，最好统一，不要家中三个人三种手势，犬不知哪种手势对就不好了。示范是必要的，随着口令和手势教犬做动作，是有效的训练手段。口令以短为主，配合口气和声调的变化，例如："好"、"乖"、"听话"，最好以中等口气和音调讲出；"停"、"别动"的语调应高声而严厉；"过来"、"走"等口令应短而坚定。这样，犬也能适应主人或驯导员的意图。

6. 探索与交流

宠物主人间应多交流，从别人驯犬实践中得到启发，在实践中可以探索适合自己犬的训练科目。别人好的经验是值得借鉴的，因为不同品种的犬在接受能力上是不同的，同一品种的犬的不同个体在理解能力和性格上也有区别。如同为大型犬，德国牧羊犬（黑贝）与大丹犬、藏獒有较大的区别。德国牧羊犬各方面素质均衡，勇敢、威武，服从性均出色，是万能的"工作犬"，易接受训练，学本领快，是世界上广受欢迎的军犬和警犬，饲养数量在北方地区是大型犬中最多的。以黑贝犬的标准去要求大丹犬和藏獒则太难为它们了，所以，期望值也不应相同。在德国牧羊犬中，军犬与民养犬也不一样，这是因为选择的标准和要求不同。以解放军（昌平）军犬繁育基地为例，这里的种犬一般是从德国、俄罗斯等国购买的军犬，血统、外形、素质均好，其后代的训练主要考察勇敢与服从性、嗅探物的能力；民间养犬则注重血统，主要考虑个体体形和外观。这就不难理解为什么军犬并不一定个头有多大，而老百姓的黑贝却个大的原因。

训练犬有一定之规，但无千年不变的套路，实践中的探索永无止境，而不断交流是相互提高的途径。

7. 利用犬的习性训练

犬的习性（或称生物学特性）是长期生存中形成的，因势利导是科学的驯犬方法。兴奋和抑制是犬的神经系统的活动，不同犬的兴奋与抑制更替的速度有差别，兴奋与抑制强弱明显的犬，属于易于训练的犬只；抑制过程占优的犬，属于不活泼型的犬，喜静而动作缓慢，这种犬一旦掌握某种本领，就很难遗忘；过于抑制的犬，表现为胆小怕事，训练中颇费力气，一般被淘汰。就品种而言，牧羊犬一般性情稳定，吃苦耐劳；猎犬活泼外向，偏于兴奋型。但环境是否封闭，接触外界事物的机会和频率，是否接受训练，是犬本领大小的最终决定性因素。

三、基本的驯犬方法

1. 食物奖励方法

即用食物作为奖励手段，鼓励犬的行为与动作的完成。驯导员手拿美食，让犬完成一些动作，如蹲、坐、冲、停、回来等，完成动作好时才给予美食，使犬通过条件反射懂得服从和完成动作的好处，从而培养能力。这种方法易在人与犬之间建立联系，但非万能，如果犬对此美食兴趣下降，对动作的完成不利。

2. 机械性方法

这种方法将生理刺激方法与有疼训练相结合，采用压迫、抖动牵绳（牵引带）、手打、抚摸等方法，使犬连续完成一些动作。这种方法适用于神经系统强的犬，但应注意到这种方法虽然使犬产生一定的畏惧心理，但犬对驯导员的信任度会下降，依恋心理会受到影响，对训练的兴趣下降。

3. 对比方法

这种方法是将机械性方法与食物奖励方法相结合，在犬完成一些强制性训练（但不粗暴）科目后，立即给予食物奖励。该方法能使驯导员与犬之间建立起好的牢固关系，是最常用的基本驯犬方法。

4. 模仿训练法

将训练有素的犬与新训练的犬一同训练，使新犬耳闻目染，会提高训练效果。这种方法多用于工作犬的训练中，也见于猎犬的狩猎训练。

5. 训练的程序

训练总是从简单动作开始的，由易到难，逐渐进行。一般情况下，姿势训练是最开始的科目；一定让幼犬从开始训练时就能服从指挥，并有兴趣参加训练科目。由于训练时外界环境对犬的注意力有很大的影响，因此，应该选择安静的环境来训练犬，而且参与训练的人不能太多，以免你一言、我一语，口令不统一，犬无所适从。当犬做到你所要求的动作时，应给予抚摸和口头奖励，但是应注意训练的时间不能过长，时间过长，犬的注意力不易集中。其次应运用条件反射的原理，将口令与手势结合，使犬明白动作和意图。在犬完成动作后，对犬应给予奖励（包括食物），但对不正确的动作应及时予以纠正和制止，并且将此原则贯彻始终。动作的巩固与提高：不断地重复训练内容，让犬在人多或环境嘈杂的条件下表演，以检查训练科目的掌握程度，重复训练是巩固条件反射的手段。

6. 基础训练内容

犬的基础训练内容包括：坐、衔物、来、与人并行、扑、搜寻、看护物品，应对声与火，以及定点大小便等。

（1）坐　"坐"是犬训练的基础课，可用手势帮助犬理解，当口令下达时，让犬的后肢屈曲而坐下，保持前肢直立，反复训练，以求动作与口令的统一。当犬掌握了坐姿口令之后，再进行下面的训练。

（2）来　"来"的口令下达后，手势应像招呼小孩一样，右手伸直向前，手心向下，手掌上下摆动。驯导员牵着犬链，叫犬的名字，当犬听到后，再发出"来"的口令，重复口令多次后，配合手势一起来做；若犬无动作，则用左手轻拉牵引链，同时驯导员向后退，让犬过来；当犬完成来的动作后，应予以鼓励；当犬懂得"来"的口令后，可与犬保持一定距离，不拉犬链，发出口令并做出手势，让犬完成动作。当犬成功地完成"来"的动作后，可以不用手势，仅靠口令指挥犬完成动作。

（3）与人并行　训练犬与人并行十分必要，让犬按照人的意愿在人的左侧行走，与人步行速度相协调，既不超前也不滞后。口令以"靠"字为主，配合左手轻拍训练犬左腿 2～3 下的手势。训练时，驯导员左手拉牵引带，让犬随行。

四、幼犬的基本训练科目

1. 与幼犬感情培养

方法：

① 亲自喂食　俗话说"人恋恩，狗恋食"，食物是犬类动物与人类在一起共同生存的根本驱动力，也是犬生存的第一要素。远古的犬就是因为发现和人类在一起经常会得到人类打猎食后遗弃的食物残骸，才与人类相伴到今天。因此，在早期培训与调教阶段一定要亲自喂食，满足犬的第一需要，以增进彼此的信任和情感，使犬的依恋性不会受他人喂食而减弱。

② 给犬准备一个舒适的窝箱　幼犬购回后，应将犬放在准备好的室内犬的床上，而不应放在院中或牲畜棚中，使犬与主人建立初步感情。

③ 多与幼犬接触　幼犬购回后，主人每天都必须花费一定的时间陪伴和调教它，不断地设法与幼犬交谈、游玩、逗乐，使幼犬感到无穷的乐趣，喜欢与主人在一起戏耍，对主人产生依恋性，从而确立犬与主人的初步感情。

④ 呼叫幼犬的名字　每条犬都有自己的名字，简单易记的名字往往让幼犬能愉快地接受并牢牢记住，驯导员必须尽快让犬习惯于呼名。犬在没有习惯呼名前，犬名对犬来说只是一种无关刺激的信号而已。当驯导员多次用温和音调的语气呼唤幼犬名字时，呼名的声音刺激可以引起犬的"注目"或侧耳反应，这时驯导员应该给犬喂食，或进行带它散步等亲密的活动。通过有规律的反复之后，驯导员对犬的呼名就具有一种指令性的信号作用，犬习惯于呼名。但驯导员也要注意，不要不分场合和时间总把犬的名字挂在嘴边，这样即便每次召唤都给予奖励也易使犬产生抑制而不听召唤。

⑤ 带幼犬适当进行运动　带幼犬适当运动，给其自由活动的机会，可以消除犬的戒备，在跑动中愉快地呼唤犬的名字，并适度地抚拍，可增进犬对驯导员的依恋性，也使幼犬得到了运动锻炼。

2. 呼名训练

(1) 方法

① 给幼犬取名　给幼犬取名，可根据犬的毛色、性格及自己的爱好来取名，最好选用容易发音的单音节和双音节词，使幼犬容易记忆和分辨。如果幼犬有两只以上，名字的语音更应清晰明了，以免幼犬混淆。

② 选择适宜的时间和地点　应选择在犬心情舒畅、精神集中的地方，在犬与主人或别人嬉戏玩耍或在向主人讨食的过程中进行。训练必须一鼓作气，连续反复进行，直到幼犬对名字有了明显的反应时为止。当幼犬听到主人呼名时，能迅速地转过头来，并高兴地晃动尾巴，等待命令或欢快地来到人的身边，训练就初步成功。少数犬如北京犬就会装耳聋，明明已听到呼它名字，却不做出反应，所以应在训练中注意这一点，发现后及时纠正。

③ 利用食物奖励和抚慰训练方法　在幼犬对呼名有反应后，立刻给予适当的奖励（如食物奖励或抚拍）。另外，切忌在呼犬名时对其进行惩罚，使犬误认为呼其名是为惩罚而不敢前来，影响训练效果。

④ 呼名语气要亲切和友善　在训练过程中要正确掌握呼唤犬名字的音调，同时要表情和蔼友善，以免造成唤犬名引起害怕，尤其是当犬一听到呼名做出反应或马上跑回到主人身边时，不仅要轻轻拍它，而且也要表现得很亲近温和，使犬逐渐形成一种条件反射，呼叫来就必须过来，就会得到一种好处。

(2) 注意事项

① 犬名只能固定一个，不能随意更换　如果不同的家人、不同的场合和不同的阶段对犬名的叫法不一样，就会给犬造成混乱，也不便于犬对名字形成牢固的记忆和条件反射。

② 犬名要有易辨性　在幼犬调教和训练过程中，如果犬名与常规训练科目同音，会造成犬将主人呼唤的名字与要求执行口令相互混淆。同时，由于犬与主人及家人同在一个生活环境中，如果犬名与家人名字有同音字，则容易造成呼唤犬名的混淆。

3. 安静休息训练

宠物犬对人的依恋性很强，与人在一起时会安心地卧在脚旁或室内某一角落。当犬主休息或外出时，它会发出呜咽或嗷叫，尤其是小型的伴侣犬、玩赏犬，从而影响主人休息或周围的安宁。

(1) 方法

① 选择犬窝　首先要为幼犬准备一个温暖舒适的犬窝，里面垫一条旧毯子。先与犬游戏，待犬疲劳后，发出"休息"的口令，命令犬进入犬窝休息。如果犬不进去，可将犬强制抱进令其休息。休息时间可以由最初的3～5min慢慢延长到10～20min，直至数小时。

② 放置一些玩具　把小闹钟或小半导体收音机放在犬不能看到的地方（如犬窝垫子下面），当主人准备休息或外出时，令犬进去休息。因为有小闹钟和收音机的广播声（音量应很小）可使犬不觉得寂寞，从而避免犬乱跑、乱叫。经过数次训练之后，犬就形成安静休息的条件反射。

(2) 注意事项　在安静休息的培训与调教过程中，除了主人或驯导员以外，其余人员在对幼犬的教育训练上应保持同样的认识，采用统一的口径。对幼犬做出的某一件事，如果有人态度暧昧，有人训斥责备，幼犬就会很迷惑，不能分清是对是错、该不该做。如幼犬发出呜咽或嗷叫时，应立即斥责批评；当幼犬按照指令安静休息时，则要表扬。在训练中最重要的是必须坚持不懈。

4. 唯主是从训练

如果主人想拥有一只完全听从自己的犬，和主人一起度过所有的欢乐时光，这是完全可以做到的，但要求幼犬的饲养、管理、调教和训练由犬的主人亲自进行，不得允许他人接触抚摸、奖励和饲喂犬。主人要使犬确信，在这个世界上只有你是最爱它的，因而主人应请他人经常对犬进行挑衅和威吓，主人则对其进行惩罚，与此同时对幼犬则奖励。一段时间后，幼犬就会养成唯主是从的习惯。有些品种的犬天生具有这种习性，如京巴犬、八哥犬、藏獒、日本秋田犬等。

5. 定时定点采食训练

有些犬主因工作较忙，每天早晨给犬足够的食物，以便犬的全天采食。这种做法极不科学，也很不卫生，特别是夏天，由于食物放得太久容易变质，犬采食后就会导致腹泻。幼犬习惯在固定的场所采食，如经常更换采食地点，可能会引起犬的食欲不正常。因此，养成幼犬定时定点采食的良好习惯是很有必要的。

（1）方法

① 定时采食 幼犬期间，每天不管是喂1次还是2次，最好都在相对固定的时间内喂食。定时饲喂可以使犬每到喂食时间胃液分泌和胃肠蠕动就有规律地加强，饥饿感加剧，使食欲大增，对采食及消化吸收大有益处。如果不定时饲喂，则将破坏这一规律，不但影响采食和消化，还易患消化道疾病。幼犬通常每天可喂3次，早、中、晚各1次，且每次的饲喂时间应相对固定。不同季节的饲喂时间不尽相同，通常春季、冬季饲喂时应早餐宜晚、晚餐宜早，夏季、秋季饲喂时应早餐宜早、晚餐宜晚，以保证幼犬的正常睡眠时间，但应注意同一季节内的饲喂时间应相对固定。犬采食后离开食盆时，即使食物还没有吃完，也要拿走食盆，这样做既卫生又方便饲养管理，更利于定时采食习惯的养成。

② 定量采食 每天饲喂的日粮要相对稳定，不可时多时少，防止犬吃不饱或暴饮暴食。随着幼犬的生长，应及时调整饲喂量以满足幼犬的生长发育。应注意，不同个体间的食量可能有差异。中小型犬通常按每千克体重饲喂20～25g饲料，基本能满足幼犬的营养需要，同时可保证幼犬在10～15min内吃完。当然犬主应根据幼犬采食时和采食后的行为来判断喂量是否合适。幼犬如果在5min左右采食结束，且仍然舔食盆上残留的饲料，表明饲喂量可能不足，需要适量添加；如幼犬在15min内不能吃完，且在采食过程中时而离开，时而返回继续采食，表明饲喂量可能过多，需要适量减少。

（2）注意事项

① 把握饲喂时机 可在正常饲喂幼犬的时间内进行，但必须保证幼犬处于饥饿状态，这样才能准确地把握每次的饲喂量。

② 与不良采食行为的纠正同步训练 在进行定点定时采食训练时，可与幼犬不良采食行为的纠正同步进行，这包括拒绝吃陌生人的食物、不偷食、不随地拣食等。

6. 定点排便训练

培养幼犬定点排便是使幼犬有良好行为习惯的重要手段之一，特别适用于家庭养犬。犬主可以通过对幼犬的训练培养，使其到固定地点排便。仔犬一旦会爬行就离开犬窝排便，幼犬喜欢嗅找从前排便过的地方。如果幼犬住在房间外或能自由进出的犬舍，会自己选择排大小便的时间、地点，此时只要在幼犬经常活动的地方放些泥土或乱草，很快幼犬就会选择这一地方作为"厕所"。为了防止幼犬外出时随意排便而污染环境，在这一阶段要加强定时定点排便训练。室内养犬时，一般可放在走廊或阳台、浴室的角落，放有旧报纸或硬纸板并铺上一层塑料薄膜作为简易的厕所，也可训练幼犬到移动厕所排便。

（1）方法和步骤

① 排便地点　应较隐蔽。在犬舍隐蔽处选固定角落，放置一张报纸或塑料布，上面撒些干燥的煤灰或细砂，上放几粒犬粪，表明过去曾有犬在此大小便。

② 关注犬排便前的举动　排便训练的关键一点就是要掌握犬在排便之前有何特殊的举动。不同的犬会有不同的举动，有的犬大便前会来回转个不停，有的则是忽然地蹲下来。幼犬的训练应充分利用犬吃食后想排大小便的机会加以调教，主人立刻将犬抱进已准备好的带有泥土或杂草的盒子里，训练犬"如厕"，幼犬每 3h 左右一次。发现犬有排便的预兆，如不安、转圈、嗅寻、下蹲等，立即将犬抱进盒子里或人用的厕所里让它排便，经过 5~7 天，犬一般就会自己主动到自己的厕所或固定地点排便。

③ 正确奖励方法　在掌握了犬排便前的举动后，当出现这些征兆时，立即把它带到事先选择好的排便地方，直到排便结束，立即进行奖励，可喂给食物或抚摸。当犬在一定的时间内排完便后，应充分地奖励它，然后再在犬的熟悉环境里游戏、玩耍后，让犬回犬床睡觉。如犬仍然随意大小便，或因发现过晚，犬已开始排便，给予斥责并强行把它带到应去的地方，令其排便，数次重复后，犬就能学会在指定的地点排便。

（2）注意事项

① 不能用粗暴的方法惩罚　在犬已排便后训斥是毫无意义的。甚至有人把犬拖到排便物前，按下犬头让它嗅闻，边打边训斥，这种方法是极其错误的，只会给犬造成"被虐待"的坏印象。这种印象一旦形成，会使犬产生上厕所是件可怕的事，即使再带它到厕所里，它也不会排便，甚至会躲避主人，事后在一些隐蔽地方排便。

② 地点应固定　选定的排便地点要固定，这样有利于犬形成条件反射。如果经常更换，会给犬造成可在任何地点排便的假象，定点排便也就失去意义。

③ 掌握幼犬生活规律　定点排便训练前应掌握幼犬的生活规律，同时还要注意犬的健康、饮食等方面。犬通常在采食后 0.5~1h 及睡觉前后 0.5~1h 排便的可能性较大，应重点关注这两个时间段内幼犬的举动。如犬能在指定地点排便后，可进行定时排便训练，定时排便训练必须保证饲喂的定时。幼犬如果患上痢疾，首先要进行治疗，让幼犬恢复健康后，再进行定点排便训练。

④ 排便时要保持安静　看见幼犬遗便要保持安静，不可失声喊叫，否则会使犬受惊，影响犬的排便训练。

五、幼犬不良行为的纠正

宠物犬作为人类最好的朋友，与人类关系十分密切，与人类共同生活在一个屋檐下，其各种行为会对我们的生活产生或多或少的影响。其不良行为会给我们带来很大的困扰，如吠叫、啃咬物品等。犬的不良行为有先天性的，也有后天形成的。我们必须在幼犬时期对犬进行调教培训，杜绝其不良行为习惯的产生。对于已养成不良行为的犬，纠正时需要有足够的信心和持之以恒的耐心。

1. 啃咬物品

有些犬会啃咬家具、衣物等东西，给犬主造成一定的损失。犬喜欢啃咬东西可能有3方面的原因：一是幼犬对周围的环境充满好奇，把物品当作玩具；二是幼犬在出生后3～6月时，乳牙要转变为恒齿，此时特别喜欢咬东西，是牙床发痒而产生一种胜利欲求的现象；三是由于幼犬的精力旺盛，以啃咬东西作为消遣或发泄。一般犬都或多或少地具有啃咬物品的习惯，完全没有啃咬物品习惯的幼犬，要么身体患病，要么秉性不好。啃咬家具、衣物的不良行为当场纠正效果较佳，一经发现，应立即制止。发现幼犬出现这种不良行为时，安静地走近幼犬，用手支住它的上颌部，把物品自口中取出，同时以威胁的音调发出"非"的口令或用手轻拍打幼犬的鼻子，并重复"非"的口令，反复训练，即可制止幼犬乱啃物品的毛病。在进行这种不良行为纠正时，除了正面进行惩罚外，还应根据具体情况，减少幼犬啃咬物品的机会。例如幼犬在室内时限制其玩耍，可关养；选择一些玩具让幼犬啃咬；增加在外面活动时间的机会；也可在幼犬磨牙期间，把可移动之物放置于犬不易够着的地方或收藏起来。所有这些方法的采用，其主要目的就是尽最大可能地减少幼犬接触被啃咬物的机会，同时加以正确的引导。

2. 吠叫

不少幼犬在刚到新家的第1天，常会不停吠叫。有人逗它玩或守在旁边时表现得较温顺，但如果让它独自留守或犬主夜晚休息时关灯，幼犬就马上开始吠叫，犬主走近时，它就会停止吠叫。反反复复，吵得犬主整夜无法入睡，还惊扰邻里。幼犬吠叫的原因主要是离开原来的群体，新到一个陌生的环境而产生恐惧感或者是感到寂寞孤独。纠正幼犬无故吠叫，最好在入睡前把幼犬关入笼子，而且不要关灯，在笼中放置玩具或咬骨供幼犬玩耍，幼犬玩累了自然会睡觉。必要时可在旁边开着一个收音机，调到一个通宵节目频道，音量调小些，可令幼犬安心休息。幼犬如果仍然吠叫，犬主可装作听不到，任其自然。切忌幼犬一叫，犬主就过去呵护、安慰，这样会使幼犬产生只要吠叫就招致犬主过来陪护的感觉。也不能因为幼犬夜里吠叫就严厉地训斥，更不能实施暴力的体罚，否则幼犬虽暂时停止了吠叫，却会因此而产生对犬主的恐惧和不信任感。幼犬在适应新环境期间，犬主应友善对待幼犬，尽可能多陪伴幼犬，努力缩短幼犬对新环境的适应时间。一般而言，幼犬在2～3天之后就会因逐步熟悉和适应新环境而停止夜里吠叫。

3. 随地拣食

随地拣食，一方面可能是因为犬饥饿，另一方面是犬的天性。但如果食物不洁或不安全，犬拣食后可能引起消化不良，甚至会有生命危险。要养成幼犬良好的生活习惯，应该纠正其不随地拣食的不良行为。常用的方法主要有以下几种：

（1）机械刺激法 带幼犬外出散步时，不能让犬拣食地面上的食物，如果发现它想拣食时，应立即发"非"的口令，并伴以猛拉牵引带的刺激，当犬停止拣食之后，应给予奖励；如食物已被咬于口中，必须强制打开犬嘴，掏出食物，然后给予抚摸或奖食。在此基础上，可将食物藏在隐蔽处，主人或驯导员用长绳控制犬，采取上述方法训练，直至解脱长绳，犬在自由活动中，能闻令而止，彻底纠正犬拣食的不良习惯。

（2）欲擒故纵法 在幼犬经常游散的地方，提前放置一些犬喜爱的食物，如香肠、鸡肉等，再在这些食物中拌入令犬讨厌的气味，如酸味、辣味和苦味等。牵引犬让犬前去拣食，充分感受这些气味的强烈刺激和因此带来的痛苦不堪。通常经过2～3次，犬会养成不随地拣食的习惯。

（3）预防法 平时应注意幼犬饲料的调制，保证其全价性和适口性，尽可能饲喂颗粒料，且每餐的喂量要足。这样，在幼犬外出活动时，就不会因为饥饿而随地拣食。

当然，以上3种方法都有一定的局限性。在对幼犬的日常调教和训练过程中，应充分将这几种方法结合使用，取长补短，会达到更好的效果。

在训练幼犬不随地拣食的同时，还应注意纠正幼犬拣食粪便的陋习。纠正幼犬拣食粪便的陋习，应主要从杜绝粪源角度着手，调教的方法也可参照上述方法。

4. 无故攻击行为

幼犬的攻击行为是其一种本能，但无故的攻击则多是犬主纵容的结果，在大型的工作犬中更为多见。纠正犬这一不良行为，主要是通过机械刺激手段结合平时严格的管理来解决。当犬攻击他人或动物的行为即将发生或正在进行时，对犬发出"非"的口令，同时猛拉牵引带。如犬停止攻击，应及时对犬进行奖励强化。多次人为创造类似的积极环境引诱犬，多次反复调教，直至犬对"非"的口令建立条件反射。在以后的饲养和训练过程中，在加强管理的同时，需要不断地进行强化。

5. 偷食

犬是天生的"清道夫"，特别是幼犬见到什么食物都想吃，偶尔的偷食会加速、加深偷食行为的形成，最终形成"惯偷"的坏毛病。在幼犬良好生活习惯养成的过程中，应注意对偷食陋习的纠正。当发现幼犬在家中偷食时，应以严厉的口气制止，并最好常用一个固定的词语如"No"，制止时态度与表情要坚决，细声细语或表情不严肃则犬会以为在与它玩耍，不能起到有效的制止作用。犬被制止后会夹尾、低头，一副可怜相，此时切忌理睬，更不能立即去安抚。幼犬停止这种不良行为时，应及时给予奖励。反复多次，即可达到制止效果。纠正幼犬偷食的不良行为，最好从预防做起，养成幼犬不寻找食物的习惯。每次喂食时，都要将食物放在食盆中，不能直接从餐桌上取食喂给，让幼犬懂得只有服从才能有食可吃。作为一种预防，最好把引诱性强的食物放在幼犬找不到或够不着的地方。

第二节 成年犬的驯养

成年犬的特点是机体各部功能发育已基本完全,品种特性明显,性格较沉稳,对机械刺激的承受能力较强。训练中应根据各个品种的特性和不同神经类型及行为反应采用相应的训练方法,坚持诱导与强迫相结合,及时、适度地加大刺激强度。对已经形成的不良习惯要及时果断地禁止,在保证犬的兴奋性的前提下,规范人、犬的动作。合理运用强迫、诱导、奖励等训练方法,快速建立条件反射,进一步完善成犬的神经活动过程。

一、成年犬基础科目训练

1. 训练前应先建立犬对驯导员的依恋性

建立犬对驯导员的依恋性,其目的在于消除犬对驯导员的防御反应,使犬逐渐建立起对驯导员的服从性,便于训练和使用。依恋性的好坏直接影响训练的质量,驯导员从接触犬之日起,应注意培养犬的依恋性,使犬依恋于驯导员并贯穿整个训练和使用中。可以从以下三个方面来建立犬对驯导员的依恋性:

(1) 从饲养管理上来培养　驯导员对犬的饲养管理,是建立犬对依恋性的基础。犬对驯导员依恋性是利用犬的食物反射和自由反射原理,通过驯导员对犬的饲养管理,使犬逐渐熟悉驯导员气味、声音、行动特点,产生兴奋,从而建立起来的。因此,在培养犬的依恋性过程中,驯导员必须亲自负责犬的管理饲养,增加与犬接触的机会,如散放、刷毛,喂犬时守在犬的眼前。在建立依恋的过程中,杜绝他人特别是原主人的接近,更不能纵犬相互嬉斗。

(2) 在游戏中培养　游戏性的运动也是犬的基本需要,在游戏中得到的快乐不断地刺激犬重复这种行为,提高犬相应本能行为的能力。驯导员应密切掌握犬行为表现的需要,借此与犬进行游戏活动,加强与犬的沟通和交流,不断满足犬的本能需求(在此过程中驯导员还可以消除犬的一些不良行为),由此培养犬的依恋性。同时,还要根据犬本能行为的提高,施以训练手段,培养犬的作业注意力,巩固和提高犬的依恋性,并且要注意犬注意力和兴奋度的协调(人的行为也要保持与犬兴奋同步)。

(3) 从陌生环境的适应中来培养　经常带犬到其不熟悉的环境中去,驯导员不断地给犬以抚慰和鼓励,增强犬的信心,使犬感受到安全来自驯导员,这可以强化犬对驯导员的依恋性(使犬能够在陌生的环境中工作时不受干扰或是退缩害怕等)。

注意事项:

① 在饲养管理过程中,驯导员应亲自喂犬、散放犬,谢绝别人接近犬,并适当增加散放次数。

② 驯导员在与犬接触时,声音要温和、态度要和蔼、举动要正常,避免粗暴的恐吓、突然的动作以及其它能引起犬在行为上的主动或被动防御反应的刺激。

③ 防止急躁情绪,对于那些转化慢的犬,适应新驯导员和新环境需要有一个过程,只要驯导员精心饲养管理和爱护犬,一旦建立起依恋性,往往是很牢固的。

2. 成犬的基础科目训练

(1) 随行

口令:"靠"。

手势:左手自然下垂轻拍腿部外侧。

训练方法:

① 主人将犬置于左侧,左手握牵引带(距脖圈 20～30cm),将其余部分卷起拿在右手,随即唤犬名,引起犬的注意,发出"靠"的口令。随后,左手扯拉牵引带,以较快的步伐前进,或以转大圈的形式使犬随行。当犬在随行中保持正确位置时应多用"好"的口令奖励。每次随行不少于 100～150m。

② 主人将犬置于左侧,左手拉牵引带,右手拿食物在犬鼻前方引诱,并发出"靠"的口令,犬依令前进保持正确位置时,既给予食物奖励。

③ 主人带犬到空房内,先让犬游散片刻,使之熟悉环境,而后将犬置于墙壁与人之间,右手握牵引带。下达"靠"的口令的同时,左手轻拍左腿外侧,令犬进行前进。如果犬超前或落后,应重复"靠"的口令,并扯拉牵引带纠正犬的位置或用左膝推击,迫使犬进行。当犬保持正确的动作时即奖励,逐步转入开阔地形训练。经过以上反复训练,当犬对靠的口令和手势形成基本条件反射后,随行中可将牵引带逐渐放松。当犬保持正确的位置并排行进时,即可在犬不知不觉中解下牵引带,以手势指挥犬。随着犬的能力逐渐提高,进行不同的步伐和方向变换训练,并逐步复杂环境锻炼,达到依令跟随主人正确随行。

训练中常见问题及纠正方法:

① 进行中犬往前冲或往外偏,纠正方法:a. 用牵引带控制犬,在扯拉牵引带时,用严厉的音调重发靠的口令;b. 利用障碍物限制犬,如果特别兴奋的犬,用"非"的口令结合刺激脖圈来控制。此外,还应加强犬对驯导员依恋性的培养,训练中应多给犬以奖励。

② 随行时落后,纠正方法:进行中驯导员加快步伐,诱发性地发出"靠"的口令,用食物或物品提高犬的兴奋性,并伴以轻拉牵引带。

(2) 坐

口令:"坐"。

训练方法:

① 食物诱导训练　主人将犬置于左侧,右手拿食物在犬鼻上方诱引,使犬对食物产生高度兴奋,不断发出"坐"的口令和手势。犬为获取食物会做出坐下的动作,主人即用"好"的口令奖励并给予食物。

② 机械刺激训练　主人将犬置于左侧,然后发出"坐"的口令,同时右手持脖圈上提,左手按压腰(或采取左手按压腰角,右手持食物引诱相结合的方法),当犬被迫做出坐下动作时应立即给予奖励。

③ 正面坐训练方法与侧面坐方法相同。当犬在面前根据口令和手势能做出动作后再逐渐延长指挥距离。

④ 在犬游散训练中,视犬有坐的表现时,主人乘机发出"坐"的口令和手势,犬坐下后即给予奖励。经上述方法反复训练,当犬对"坐"的口令形成条件反射后,应进入正规训练,而且只有当犬做出准确动作后才给予奖励。

训练中常见问题及纠正方法：

① 犬躺坐或臀部歪斜。其纠正方法：a. 令犬重坐；b. 用手扶正其歪斜部分，或轻击歪斜部，动作正确后给予奖励。

② 犬后腿外伸。主人可用左脚尖触及犬右后腿，使之内收，以右手将犬左腿扶正。严重的可让犬靠近墙根坐，主人以左腿阻挡犬后腿，防止外伸。

(3) 延缓

目的：培养犬在指定地点和一定时间内原地不动的忍耐性。

要求：经得起一般诱惑，保持原姿势不变。

口令："定"。

手势：右手五指并拢，由右向左下方自然挥动。

训练方法：

① 主人令犬座于左侧，左手持牵引带，然后向右侧移动3～5步，并频发"定"的口令和手势。如犬有欲动的表现，应及时发出"定"的口令。若犬站立则令犬在原地坐好，并用手轻击犬的臀部，重复"定"的口令。犬依令延缓3～5s，即回到犬前奖励。反复训练，随着犬的延缓能力的提高，逐渐延长延缓的时间和主人的指挥距离，并在前方成弧形缓步活动。

② 主人令犬坐下，发出"定"的口令和手势后，离开犬30～50m，面向犬再发一次"定"的口令和手势，然后隐藏起来，暗中观察犬的行动。如犬动则发出"非"的口令加以制止，不动则给予奖励。待犬的延缓能力巩固后，再进行复杂的环境训练。

③ 主人令犬坐下后，跑到犬前方30m处立定注视犬。下达"定"的口令，助驯员由远而近，由前至后唤犬前来或做出一些轻微的引诱动作。犬若不动，助驯员离去时，主人即上前给予奖励，若犬动则下达"非"的口令，结合强迫手段予以制止并重复训练。在此基础上，主人隐藏起来，由助驯员进行引诱，引诱的动作也随之增强，如犬仍不动，则训练目的已达到。

常见问题及纠正方法：

① 改变姿势。纠正方法：a. 延缓时间不宜过久，以防产生疲劳；b. 当出现改变原姿势的情况时，要用威胁音调"非"的口令结合适当的机械刺激予以制止，并令犬重做。

② 当助驯员接近犬时，犬跑开。纠正方法：助驯员引诱时声音不要过于严厉，根据犬的特点决定引诱动作的强弱，以免使胆小的犬产生惧怕。

③ 此科目应与"前来"分开训练，以免影响延缓能力的形成与巩固。

(4) 卧

目的：培养犬依据口令、手势迅速卧下的能力。

口令："卧"。

手势：右手五指并拢垂直上举，下压90°，掌心向下。

训练方法：

① 侧面卧下　主人令犬坐下，左腿后退一步取跪下姿势，左手握犬脖圈，右手拿食物在犬鼻子前引诱，同时发出"卧"的口令，然后左小臂轻压犬的肩胛，右手将食物从犬鼻的下方慢慢向下移动，并再次发出"卧"的口令。当犬卧下后，及时用食物奖励。稍后，再发出"坐"的口令，左手持牵引带上提，或用食物由下向上引诱，犬坐起后给予奖励。

还有一种方法：将犬坐于沟坎的边缘或洞穴前，主人手握脖圈，用犬兴奋的物品逗引，迅速抛进沟里，同时发出"卧"的口令，犬为了获取物品，就会做出卧下的动作。犬卧下后即用"好"的口令奖励，取出物品令犬衔取。食物引诱也可参照此法训练。

② 正面卧下　主人另犬坐下后，在犬的正前方适当位置取单腿跪姿，发出"卧"的口令后，右手持食物在犬鼻前引诱，左手向前轻拉前肢，犬卧下后给予奖励。稍后，令犬起坐。经反复训练，犬形成条件反射后，逐渐取消引诱和牵引带的控制，逐步延伸指挥距离至30m以上。当犬的能力巩固后，进行复杂环境锻炼。

常见问题及纠正方法：

① 卧下后犬前肢内收或交叉在一起，下颌伏地。遇此情况，主人应将前肢拉直，轻拖犬的下颌，并发出"定"的口令，正确动作出现后即给予奖励。

② 犬卧下臀部歪斜或躺卧。纠正方法：a. 用手帮助扶正，如扶正后再次出现，则应采取强迫手段予以纠正；b. 令犬坐起后再重新卧下。

③ 卧下时犬站起或起坐后自行卧下。纠正方法：对前者以轻压犬的腰角，或伴以强迫手段加以制止；对后者以严厉的音调发出"非"的口令，并结合上提脖圈的刺激迫使犬坐起。

(5) 衔取

口令："衔"、"吐"。

手势：右手指向所要衔取的物品。

目的：使犬听从指挥，服从性增强。

训练方法：

衔取是多种使用课目训练的基础，也是玩赏犬经常训练的一个动作，其目的是训练犬将物品衔给主人。衔取训练是比较复杂的一种动作，包括"衔"、"吐"、"来"、"鉴别"等内容，因此，训练时必须分步进行，逐渐形成，不能操之过急。

首先应训练其养成"衔"、"吐"口令的条件反射。训练的方法应根据犬的神经类型及特殊情况分别对待，一般多用诱导和强迫的方法。

在用诱导法训练时，应选择安静的环境和易引起犬兴奋的物品。右手持该物品，迅速地在犬面前摇晃，引起犬的兴奋，随之抛出1～2m远，立即发出"衔"的口令，在犬到达要衔的物品前欲衔取时，再重复发出"衔"的口令，如犬衔住物品，应给予"好"的口令和抚摸奖励，让犬口衔片刻（30s左右），即发出"吐"的口令，主人接下物品后，应给予食物奖励。反复多次后即可形成条件反射。

有的犬须用强迫法训练。此时，令犬坐于主人左侧，发出"衔"的口令，右手持物，左手扒开犬嘴，将物品放入犬的口中，再用右手托住犬的下颌。训练初期，在犬衔住几秒钟后即可发出"吐"的口令，将物品取出，并给予奖励。反复训练多次后，即可按口令进行"衔"、"吐"训练。在此基础上，再进行衔取抛出物和送出物品的能力训练，直至训练犬具有鉴别式和隐蔽式衔取的能力。在训练衔取抛出物时，应结合手势（右手指向所要衔取的物品）进行，当犬衔住物品后，可发出"来"的口令，吐出物品后要给予奖励。如犬衔而不来，则应利用训练绳掌握，令犬前来。

(6) 吠叫

口令："叫"。

手势：右手食指在胸前轻点。

目的：使犬养成根据指挥进行吠叫的服从性。

训练方法：

先令犬坐下，把牵引带的一端拴在牢固的物体上，发出"叫"的口令和手势（右手半伸，掌心向下，对着犬做抓握动作3～4次），同时用食物在犬面前引诱，由于食物的刺激引起犬的兴奋，但又吃不到食物，犬就吠叫。初期应在吠叫后给食物奖励，以后应逐渐减少，直至完全取消奖励，养成只听口令和看手势就可吠叫的要求。另外，也应培养犬对衔不着或衔不动的物品用发出吠叫的方式来表示的能力。为此，可利用最能引起犬兴奋的物品，放在犬衔不到的地方，令犬去衔取，并发出"叫"的口令，如能叫立即给予奖励，并将物品拿出让犬衔取。这样反复多次，即可培养出犬对衔不着或衔不动的物品以吠叫形式表示的能力。

(7) 游散

口令："游散"。

手势：右手向让犬去的前方一挥。

目的：让犬休息和让犬依照口令和手势获得自由，也是驯导员对犬进行奖励的一种方式。本科目的训练可与随行、前来、坐下三个科目同时穿插进行。

训练方法：

① 驯导员用训练绳牵着犬同犬向前跑，待犬兴奋后，即放长训练绳，同时以温和音调发出"游散"的口令并结合手势指挥犬进行游散。当犬跑到驯导员前面，驯导员应立即减缓行动速度徐徐停下，待犬自由活动。经过几分钟后，驯导员应令犬前来，犬到跟前后，加以抚拍或给予食物奖励。按照这一方法，在同一训练时间内可连续训练2～3次。在训练中，驯导员的态度表情应该始终活泼、愉快，这一科目通过若干次的训练后，犬便能根据驯导员的口令和手势进行自由游散。

② 训练这一科目，除了在一定训练时间内进行外，大部分时间可利用在其它科目训练结束后和结合平时的散放中进行，尤其在早上犬刚出犬舍需要自由活动而表现特别兴奋之际进行训练，将能收到更好的效果。

常见毛病及纠正方法：

① 犬乱跑，对这种现象驯导员要用训练绳进行控制，为了便于掌握犬，在一般情况下，人犬距离不要超过20m。对犬的恶习应及时发出"非"的口令并急拉训练绳加以制止。

② 犬不离开驯导员，需要训练游散，但驯导员必须很好地调节犬的情绪，态度要温和，语气要亲切，多使用奖励口令。必要时可随犬一起游散，但一起游散次数不宜过多。

(8) 不动

口令："定"。

手势：侧面定，右手五指并拢，轻往犬鼻前撇下；正面定，右手高举，手心向前。

目的：培养犬的坚强忍耐性要求，能闻令不动并禁得住一般引诱。

训练方法：

① 令犬坐在左侧，左手持牵引带，下达口令"定"并做手势。然后返身缓步后退3～5步，重复下达口令"定"并做手势。此后视情况逐步延长距离5～10m处，至此驯导员方可转身前进。

② 驯导员令犬坐定后，离开几十米，面向犬再发一次"定"的口令并做手势，然后找一适当位置隐蔽起来，暗中监视犬的行动。如犬动则下达口令"非"加以制止，并重复上述

动作，不动则奖。此后逐步延长时间，变换各种环境锻炼。

③ 驯导员令犬坐定后，到适当距离下达"定"的口令并做手势，然后离去，助驯员由远而近，由前至后唤犬前来，若犬不动，即给奖励。若动则下达口令"非"加以制止并重复上述方法训练。在此基础上，驯导员隐蔽后，由助驯员逗引，如犬仍不动，即可达训练目的。

常见毛病的纠正方法：

① 犬不注意驯导员或改变姿势。驯导员可用举动吸引犬的注意，呼犬名，令犬恢复原姿势，同时，不要过多训练使犬疲劳。

② 当助驯员接近犬时犬跑开。驯导员应发"定"和"好"的口令。

③ 当多次下达"定"的口令后，如驯导员离开，犬仍起来甚至走开时。将犬拴住，重新训练。

④ 此科目应与"前来"分开训练，以免产生不良联系。

（9）前来

口令："来"。

手势：右手五指并拢，上身微曲，右手平伸拍右腿。

目的：培养犬依口令、手势来到驯导员正面坐下的能力。

训练方法：

① 解脱牵引带与犬同跑，待人犬拉开一定距离后，驯导员急往后退，同时手拿食物引诱，边退边发"来"的口令、手势。

② 在喂犬时令犬坐定或交给他人牵着，驯导员持饭盆至一定距离注视犬，发出"来"的口令、手势，当犬依令前来时，即可用口令"好"来奖励犬来到跟前令犬正面坐下，然后下"靠"的口令待犬坐于左侧，即给犬进食。

③ 将犬带入训练场，令犬坐下。驯导员前进 30～50m，面向犬发出"来"的口令、手势，同时稍往后退，若犬听令前来即奖励。犬快到跟前时，发出"坐"的口令、手势，令犬坐于正面，然后再靠于左侧。

常见毛病的纠正方法：

① 前来时在中途跑开或乱闻地面。如有外界影响则设法避开；地面上气味复杂的，可转换场地；如因惧怕驯导员而不前来，则应多加奖励改善驯导员和犬的关系。

② 前来时速度慢。多采用诱导的方法训练，每次呼犬前来，驯导员应往后退或向相反急跑，并发"好"的口令。

③ 前来时因速度快冲过坐下位置，应提前发出口令"慢"加以控制，同时也可以利用自然地形阻挡犬。

（10）闻嗅源

口令："嗅嗅"。

手势：右手食指指向嗅源（嗅源是指附有人的气味的物体和痕迹，它是鉴别、追踪的依据，只有通过嗅源气味作用于犬的神经中枢引起足够的兴奋，才能进行鉴别和追踪），培养犬的嗅闻或感受气味的能力。

目的：养成犬依令闻嗅源，要求"嗅闻积极，不扒不咬，不舔嗅源"。

训练方法：

① 拿一小土块，在犬前逗引，然后当着犬面将土块抛出，驯导员迅速向前将土块踏碎成足迹，然后令犬嗅闻。犬若听令嗅闻，即给予奖励。

② 把犬拴住，用犬喜爱的物品逗引，然后将物品抛在预先选好的地面上，驯导员急上前拿起物品作埋物状，以引起犬的注意和激起犬的兴奋。同时在地面上踏出足迹，也可以将物品埋起来，犬闻过后，将物品挖出与犬玩，以提高犬的作业兴奋性。

③ 选一新鲜松软潮湿的土地，令犬坐好，驯导员在离犬 3~4m 处踏出足迹，同时用手在地面上拍打几下，以引起探求，然后以左手握牵引带，右手食指指向足迹发出"嗅嗅"的口令，引起犬嗅闻，犬依令对足迹细致嗅闻即给奖励。

④ 嗅闻物品。

a. 隐蔽遮盖嗅源的训练　在训练时，应先拿物品逗引犬，以引起犬的兴奋，然后将物品藏于草丛罐内等隐蔽处，不让犬看到物品的隐蔽点，然后令犬在附近嗅闻找出物品。

b. 嗅源为声响物品的训练　用一能发出响声的物品作嗅源使其发声引起探求，再令犬嗅闻。

c. 嗅源为发光物品的训练　将纱布、手绢蒙在手电上，使之发出光引起犬的探求而嗅闻。

d. 嗅源为新奇物品的训练　利用犬所不常接触的新奇物品预先布设在某一地点或拿在手中，当犬接近物品时，即发出"嗅嗅"的口令。

闻嗅源训练的注意事项：

① 训练时要耐心细致，严禁采用强迫手段，否则，将会产生假嗅或害怕训练。

② 嗅闻的时间不宜过长，次数不宜过多，否则，容易使犬产生扒、衔、舔的毛病。

③ 不能用带有刺激性气味的物品（酒精、汽油等）给犬嗅闻。

④ 训练时最好选择早、晚凉爽的时候进行，加快能力的培养。

⑤ 不应反复用单一物品，要多样化，并经常变化。

二、犬的玩赏科目训练

犬玩赏科目训练一般针对中小型的宠物犬，主要包括"握手"、"感谢"、"打滚"、"钻火圈"等。这些科目实际上是源于犬的一些本能活动，类似于人与犬的游戏。玩赏科目在犬的杂技表演中屡见不鲜，也给人们的日常生活增添了不少的乐趣。下面以"握手"这一科目来具体说明其训练方法及技巧。

口令："握手"、"你好"。

手势：伸出右手，呈握手姿势。

目的：犬的握手训练是培养犬与人握手的能力，要求犬在听到驯导员发出握手口令或手势后能迅速伸出一条前肢与人握手。

训练方法：

握手对任何品种的犬来说都很容易训练，而北京犬、博美犬等小型犬甚至不用训练，当你朝它的前肢伸出手时，它都会主动地伸出前肢与你握手。训练时，让犬与驯导员面对面坐着，然后驯导员伸出一只手，并发出"握手"或"你好"的口令，如犬抬起一条前肢，主人就握住并稍稍抖动，同时发出"你好、你好"的口令，以进行奖励。如此经过多次训练后，犬就会形成对握手口令和手势的条件反射。如驯导员发出"握手"的口令后,犬不能主动抬起前肢,驯导员则要抚摸犬的头部并用手轻轻推动它的肩部,使其重心移向左前肢,同时伸手抓住犬的右前肢,上提并抖动,发出"你好、你好"的口令,予以鼓励,也可抚摸犬的颈下、前胸或以食物奖励,并要求犬保持坐势。如犬不能执行命令,也可用食物引诱,当犬想获得食物时就会伸出前肢扒在驯导员握食物的手上,此时发出"握手"的口令,并用另一只手握住它的前肢,上提并抖动,与此同时,用食物进行奖励。

三、成年犬不良行为的纠正

1. 如何改掉犬咬人的坏习惯

犬咬人是不对的,应立刻作出惩罚。犬在同人类生活前处于野生状态,撕咬对它来说是生存的必要手段。它们通过这种方式来守护自己的势力范围,并且使弱小的动物屈服于它们。现在犬和人类一起生活,有精神压力或恐惧心理时它们还是会咬人,这时如不严加管教,这就会养成咬人的恶习。犬把人咬伤是相当危险的,所以应该从小就告诫它咬人是一种不被允许的事,并让它明白主人才是更强一方,培养它的顺从意识。

(1) 咬主人

① 严厉训斥　纵容犬向主人撕咬会养成咬人的恶习,应该及时告诫它咬人是不对的。即便是小型犬种,其牙齿也很锋利,对主人来说十分危险,必须尽早地改掉它咬人的恶习,爱犬咬人后要马上训斥它,或是托着它的下巴训斥,或是将杂志卷成筒向地板上敲、发出大声音来恐吓它,这些都是很有效的方法。

② 及时安抚　训斥完,犬受到惊吓会安静下来,这时应该好好夸奖它。

(2) 咬陌生人　有时犬见到陌生人会因警戒或恐惧心理而咬人。这时可以请朋友帮忙,训练犬习惯与生人接触。

① 首先在朋友的帮助下,消除犬对外人的恐惧心理。

② 让朋友喂给爱犬食物,并且要让它看见食物是从主人那里递给朋友的,这样可以让它明白这个人是主人所信赖的,并不是危险人物。

③ 一同夸奖它,吃了朋友喂给的食物后,两个人一同夸奖它,这样就能让它逐渐习惯与生人接触了。

2. 纠正犬扑上身来的不良习性

通常幼犬看见主人从外面回来,都会高兴地扑过来,如果您穿了一身新衣服,一定会粘上犬毛,或被爪子印弄脏。因此,如果眼看爱犬向自己身上扑过来,主人应该立即用手将犬拉下,并对它发出命令"不行"、"下去",如果犬再跳上来,则反复加重语气命令"不行"、"下去"。但是切记不可动手打它,只要按住其肩膀部位推下去即可。如果仍不起效,则可用双手抓住犬的前肢,脚踩住犬的后脚趾,同时双手将犬的前肢放下,口令还是以命令"不行"、"下去"来制止并纠正它们。犬是善解人意的,当主人要制止犬做得不对的事情或对其下命令时,脸上装出严肃或不高兴的表情,眼睛要注视着犬,以便让犬明白自己做错了事情，主人不悦。

3. 纠正犬乱叫的不良习性

首先查明犬乱叫的原因再采取对策。要改掉犬乱叫的恶习必须对症下药，仔细查明它吠叫的原因。当犬对来访客人怀有警戒心而乱叫时，可以在客人的帮助下，让它意识到客人并不是危险的人物。主人可以边抚摸犬使其安静，边让客人喂给它吃的东西。当犬听到电话铃就会吠叫时，可以在电话铃声一响，就喂给它吃食物并轻拍它的身体，使它保持冷静。如果犬总是不停地乱叫，一定要严厉地训斥它。可以向上提牵引绳把牵引绳向上提，给犬严厉的警告，并且训斥它，告诉它不许乱叫。另外就是抬起犬的下巴并告诉它不能乱叫，这也是一种很有效的训斥方法。

复 习 思 考

1. 犬的反射活动包括哪些？条件反射与非条件反射有哪些区别？
2. 幼犬的驯导包括哪些内容？有哪些注意事项？
3. 幼犬有哪些不良的生活习性？该如何纠正？
4. 成犬的基础科目训练包括哪些项目？该如何纠正成犬基础科目训练中的不良习惯？
5. 玩赏犬有哪些特定的训练项目？
6. 成犬有哪些不良的行为习性？该如何纠正？

第七章 猫的驯导

知识目标：熟悉猫常规的驯导知识。
能力目标：能运用猫的驯导知识来训练和规范猫的行为。

第一节 猫驯导的基础

猫是一种独立性很强的动物，具有不愿受人摆布的倔强性格。若要对猫进行有效的调教，首先就要对猫有一定的了解，要清楚地知道猫接受训练的生理基础；其次应当选择自己钟爱的品种和个性的猫，这样会使人猫产生感情；再次，对猫的训练要从幼猫开始；最后，在训练时要有耐心，态度要和蔼，还要有科学的训练方法。

一、猫的反射活动

神经反射活动是猫任何行为所表现的生理基础，它在调教猫的过程中起着基础作用。猫的听觉、视觉、嗅觉、味觉以及皮肤感觉器官能够灵敏地感受外界的声、光、味、化学与机械性刺激与变化，通过神经中枢产生反射。比如，当猫用爪触到炽热物体时，爪子上的温、痛感受器产生兴奋，并迅速传到大脑产生痛觉，大脑立即决定收回爪子，这个决定沿着传出神经传到爪和腿部的肌肉，肌肉发生收缩，使爪子躲开炽热的物体，避免灼伤。

非条件反射属于先天性质，是与生俱来的，如小猫生下来就会吃奶、呼吸、性反射和维持身体平衡的姿势反射等。条件反射是后天的，是训练猫的基础，并通过施加有效的方法，能够使猫在某些方面的能力大大提高，并且在非条件反射的基础上形成条件反射。

猫生长过程中经过训练和对周围环境的无数次刺激，在中枢神经系统产生兴奋点，经过多次的重复，形成固定的动作反射，成为条件性的反射行为。猫的各种技能训练，如"跳跃"、"磨爪"、"打滚"、"衔物"等就是根据主人的意向使猫形成的条件反射。比如，训练猫完成"过来"的动作。这里有三种刺激，即"过来"的口令，是声波；招手的动作，能使猫产生视觉；迫使猫向主人走来，是一种运动刺激，这三种刺激会相应在猫的大脑的不同功能区产生兴奋点。在没有形成条件反射时，这三个兴奋点之间没有任何联系，因此，就算你喊破了喉咙，挥酸了手，猫还是不会理解的，是不会朝你走来的。但是，如果我们把三种刺激结合起来，或按一定顺序作用于猫，重复若干次以后，猫大脑内这三个兴奋点就会发生功能上的联系。以后，只要其中一个兴奋点被激发，其它两点也会随着兴奋起来。也就是说，只要你发出"过来"的口令，而不必招手，猫也会顺从地走过来，这就是形成了条件反射。利用猫能形成条件反射这一特性，可以对猫进行各种训练，每一个训练项目，就是一种条件反射。能引起条件反射的刺激叫条件刺激，如口令、挥手等。

另外，在条件反射中，还包括两种特殊形式，即厌恶条件反射和操作式条件反射。厌恶条件反射指某些刺激作用于猫后，猫对此种刺激产生厌恶感的条件反射，多用于纠正猫的异常表现或异常行为。操作式条件反射是指某一反射是由于物质条件存在而建立起来的，由于这种物质的作用，这一反射便被加强和巩固下来。训练猫做某一动作，大多要利用操作式条件反射的原理。

二、驯猫的基本方法

1. 非条件刺激法

非条件刺激包括机械刺激和食物刺激。机械刺激是指训练者对猫体所施加的机械作用，包括拍打、抚摸、按压等作用。机械刺激属于对猫的强制作用，它以强硬手段迫使猫按人的命令行事，对猫的一些错误的改正也大有好处。缺点是易引起猫精神紧张，对训练产生抵制作用。因此，在训练中要适宜地运用机械刺激，既不要过频地使用强制手段，又避免刺激过轻或不敢使用机械刺激。食物刺激是一种奖励手段，效果不错，但所用食物必须是猫喜欢吃的，只有当猫对食物产生了兴趣，才能使训练结果如人所愿。所用食物不能太多，以猫能轻松地一口吞下为宜。训练开始阶段，每完成一次动作，就要奖赏一次，以后可逐渐减少，直到不给。在实际训练中，将两种刺激方法结合起来应用，效果会更佳。

2. 条件刺激法

条件刺激包括口令、手势、哨声和铃声等，常用的是口令和手势。口令是训练猫最常用的一种刺激。在训练中，口令要与手势等刺激结合使用，才能使猫对口令形成条件反射。各种口令的音调要有区别，而且每一种口令的音调要前后一致。一般猫愿意接受的音调为中调，故口令以中音为宜。

手势是用手作出一定姿势和形态来指挥猫的一种刺激，在训练中占据着很重要的地位。训练所用手势没有固定的、统一的规定，要靠训练者自己编制。但在编制和运用手势时，应注意各种手势的独立性和易辨性，每种手势要定型，运用要准确，并与日常惯用动作有明显的区别。

3. 强迫

强迫是指训练者利用机械刺激和命令口吻令猫完成规定动作的一种手段。例如训练猫做躺下的动作，训练者在发出"躺下"口令的时候，如果猫没有按照口令去做，这时必须采用威胁音调的口令，同时结合相应的机械刺激，用手将猫按倒，迫使猫躺下。这样重复若干次后，猫渐渐就能形成躺下的条件反射。

4. 诱导

诱导是指训练者用猫爱吃的食物和自身的动作等来诱发做出某一动作的一种手段。例如在发出"来"口令的同时，训练者拿一块猫喜爱的食物在它的面前晃动，但不给猫吃，一边后退，一边不断发出"来"的口令，而猫则会在美味食物的诱惑下跟过来，日久就会形成条件反射。此种方法对小猫最为适宜。

5. 奖励

奖励是为了强化猫的正确动作或巩固已初步形成的条件反射而采取的一种奖赏手段。奖励的方法包括食物、抚爱和夸奖等。奖励和强迫必须结合起来才能真正地发生效用。当猫在强迫下做出规定的动作之后，要立即给予奖励。奖励的条件也要逐渐升级，开始时完成一些简单动作，就可给奖励，但随着训练的深入，要完成一些复杂的动作后，再给奖励。只有这样，才能充分发挥奖励的效能。

6. 惩罚

惩罚是为了阻止猫的不正确动作或异常行为而使用的手段，包括训斥、打骂等。但猫的独立性很强，有时愈是强迫它去做它不愿做的事，它愈是反抗，因此，在训练中要尽量减少惩罚手段的使用，以免使猫对训练产生恐惧或厌倦的感觉和抵触的情绪。

三、训练时应注意的几个问题

1. 训练的最佳年龄

应在猫2～3月龄时开始，这时猫较容易接受训练，并能为今后的提高打下基础，而成年猫训练起来相对来说则困难很多。

2. 掌握好训练的时机

训练猫的最佳时机是在喂食前，因进食的猫愿意与人亲近，愿意与人沟通，食物对猫的诱惑力使训练比较容易。

3. 各种刺激的有机结合

要将各种刺激和手段有机地结合起来，既不要态度强硬，又不能任其随便，要刚柔兼施、宽严结合，但训练某一个动作时，不可采用过多的方式，以免猫无所适从。

4. 态度要和蔼、耐心

猫的独立性格很强，自尊心也很强，不愿听人摆布，所以训练时，态度要和蔼，像是与猫一起玩耍一样。即使做错了事，也不要过多地训斥和惩罚，不然猫对训练有了厌恶性反射，将影响到训练效果。

5. 要循序渐进，不要急于求成

一次只能教一个动作，切不可同时进行几项训练。猫很难一下子学会许多动作，如果总是做不好，也会使猫丧失信心，引起猫的厌烦情绪，给以后的训练带来困难。每次的训练时间应适度，不可太长，不能超过 10min，但每天可多进行几次训练。

6. 训练的环境要保持安静

训练猫时要选择一个安静的场所，以免分散猫的注意力。训练的动作不能太突然，不能发出巨大的响声，因猫对巨响或突如其来的动作非常敏感，这种巨响会把猫吓跑，躲藏起来而不愿接受训练。

第二节　猫的常见科目训练

一、如何训练猫不上床

有许多养猫者，特别是孩子，对猫的喜爱达到了痴迷的程度，甚至每天必须搂着猫才能入睡，殊不知，这是极不卫生的一种有害的养猫方法。要知道猫和人之间有许多可以相互感染的传染病和寄生虫病。如人的许多疾病（流行性出血热、旋毛虫病、肝吸虫病、钱癣等）均可由猫体传播。更为严重的是猫可将弓形虫病传播给人，若孕妇感染此病后常常会发生早产、流产、死胎和畸形胎等，极大地危害母婴的健康。因此，不能因为特别爱猫，就纵容猫上床，一经养成习惯，改起来就很困难。因此，必须从小开始训练猫不上床，让它到自己的私人房间去睡觉。如果猫已养成了上床与主人同睡的习惯，那就应当调教这种不良习惯。纠正的方法是，当猫上床钻入主人被窝时，用手拍打它的臀部，并大声地斥责，将它赶下床。一般来说猫对主人的情绪是非常敏感的，这样反复调教几次，猫也会明白主人的意图，而去自己的私人房间休息，逐渐把坏习惯改过来。

二、如何训练猫到固定地点便溺

猫的清洁是从小养成的，小猫刚会走，就会在母猫的带领及影响下，到固定地点便溺，便溺后还会用土掩埋起来。但若是新买来的小猫刚进家门和一些在原主人家尚未经过训练的猫，它们不知道去哪里便溺更为合适，或者是随着主人乔迁新居改变生活环境而找不到原来的便溺处，因而会到处便溺。对此主人不要横加训斥，要耐心地训练、引导。

具体来说，应把猫的便盆放在一个合适的地方，便盆里面放上砂子，上面再放些带它尿味的砂子。当发现猫焦急不安，做转圈活动时，说明猫该便溺了，此时将猫带到便盆处几次之后，猫就会自己去便盆处便溺了。便盆内的灰渣、砂子等应经常更换，以便保持室内环境卫生。如果发现猫在别处便溺时，切莫殴打、训斥，应耐心地严肃批评它，并将猫头轻轻压到粪尿处，指指粪便，告诉它"不准在此拉"。同时还要带它到放便盆的地方，让它闻闻味。这样经过多次训练后，猫就会到固定地点去便溺。

最好把猫的固定便溺点设在家里的卫生间内。在卫生间给猫准备专用的马桶，以便及时冲洗处理。也可特意为猫准备一块板，搭在坐盆上让猫便溺。这样就不必使用砂子了。

三、对猫进行"来"的训练

在进行这个训练之前，要使猫对自己的名字熟悉起来，训练可采用食物诱导法。先把食物放在固定的地点，嘴里呼唤猫的名字和不断发出"来"的口令。如果猫对此毫无反应或者不感兴趣，就要把食物拿给猫看，引起猫的注意，然后再把食物放到固定的地点，下达"来"的口令，猫若顺从地走过来，就让它吃食，轻轻地抚摸猫的头、背，以示鼓励。当猫对"来"的口令形成比较牢固的反射时，即可开始训练对手势的条件反射。开始时，口里喊"来"的口令，同时向猫招手，以后逐渐只招手不喊口令。当猫能根据手势完成"来"的动作时，要给予奖励。

四、对猫进行打滚训练

打滚对猫来说，易如反掌。小猫之间互相嬉戏玩耍时，常出现打滚的动作，但要听从主人命令来完成打滚的动作，则要经过一番调教。训练猫打滚很简单，让猫站在地板上，训练者在发出"滚"的命令的同时，轻轻将猫按倒并使其打滚。这样反复数次，在人的诱导下，猫便可自行打滚，这时应立即奖给猫一块美味可口的食物，并给予爱抚。以后每完成一次动作就给予一次鼓励，随着动作熟练程度的不断加深，要逐渐减少奖励的次数，如打两个滚给一次，直到最后取消食物奖励。一旦形成条件反射，猫一听到"滚"的命令，就会立即出现打滚的动作。但要注意的是隔一段时间后这种奖励还要重现，以避免这种条件反射的消退。

五、对猫进行"跳环"训练

先将一铁环（或其它环状物体）立着放在地板上，主人和猫同时面对铁环。站在铁环两侧，主人不断地发出"跳"的口令，同时向猫招手，猫偶尔可走过铁环，此时要立即给予食物奖励。但猫如果绕过铁环走过来，不但不能给奖励，还要轻声地训斥。在食物的引诱下，猫便会在主人发出"跳"的口令之后，走过铁环。每走过一次，就要奖励一次。如此反复训练后，形成了条件反射。在没有食物奖励的情况下，猫也会在"跳"的口令声中，走过铁环。当猫有最初条件反射能够接受"跳"的命令后，升高铁环高度，开始不能太高，同样，每跳过一次，都要给食物奖励。如果从铁环下面走过来，就要加以训斥。刚开始，由于铁环升高了，猫可能不敢跳。这时，主人要用食物在铁环内引诱猫，并不断地发出"跳"的口令。猫跳过一次以后，再跳就容易了。最后，在没有食物奖励的情况下，猫也能跳过离地面30～60cm高的铁环，这就是形成了条件反射的缘故。

六、磨爪的训练

在您养猫前,一定要考虑到猫的磨爪行为给您带来的麻烦,在猫爪的肆虐下,家具和房间很快就会体无完肤。考虑到这些,您就要为爱猫准备一个磨爪的场所。

猫爪的前端呈钩状,十分锐利,是猫捕鼠、攀登和自卫的武器。在室外饲养的猫,常见猫用脚爪扒抓树干,并且常在同一树干同一部位上进行扒抓,久而久之,在树干上可见经猫扒抓后留下的明显痕迹。从动物行为学上来看,这一痕迹是猫活动区域(即领地范围)的标记,以此警告其它猫不得入侵;从生理上来看,猫的脚上分泌一种黏稠有味的液体,猫在用脚爪扒抓树过程中,总要把脚上腺体的分泌液涂擦在树干上,这样猫的活动区域就比较容易确定,由于留于树干表面分泌液的气味的吸引,猫总是到同一地方或部位进行扒抓,同时这种分泌物的气味也可阻止其它猫的入侵;再者,如果放任猫爪随意生长,可能因长得太长而刺入脚趾。猫用爪扒抓物体的行为是猫为了生存,与同类竞争的自然需要,而磨爪子是对猫健康有利的一种必要的生活习惯,同时也在这种行为中锻炼自己的脚爪,修整自己的武器,有助于更好地自卫和追捕猎物。

在室内饲养的猫,同样也有扒抓的习惯。如果猫主人没有相应的调教和管理措施,猫便会选用木器家具如床、椅、桌、组合式柜等的棱角边缘作为扒抓地点。这不但影响了室内的整洁,而且还毁坏了家具。了解了猫的这些特点,猫主人可通过调教和训练让猫扒抓木板或柱。这样既满足了猫的自然生理需要,又可避免家具损坏。

供爱猫磨爪子的磨爪板或专供猫用的磨爪木桩,是家庭养猫必备的用具。国外市面上有现成的磨爪板出售,如果添加一点薄荷草,猫咪一定更乐意在上面磨爪子了。国内市场尚无成品的磨爪板,但可自制或用木柱代替。即使将猫养在室外,为防止房屋受到伤害,准备一块磨爪板或木柱也十分必要。

对猫扒抓磨爪板或木柱的训练,必须从小做起。其方法是:将磨爪板或木柱放于猫最易看见的地方(如猫窝附近),开始时可水平放置木柱,以利于小猫爬上爬下,任其自由寻找它愿意扒抓的部位。若小猫不扒抓,训练者或主人可用手轻轻地下压其头部,强迫它扒抓磨爪板或木柱,但动作一定要轻。猫扒抓磨爪板或木柱以后,将脚上腺体分泌液涂擦在扒抓部位。由于分泌液气味的吸引,猫会继续到磨爪板或木柱上扒抓,这样形成习惯后,可防止猫扒抓家具。

猫在睡醒后,常为了活动一下前肢和脚爪而在睡觉处(如猫窝)的周围物体上进行扒抓。因此,调教时应尽量将木柱或木板放在猫窝附近,木柱或木板的大小应适中。开始时,木板的宽度为10~20cm,长度为30~37cm即可,随着猫的生长发育,应适当增加木板的宽度和长度。

而木板或木柱的材质坚硬与否对调教能否成功起着十分重要的作用。猫喜欢扒抓那些质地坚实的木质材料,而那些质地疏松的木板或木柱对猫无多大吸引力。实践证明,猫很喜欢扒抓地毯。在木板或木柱上面包裹一层地毯,对猫有很大的吸引力,但应注意,在猫抓破了地毯后,不要再更换地毯,因为猫总是喜欢扒抓它以前扒抓过的物品。当猫养成了扒抓木板或木柱的习惯后,可将木板或木柱固定于猫窝附近的墙壁上。这样有利于房间的整洁和美观。如果发现猫把爪子放在家具上时,应给予严厉的斥责。使用喷雾剂来训练，效果也很显著，但使用过量会造成屋内的恶臭。当猫正确使用磨爪板或磨爪桩时，应立即加以称赞。

七、纠正猫的夜游性

猫有昼伏夜出的习性，白天活动较少，而夜间却非常活跃。如果任其夜间到处游荡，难免在捕鼠、交配和厮打过程中受到伤害或者身体弄得很脏，对猫的健康和居住环境的卫生都有影响。夜里在外游荡的猫往往野性很强，不好饲养管理。如果带回传染病，还可能殃及主人的健康，因此，家庭养猫不能任其夜游。

纠正猫的夜游性必须从小做起。开始时要用笼子驯养，白天放出，在室内活动，但绝不能放出户外，晚间再捉回笼内。时间一久，就会形成习惯，即使去掉笼子，夜间也不会去户外活动。

八、训练猫不吃死鼠

死鼠通常是吃了鼠药被毒死的，猫吃后会造成继发性中毒。死鼠也可能腐败变质或染有病菌，致使猫吃死鼠后感染病菌。每年都有相当数量的猫，因吃死鼠中毒而死亡。

不让猫到处乱跑，使猫没有机会接触到死鼠是防止猫吃死鼠中毒的有效方法。如果看到猫叼回死鼠，要立刻夺下，它想吃，就用小棍轻打猫的嘴巴，不准它吃。隔几小时之后，再把死鼠放到猫的嘴边，如果猫还想吃，就再打它的嘴并严厉地斥责它。这样几次以后，猫会形成条件反射怕被惩罚，因此，猫再看到死鼠就不敢吃了。

九、纠正异食癖

异食癖，主要表现为摄取正常食物以外的物质，属于一种非正常的摄食行为。比如舔吮、咀嚼毛袜、毛线衫等绒毛性衣物，或主人不在场时偷食室内盆栽植物等，并且恶癖成性，时常发生。

纠正异食癖的有效方法为惊吓惩罚或使其产生厌恶条件反射，如可用捕鼠器、喷水枪等恐吓。将捕鼠器倒置（以防夹着猫）在绒线衣物或植物旁，当猫触及捕鼠器时，捕鼠器由于弹簧的作用，会自动弹起来发出劈啪声，将猫吓跑。也可以手握水枪站在隐蔽处，见猫有异常摄食行为时立即向其喷水，猫受到突然袭击后会马上逃走。这样经过若干次训练以后，猫会形成条件反射，改掉异食癖。另外，猫对异味十分敏感，也可用一些猫比较敏感的气味物质（如除臭剂、来苏尔）涂在衣物或植物上，猫接近这些物品时，由于厌恶这种气味而逃走，几次后即可纠正其异食癖。

十、衔物训练

猫聪明伶俐，经过训练后，也能够像犬一样，为主人叼回一些小物品。此项训练比较复杂，应当分两步进行：

先进行基本训练。在训练前先给猫戴上项圈，以控制猫的行动，并选择安静的环境和容易引起猫兴趣的被衔物品。训练时，一只手牵着项圈，另一只手则拿着令猫衔叼的物品，如绒球、塑料小玩具等，一边发出"咪咪，衔"的口令，一边在猫面前晃动所拿物品，然后将物品强行塞入猫的口腔内，当猫衔住物品时，立即发出"好"的口令并且抚摸猫的头作为奖励。

接着训练猫吐出被衔物。发出"吐"的口令，当猫有吐出物品的行动时，立刻重复发出"咪咪，吐"的口令，当猫吐出物品后，应以食物予以奖励。如果发出"吐"的口令后，猫没有任何行动的话，再重复发出口令，还是没有吐的行动，就得用手将物品从猫嘴中强行拿出来，这时也要给予抚摸奖励。

经过多次"衔"、"吐"的训练后，猫对这两种口令有了记忆，能够按口令"衔"、"吐"物品时，就应进行下步训练。

这是一个整套动作的训练。训练时，主人拿着被衔物品在猫的面前晃动，引起猫的注意，然后再将此物品抛出几米远的地方，对猫发出"咪咪，衔"的口令，再用手指向物品，令猫前去衔取。如果不去，这时主人则应牵引猫前去，并重复发出"咪咪，衔"的口令，并指向物品。重复几次后，猫便能够去衔主人抛出去的物品，然后发出"咪咪，来"的口令，猫会回到主人身边。然后，再发出口令，让猫吐出被衔物品，猫执行命令吐出物品后，应立即给予食物奖励。这样经过多次的训练，猫就能熟练掌握这套动作，叼回主人所抛出的物品。以后还应重复训练。

十一、躺下、站立的训练

训练猫躺下和站立的动作时，应在猫处于站立的状态下，由主人发出"躺下"的口令，同时用手将猫按倒，强迫猫躺下，然后再发出"起来"的口令，松开手让猫自动站立起来。猫每完成一次动作后，主人应对其奖励，以刺激其对此动作形成条件反射。开始训练时，当猫躺下后可让它立即站起来。待猫对口令形成一定的条件反射后，就应训练猫延长躺下的时间。如此重复几次后，随着训练时间的延长，猫就会对"躺下"和"起来"形成比较牢固的条件反射。隔一段时间后，再加以训练，条件反射会更牢固。

十二、散步训练

在训练猫散步之前，首先给猫戴上项圈。项圈大小应适中，宽松程度能伸入两个手指为宜，以轻而结实为好。猫对项圈习惯后，再拴上绳子在室内转几圈，开始时间不要过长，15min为好，然后逐渐延长时间。经过一周后，猫对绳子熟悉了，便可扯着绳子带猫散步。

散步时要轻轻地拉，用绳子引导其前进，时间不要太长，千万不要强迫其跟着走。训练中应不断地说"好"，并进行表扬。到户外散步，要选择人车较少、安静的地方进行，以保证人和猫的安全。

十三、"再见"的训练

对猫的"再见"训练最好在猫空腹时进行,否则由于它的进食欲望得到满足,往往难见成效。

首先,教它学会抬手(爪)。在左手指尖上蘸些猫喜欢吃的食物(如干酪等),抬起右手并发出"再见"的口令,用右手轻轻地握着猫的一只脚,在保持状态不变的情况下,给予左手的干酪,教它学会抬手。就这样每天教育数次,每次 5min 左右,直到一说到"再见",猫就能自动地伸出爪来,成为自觉的行动。训练的过程中,每成功地完成一次应给予表扬,以刺激其保持条件反射。

其次,教它学会"拜拜"——摆手。能够完全做到抬手时,再教给它一边摆动爪子,一边听主人说"拜拜"。左手拿着干酪,发出"拜拜"的口令,待猫抬起一只爪时,立即俯身握住猫的爪左右摆动,同时重复"拜拜"的口令,每做完一次,就给它一次奖赏。开始使用干酪,以后逐渐改变用抚摸的方式。经过训练后,形成条件反射,待到一听见口令就能"拜拜"时,说明这种条件反射已经建立,但不要就此停止训练,以强化已经建立起来的固有的条件反射。

十四、"建立友情"的训练

有效地训练和管理好猫的重要条件是猫主人与猫建立亲善友好的关系,良好的友善关系是猫对主人信任和依恋的基础。虽然猫不像犬那样先天具有对主人忠诚且易于驯服的特性,但猫主人可通过在日常的饲养管理和散步、嬉戏时,让猫建立起对主人的信任与依恋。

人与猫接触的第一天开始就要训练培养同猫建立良好的友善关系,并在日常接触过程中不断地加以巩固。在训练的过程中对条件性刺激和非条件性刺激的使用要特别注意。

猫主人一出现,猫就腻在主人的脚下、身旁,用头、身体蹭主人把身上的特殊气味蹭在主人的身上,表示它想把主人占为己有,这是猫对主人亲热的表现。

当主人轻唤其名字时,尾巴稍稍摆动作为回答,这一点与犬不同。犬见了主人,则尾巴不停地摆动表示欢迎,若猫出现此情况则不是高兴的信号。

猫见主人后,突然四爪朝天,在主人眼前翻身,露出整个腹部,表示无所防卫,意思是:"来!过来,和我玩吧。"用鼻子碰碰或不断地摩擦,或用舌头舔,是猫在打招呼。和人类握手打招呼一样,是表示友好的意思。

第三节 猫异常行为的纠正

一、训练猫与其它小动物和平相处

有的人很喜欢饲养小动物,如猫、犬、鸟、鱼等。但因一般家庭住房面积有限,因此不可能给这些小动物单独的活动场所，即与人混同于一个环境中生活。在这些动物中猫善于攀高，好奇心强、有善于捕捉小动物的习性，所以对猫应严加管教，使其在家庭里养成好的生活习惯，大家和平相处。

猫对金鱼、小鸟、小鸡等这些活的小动物十分感兴趣。当它看到在鱼缸中慢悠悠来回游动的小金鱼、在笼中扑愣愣扇动翅膀或是跳上跳下的小鸟时，就会引起它极大的兴趣和好奇。即使原本没有吃的打算，看久了也会不知不觉地伸出带钩的爪子。因此，当猫靠近鱼缸或鸟笼时，就应该用小木棍打它的爪子，并斥责它，以示惩罚。一般听话的猫被训斥几次以后，就不再靠近鱼缸和鸟笼了，即使它仍紧紧地盯着，也不会出手。

但是大部分的猫，即使主人严厉地训斥它几次，也不会放弃这种有趣的玩耍。当主人瞪大眼睛看着并斥责它时，它会闭上眼睛，表示服从；如果主人稍把眼光离开或是转身去做别的事时，它就会飞奔过去。为了有效地防止猫袭击这些小动物，最好是将金鱼缸用金属网罩上，把鸟笼挂在天花板或吊在猫不易攀到的地方。

训练成年猫不袭击小动物是困难的，因为它在猫妈妈那里学到了这种捕捉的本领。而对于幼猫来说，训练起来会相对容易一些。

有的人既养犬又养猫，在这种情况下，主人会担心猫因为身材小遭到犬的攻击。猫害怕攻击，但在遭到犬的攻击时也会伸出爪子把犬的眼睛抓伤。为了不使猫和犬反目成仇互相伤害，给主人带来烦恼，在刚开始时，主人就应抱着猫，让猫和犬一点一点地接触，让它们亲近，相互适应，使它们了解各自的脾气。经过一段时间的接触后，猫和犬就会和平相处了。

二、异常母性行为的纠正

猫正常的母性行为包括哺乳、舔舐仔猫头部、躯体、找回跑出产窝外的仔猫等。如母猫缺乏母性，则可造成母猫产后出现异常行为。

这种异常母性行为常常表现在仔猫体表不洁，母猫远离仔猫或仔猫在产窝外停留时间较长；母猫长时间不回产窝哺乳，造成仔猫为寻找乳头而离开产窝，时间一长，则可使仔猫体温下降而死亡等。

这种异常的母性行为应采取以下措施预防：

① 临产前3天，将母猫放产窝饲养，以使其适应产窝的环境。

② 适当在产窝中放一些毛毯、棉衣等物，以使产窝环境舒适并注意调节产窝温度。在夏季，产窝应设在通风凉爽处；在冬季，产窝应设在温暖无风处。

③ 母猫产仔后，主人应注意观察母猫有无异常行为。若发现母猫不哺乳，应仔细检查母猫的乳房是否红肿，并及时请兽医诊治。

母猫产后有将自己的仔猫吃掉的异常行为。青年母猫和老年母猫均有这种异常行为发生，这种行为多发生在一窝产仔数较多时。具体的防止办法是：多给产仔母猫饲喂富含蛋白质的食物，如鱼类、猪肉等；同时，在母猫产仔时精心护理，保持环境安静，避免惊吓母猫。

三、异常攻击行为的纠正

家猫一般不攻击除鼠以外的动物和人，但当其它猫进入它的领地时，它就会发起攻击，这称为领域性攻击行为；猫疼痛时，也会发动攻击，如受到打击或其它刺激等导致疼痛，这称之为疼痛性攻击行为。以上这两种行为均为正常攻击行为。

猫的异常攻击行为有雄性间争斗行为、恐惧性攻击行为和宠爱性攻击行为三种。

1. 雄性间争斗行为

一般是在雄猫长到 1 岁左右时，相互间抓扑或撕咬对方。防止办法是给公猫皮下或肌肉注射甲地孕酮以终止争斗。也可以给公猫去势，一般去势后数天或数月后，雄性间争斗行为即自行终止。

2. 恐惧性攻击行为

一般是在陌生人来访，猫突然受到惊吓或受到主人打击时发生的攻击。多发生在神经敏感或胆小的猫身上，防止方法是消除这些不安定因素，并喂些它喜食的食物，轻轻抚摸它。当猫安静下来、不再害怕时，这种攻击行为也就自动终止了。如果症状较严重，可以给猫口服安定，每日 3 次，每次每千克体重喂 1~2mg，一般需持续 7 天左右。

3. 宠爱性攻击行为

多发生在雄猫身上，由于受到主人的过分宠爱，雄猫在主人毫无防备的情况下，咬伤或抓伤主人。防止方法是避免过分宠爱猫的行为。

四、异常性行为的纠正

异常性行为的表现有公猫异常交配、交配不成功或母猫拒绝交配，去势公猫或未去势公猫自行爬跨其它公猫，或强行与未发情的母猫交配，而母猫表现为反抗或躲闪等。

纠正方法：

（1）用水枪向猫喷水　每当发现猫出现异常交配表现时，就立即用水枪向猫喷水。猫受到水袭击后，立即逃走，8~10 次后，便可纠正猫的异常交配行为。但应注意，养猫者应在隐蔽处，不要让病猫觉察到用水枪喷水是人为的。

（2）孕酮　可选用甲孕酮或甲地孕酮注射，治疗猫的异常性行为。

（3）让公猫提前熟悉交配地点　有时公猫不愿与母猫交配，是由于公猫对交配的环境不熟悉或感到不舒适引起的。应在交配前 1~2h 让公猫到交配地点熟悉环境，消除紧张。

（4）拔掉阴茎上的毛环　有的病猫不能将阴茎插入阴道内是由于公猫阴茎龟头上覆盖有上皮乳头，在上皮乳头上聚集有许多毛发，主要来源于包皮上的阴毛或当勃起阴茎与母猫会阴部摩擦时沾上了母猫的被毛。治疗时，先将公猫固定好，将包皮向下外翻，使龟头充分暴露，将裹绕于龟头上的毛用小镊子轻轻拔掉。拔完毛后，公猫即可进行正常的交配活动。

（5）种公猫的交配训练　对种用的公猫或交配不成功的公猫可采取交配训练的方法进行治疗。其训练过程是：为公猫专门提供一个交配场所，先让公猫适应环境，几分钟后，再将发情母猫放于同一场所。可允许公猫与母猫连续交配几次。公猫在初次交配时，一般需要 30min 至几个小时后才与母猫交配。但训练交配几周以后，与母猫交配的时间可缩短至 15min 或更短的时间。应注意的是，在训练公猫的交配行为时必须用发情母猫。

当公猫前来与发情母猫交配时，母猫逃走或向公猫发起攻击。治疗方法为：

（1）固定母猫　先将母猫固定后，使母猫处于蹲伏位置，以有利于公猫顺利进行爬跨、交配。公猫大多愿意与固定好的母猫交配。

（2）让猫提前熟悉交配地点　先将公猫、母猫放于一个较为干净、安静的环境，让它们彼此熟悉后，母猫也许会让公猫交配。

五、异常捕食行为的纠正

猫常好捕捉主人和邻居家中散养的鸡、兔或笼养鸟，为了避免这一行为的发生，可对猫采取如下措施：

（1）在猫脖颈部拴系一个响铃，当猫捕捉鸡、兔或鸟时铃便发出响声，这样被捕动物听到响铃声会提高警惕，逃走，减少损失。同时，铃响后也可提醒主人前去制止猫的异常捕食行为。

（2）用水枪惩罚。当看到猫捕食鸡、鸟、兔时，立即用水枪向猫喷水，连续惩罚几次，即可制止猫的异常行为。

（3）在猫的鼻端涂上香水或除臭剂，连续3天，每日1次。同时，在鸟笼或兔笼上喷洒同样的液体。猫对这种特殊气味很厌恶，可避免其再去捕食小动物。

六、对主人攻击行为的纠正

猫主人如果对猫有过分宠爱的行为，如让猫上床睡觉，常把猫抱在怀中，主人吃饭时经常挑鱼、肉喂它，时间久了，猫可能偶尔突然攻击主人，而主人常由于没有防备而被猫抓伤或咬伤，甚至在夜间正睡觉时，猫突然抓伤主人的脸或咬伤手。在这种情况下，主人应终止对猫的过分宠爱行为甚至几天或一周不理睬它，而且要严厉训斥猫的攻击行为。对行为严重的公猫，应立即皮下注射甲孕酮进行治疗。

七、逃走行为的纠正

猫的逃走行为表现为，经常外出不归或长时间在外停留。若猫有此行为时，应在猫脖颈部拴系一条项圈，系一条长绳子拴在室外饲养，每日半天，1周后再拴到室内饲养，2周后可去掉拴系的绳子。也可对猫进行惩罚，用报纸卷成筒对猫进行拍打训斥。

复习思考

1. 猫的基本训练方法有哪些？
2. 猫在训练过程中有哪些注意事项？
3. 如何训练猫的大小便？
4. 如何训练猫的磨爪，来保护家里的沙发和床单？
5. 如何训练猫和朋友打招呼、再见？

第八章　观赏鸟的驯导

知识目标：通过学习，了解掌握观赏鸟的训练基础知识、驯导的方法，为进行观赏鸟的驯导打下知识基础。理解观赏鸟的鸣叫和放飞的基本方法和目的，能够掌握简单驯鸟时常见问题的产生原因及改善方法，激发学生学习驯导鸟的热情。

能力目标：通过学习和驯导练习，学生了解、掌握观赏鸟的一个或两个驯导项目，能够进行一些相应的驯导练习。可以学会对常见鸟类（如百灵、鸽子和八哥等）的驯导。

第一节　观赏鸟的基础训练

鸟类本身已经具备了鸣唱等天赋，养鸟可以给人们带来很多乐趣。但是随着人们欣赏水平的提高，自然状态下鸟的技艺已经不能满足人们欣赏的要求，人们通过训练可以提高鸟的本领，实现欣赏的诸多要求。实践证明，只要我们精心地选择鸟的品种、性别和把握适时的训练时机，利用正确的训练方法，就完全可以得到歌声优美、技艺高超的优秀观赏鸟。

一、驯鸟的基本要求

1. 熟悉鸟性、以鸟为友

要训练好鸟，首先要熟悉鸟的生活习性、生理特点、鸟的体能和智力情况。刚刚捕获的或刚购入的鸟并不认识主人，只有利用喂养时不断呼唤鸟名才能通过熟悉你的声音来认识。其次，驯鸟必须以养鸟为基础，只有在养的过程中与其建立友好的感情，鸟才能听你的话、才能取得鸟的信赖。

通常的做法是让鸟在你的手中吃食，在鸟吃食的同时，用手轻轻地从头颈到尾抚爱，并亲自给鸟洗澡、治病等。鸟一旦对主人产生了依恋和信任，各种技艺的训练就会事半功倍。

2. 准确选择、因材施教

鸟的种类千差万别，有的温顺、有的粗野，有的聪明、有的迟钝，有的善于歌唱、有的善于学舌，有的善于飞行、有的善于捕猎。所以驯鸟前必须按照训练的目的认真地选择，在此基础上因材施教才能取得效果。

就选材而言，理想的鸟通常是头大喙薄、眼大机敏，条身长、身体壮，羽毛细、轻、薄，尾并拢成一条直线，两翅的尾部交叉；站立时抬头、挺胸、收腹，尾巴夹紧，常东张西望。

驯鸟者必须根据鸟的形态、习惯和特长，做到扬长避短、因势利导，最终的目的是"鸟尽其才"。如让舌短而软的鸟学说唱，让猛禽学捕猎，利用鹦鹉嘴的钩和脚能握物的特点训练其爬梯子，利用蜡嘴的大嘴练高空衔物，利用交嘴啄交叉的特点接核桃等。

3. 先易后难、循序渐进

驯鸟必须在做好以上两项的基础上先易后难、循序渐进。如开始先让其熟悉安静的环境，再到人声较小的环境，最后到更复杂的地方；先进行基本技能训练，巩固后再进行特殊技能训练；放飞先近后远，先单方向后多方向等。

二、驯鸟的主要手段

有些种类的观赏鸟不能在人工饲养下繁殖，必须从野生捕获饲养。如何使刚捕获的野鸟尽快地适应新的生活环境，并逐渐与饲养者相处好，这是每个笼鸟爱好者必须掌握的基础知识与技能。

刚捕获的鸟必须按鸟的习性、年龄、健康状况，以科学合理、耐心而细致的方法进行驯养，慢慢地调教，经过一个过程，就可被驯服，这个过程也叫服笼。

为了使野鸟尽快适应新的环境，主要的驯养方法有以下几种：

1. 遮蔽饲养

许多野生鸟类在有光的笼中，就会出现恐惧、忧郁，并表现出强烈的烦躁情绪。而在黑暗的环境中则易于安静。因此，首先应该把鸟安置在安静的环境中，并避免强光的刺激，减少鸟的活动量。经过这样的处理能够使不少种类的鸟安定下来。

一般在笼养的情况下，可用一块深色的薄纱巾将鸟笼罩住，暗笼的笼顶还要用黑布或线网做个软顶，以防止野生鸟飞扑窜动时将头部撞坏，然后悬挂于一个僻静处。约经过1周的时间，多数野鸟均可顺利度过初养阶段，此后可以逐步增加环境的亮度，直至正常。

2. 扎翅饲养

刚捕获的鸟，如果初步驯养效果不佳，仍然不停跳跃，烦躁不安，必要时可扎翅饲养。

扎翅饲养法也叫做"捆膀"，仅适于体型较小的食虫鸟类。方法是将两侧初级飞羽（翅膀外侧第1~10根飞羽）的羽端以细线分别扎紧。然后置于暗处或置于带笼衣的笼箱内。

经扎翅的鸟上食后，饲养者需与鸟多接触，使其尽快不畏人。只要饲养得当，饲料相宜，短期内便可拆线，自由活动。

3. 洒浴敛性

新捕获饲养的野鸟,性情很野,可采用给其通体沐浴的方法,使它的野性收敛。即将笼鸟连笼置于浅水盆内,让鸟自己跃入水中,两翼拨水洗浴。沐浴时鸟便因体羽湿重而失去飞撞力量。鸟在羽毛未干之前,会自己梳理羽毛,反复使用此法,会使它慢慢安下心来。此时,饲养者最易接近,但不要使鸟体湿透,体温失散过多。水浴后的鸟要放在避风处,避免受凉。

这种方法不宜连续使用,一般在不得已时采用,而且幼小的鸟类要慎用。必须注意的是,气温低时,不宜采用此法,以防鸟受寒生病,引起感冒或肺炎。

4. 饥饿诱食

家庭驯养生鸟初期,鸟多因紧张惊恐而出现拒食现象,因此可在安抚其平静的同时,细心地诱导其上食。开始时尽可能提供生鸟喜欢吃的饲料。用长竹签挑食,诱其认食,使它采食人工饲养条件下提供的各种饲料。

诱食对硬食鸟是比较容易的。一般可选其喜食的苏子、菜籽、葵花籽等富含脂肪的饲料。待其取食后再逐渐混添些粟、谷等饲料。对于贪食的以食谷类为主的蜡嘴雀、金翅、黄雀等,捕获回来后,先可以暂停喂食,待其十分饥饿时再喂。但一定要注意观察,不能让它们饿死。

对于在野生条件下主要捕食昆虫的软食性鸟类,须选择适宜的昆虫活体,借助于虫体的蠕动来诱发食虫鸟的食欲。如柳莺、黄腹山雀食用黄粉虫;三宝鸟用大黄虫。虫最好用活的,因活虫蠕动会引鸟追啄。小型鸟可将虫体剪开,因整条虫难吞下。等到鸟能在笼内啄食投喂的虫类时,可将剪碎的虫放在蛋粉上(熟蛋拌豆粉)。鸟在啄食虫时能带入部分蛋粉,随后逐渐减少虫类量,增加蛋粉量,最终使其渐渐习惯人工配合饲料。

有条件时可用已经训练熟的笼鸟与其混养,起到带"上食"的作用。捉鸟、卖鸟的人多用此法。

5. 强制填食

饥饿诱食方法仍然无效时,必须进行填食来维持鸟的生命。

在野鸟初养过程中,有时会遇到个别的鸟类或个体,虽经多种方法和多种食物引诱,仍不能使其在 24 h 内开口取食。常有因拒食而体质消瘦的,如不及时采取措施,则可能饿死。在这种情况下必须采取适当的方法进行人工填食。如同人工"填鸭"。

饲养者对拒食鸟采取强制填喂的方法时,先将鸟体及头部固定在左手,用拇指和食指将鸟嘴掰开,将沾湿的食物填入鸟嘴中,随后放开鸟,使其平静后自行吞咽。喂食时要细心、手快;动作轻柔适度,注意不可用力过猛,防止损伤鸟嘴和舌头。

6. 接触饲喂

当鸟经过较短时间的驯养后,野性稍有好转,此时即可用细长竹签喂鸟最喜欢、平时又少喂的食物,如昆虫、软浆果等。直至饲养者直接用手指拈食物,让鸟嘴伸出笼外啄食。

在鸟被扎翅膀期间，应多与鸟接触，接触时人要处处显得友善，切勿动作粗鲁，并以鸟喜欢的食物饲喂，使其尽快地适应新的环境。待鸟不再畏惧人时，鸟已驯熟，就可观其舞、听其歌了。

对于已经驯熟的鸟，要训练其它的技艺，还要采取一些手段。

（1）食物诱导　这是驯鸟的最基本方法，这一方法从训练、表演到竞赛贯穿始终。食物诱导法是利用鸟觅食的本能，使鸟自觉或不自觉地顺从主人的过程，也是巩固条件反射的最佳手段。但实际训练中，常使受训鸟处于半饥饿状态（训练的最佳状态），再根据鸟的表现有赏有罚，才能控制、激励和调动好鸟的学习。

（2）早期训练　"人勤鸟好，贵在训小"。动物心理学家研究表明，动物在出生后不久，有一个关键时期。这个关键时期，如果条件合适，它们就有可能获得某种适应环境的本领和应变能力，并固定下来。

一般而言，多数观赏鸟在1岁时体型基本定型，此时的鸟不但可塑性强，而且能调教完成许多复杂的动作，所以是开始训练的最佳时机。

三、观赏鸟的基础科目训练

驯鸟的科目较多，除了说唱训练以外，鸟还可以进行多种技能的训练。对鸟进行训练时，只有选准受训的对象，才能事半功倍。易训练学习技艺的鸟多为小巧玲珑、轻捷灵巧、机敏活泼。善于表演技艺的鸟主要包括黑头蜡嘴雀、黄尾蜡嘴雀、锡嘴雀、黄雀、大山雀、麻雀、文鸟、芙蓉鸟、太平鸟、画眉、相思鸟、八哥、金翅等。

家庭饲训鸟的调教，首先要从基础训练着手，然后再做技艺项目训练。基础训练大体包括如下一些内容：

1. 出笼

调教鸟出笼，笼鸟需略有饥意，方法是当笼门打开时，主人手持鸟爱吃的虫子或其它鸟爱吃的食物在笼外引诱，同时，在笼外发出出笼的口令，当它出笼时，就奖励它食物；然后，转入笼内引诱，并发出入笼指令，鸟进笼子，立即给食奖励。用这种方法反复训练，使之听主人的指令出笼或进笼。这种训练要在室内进行。房子的门窗应关好，以防止鸟不辞而飞。

2. 上架

调教上架，又叫回叉，是指鸟能在鸟架上或鸟棒上停立栖息。上架饲养的鸟，首先要使它能安静站立在架上或木棒上，脚上或颈上套上"颈扣"。鸟可以在"颈扣"细绳长度的范围内自由飞落。

鸟初套上"颈扣"因不习惯被束缚于架上会感到不适，用嘴咬绳，常挣扎欲逃离，这时可以用水喷湿鸟体，迫使它安定。对特别烦躁而体质又好的鸟用水喷湿后还可将它置于寒风中并不给它饲料，这样经过几次"折磨"，它就会站立在木架或木棒上，习惯安定下来。只有能安定地在木架上生活，才能开始训练表演技艺。

在开始训练的时候，鸟上棒这期间，一定要密切注意看管，一经发现鸟呈"上吊"状时，就要立即用手托鸟重上鸟棒。如无人时可把鸟架放在近地面处。脖绳要短些，以免颈绳缠绕，使鸟窒息而死。

3. 接食

接食，包括接飞食。所谓接食，即让鸟停在鸟棒上，训练者挑落手中之食时，鸟能张嘴而食。所谓接飞食，即当训练者手中之食挑落时，鸟能离棒飞而食之。人离鸟的距离、方向可随鸟的动作熟练的程度而变更。

训练鸟接食和接飞食的方法是：先取走鸟食缸，每次喂食代之以手。鸟在饥饿的状况下一般不大会拒食，它经过犹豫徘徊之后，终将会到你手中啄食。多次下来，鸟便养成了在你手中取食的习惯，会使鸟对手掌倍感亲切。接下去每次喂食时要有意地将手掌来回移动追食。经过多次反复训练，鸟就会顺从训练者的指挥动作了。这以后，人可以离鸟远些，在颈绳范围内，手中握食引鸟来吃，鸟便会随着主人"来"、"去"或"飞"、"回"的口令，飞过来在手中吃食。如果把手握拢，鸟不见食物，又吃不到，就会又飞回到栖架或鸟棒上去。

4. 其它科目

接食、接飞食的连贯动作练熟了，重复训练多次，距离逐渐加大，待距离超过3m后，就可以放开线或链，进行放飞的训练，任其自由来去。

驯鸟较为复杂的科目，包括放飞、空中接物、戴面具、撞钟、提吊桶、升旗、递物衔物、荡秋千、开车、算术算命、开锁、狩猎、竞赛等，而且项目还在不断地增加。

（1）放飞　训练放飞的鸟，事前应有准备，上架饲养放飞、鸟笼饲养放飞和室外放飞三种方法都可以。适宜放飞的鸟有黄雀、朱顶雀、蜡嘴雀、灰文鸟、芙蓉鸟、八哥鸟等。其方法如下：

① 上架饲养放飞法　鸟的主人手心中放些饲料，让鸟啄食，经多次训练后，使鸟形成手中有食的条件反射，这时让鸟啄食几粒后，将手握成拳，多次以后，鸟又形成拳中无食的第二种条件反射。如此重复下去，使鸟见食又得不到食，必有饥饿状态，就会大胆地飞到手上来啄食，啄了几粒后再握掌，这时鸟啄不到食，就会飞回鸟架上。如果采取这种方法，训练之前鸟颈项上需用线拴住，经多次训练后，鸟与笼距离超过1m时，就可以解除鸟的颈项线任其自由来去。

② 鸟笼饲养放飞法　这种方法也很简单，首先笼内食缸不放饲料，使鸟饥饿，然后在竹片上放上鸟爱吃的麻子、苏子等，置于鸟笼缝中伸入给鸟啄食。鸟习惯后，竹片上的饲料转移到笼门口喂食，以后可以打开笼门让鸟站立门上啄食，接着竹片从笼背后伸入，让鸟转头向里。巩固几天后，再让鸟在关闭的房间内飞翔，停止飞翔后，将鸟笼靠近鸟，打开笼门（注意房间门窗关好），竹片上的饲料从笼背伸入，引诱站立鸟进入笼内。反复训练2～4天，鸟就会飞进笼内啄食。但鸟笼不要轻易调换，否则鸟不会飞进笼内的。

③ 室外放飞训练　主人在室外草地、广场把握在手中的鸟扔向天空，鸟会飞翔一圈又回到主人的手中。

准备训练放飞的鸟只，最初宜单只用鸟架饲养，用软索系住脖子，软索另一端系于鸟架上。训练的手段，主要是利用食物的诱惑，故白天鸟只应处于饥饿或半饥饿状态。但每天傍晚须喂给足够的食物，使鸟只晚上能正常休息，第二天才能精神饱满地接受训练。训练时，主人手中托着鸟爱吃的食物，给鸟信号或呼唤鸟的"艺名"，诱使它下架来啄食，随着训练时间延长，逐渐将系脖的软索加长。为了谨慎起见，第二步可在室内训练其出笼来啄食。这时脖子不用套绳索，离笼的距离逐渐增加。当鸟能听从命令，自由上架或进出笼后，可在院内进行短距离试飞。在其飞出一定距离后，及时发信号令其回到手上啄食和进笼，以后逐渐增加飞行的距离和高度。经过这样的逐步训练，鸟与主人建立了感情，并形成了每飞一回就有一顿美餐的条件反射，然后就让其远走高飞。驯熟以后的鸟类，每次放飞时都不能吃饱，每次放飞的时间也不能太长（约15min），否则它对食物失去兴趣，加之大自然的诱惑，就会使它乐而忘返。放飞时，也不能被猫犬吓着，否则会对"家"产生恐惧而不愿回来。

(2) 空中接物　将放飞成功并处于半饥饿状态的鸟放出笼来，主人手中托着食物在鸟只面前来回晃动，诱其前来啄食。经过几次训练后，当鸟飞起前来啄食时，可将食物抛向鸟的头上方，诱它在空中接食。当鸟能在空中接食时，可减少正常饲喂方式，改以这种抛撒喂食为主。而后用大小和重量适当的玻璃球或牛骨制的光滑弹丸代替食物。当鸟接住空中的球弹因吞咽不下而吐出时，即奖励一点食物。反复训练多次后，鸟能熟练准确地接住球弹并送回到主人手中换食，这时可将球弹抛得更高更远，最后可用弹弓射入空中。优秀的鸟只，一次可接取球弹3~4颗，这种训练，是蜡嘴雀的强项。

(3) 提吊桶　对黄雀和锡嘴雀等还可训练其"提吊桶"的技艺。因这一技术要嘴、爪兼用，训练难度比其它技术要大。吊桶不能太大和太重，可用轻质材料制成，并用粗细合适的粗糙麻绳或棉线吊于鸟架或鸟笼的栖木上。训练鸟提吊桶时，在吊桶内放少量鸟爱吃的食物为宜，让它学会从吊桶中啄食。经过几次反复训练后，可将吊桶的绳子放长，使鸟不能轻易啄取到桶内的食物；这时鸟就会在绳索上东啄西啄，当它衔住绳索并把桶提起发现了桶内的食物时，就会想办法用爪将绳子踩在栖木上，再啄取桶内的食物。而后逐渐放长系桶的绳子，鸟慢慢学会一段一段地反复衔起吊桶并踩住绳子。驯熟的鸟，嘴爪配合协调，动作利索，能很快将桶提到所需的位置啄取食物。

(4) 开"锁"取食　一些喜欢吃种子食物的鸟可训练其开"锁"取食的技术。道具是一个透明的上下无底的玻璃方形扁瓶，瓶内隔成多条纵深的管道。每条管道在上下适当的位置钻几个小孔，供插火柴棒或其它小棍（锁栓）用。训练时，在细小的玻璃管道的小孔中插上一根锁栓，将花生米等颗粒食物放在管道内锁栓上方。在突出于玻璃瓶外的锁栓一端黏附苏子等食物，然后诱使半饥饿的鸟啄食黏附在锁栓上的食物。当受训鸟只啄食时把锁栓从小孔中拔出，里面的花生米从玻璃管道内掉落下来，即用之奖励它。当受训鸟只熟悉这一取食过程后，锁栓的外端可不用黏附食物，并逐渐在管道上下小孔中插上一排锁栓，小鸟只有把全部锁栓拔除后，花生米才能掉落下来。也可在玻璃管道内放置玻璃小球，当鸟只拔除锁栓使玻璃球掉落下来后即奖励一点食物。而后逐渐加大鸟的劳动量，在玻璃瓶的每一管道中各放上一个玻璃球，每一条管道都插上一排锁栓，使鸟把全部锁栓拔除，让所有玻璃球掉下来后再奖励食物。这一技艺难度不大，多种笼鸟都可训练。

(5) 拉抽屉找食　在鸟只放飞训练成功的基础上，可进行拉抽屉找食的训练。训练的手段仍然是让其处于半饥饿状态，利用食物奖励使其形成条件反射。"拉抽屉"适于蜡嘴雀和嘴力较大的鸟，抽屉的重量要合适。训练时，用一根细索系住抽屉的拉手，一端系一粒鸟爱吃的食物，然后开笼发出口令，诱使鸟来啄取绳端的食物。经过一段时间的训练后，绳端不系食物，鸟也会叼住绳子用力拉拽，当其每拉开一次抽屉时，就奖励一点食物。而后可将食物放在抽屉里，当鸟拉开抽屉后，发现抽屉里有食物就会自食，慢慢就形成了"拉开抽屉找食吃"的习惯。

(6) 戴面具　供鸟戴的假面具多用银杏外壳制成。将银杏外壳对半切开，清除果肉后，用细金属丝对称系于果壳两边，果壳的外面多画上各种京戏脸谱。训练时，将鸟爱吃的食物置于果壳内，诱鸟啄食，而后将食物粘在果壳的金属丝上，用手势或口令诱鸟啄食，当鸟叼住金属丝把面具衔起时，即奖励一点食物。其后金属丝上不黏附食物，命令鸟叼住金属丝戴上面具，每戴上一次就奖励食物。再后逐渐训练鸟一次活动戴几种不同的面具。戴上面具后的鸟只前来求食时，一纵一跳的姿态十分滑稽，非常有趣。

(7) 叼物换吃　将鸟爱吃的食物粘贴在牌签、纸币、糖果或香烟等物体上或藏在这些物体中，诱使鸟前来啄食。经过一段时间后，在物体中不放食物；当鸟偶尔叼起一件东西时，即奖给一点食物，使它逐渐形成"叼物换吃"的习惯。而后用手势和口令来训练其叼物换吃。驯熟的鸟可在主人命令下为客人送糖送烟，令宾主捧腹大笑。

(8) 鹤舞　鹤类体型优美，姿态娴雅，特别受人喜爱。在人工饲养时，鹤类每逢从饲养棚放出，或天气爽朗、微风轻吹之时，它们都会引颈高歌、翩翩起舞，给人以美的享受。若加以人工驯诱，则可延长它们的起舞时间，并能按信号起舞。训练鹤类跳舞从幼鸟开始，关键是要按信号饲喂，训练时，将鹤引到宽阔的地方玩耍，待其饥饿后，一边模仿亲鸟呼唤雏鸟的声音，一边鼓掌并抛撒食物，幼鹤即鼓翼鸣叫奔来觅食，群鹤齐动，场面甚为壮观。待幼鹤长大后，只要一听到鼓掌声，就会翩翩起舞，这时可向它们投些芦苇和草茎等为其助兴，以延长其跳舞和鸣唱的时间。

(9) 黄雀撞钟　黄雀撞钟是利用笼鸟啄食钟槌上的饲料，而推动钟槌撞击钟。钟可悬挂于笼外，钟槌悬在笼内，一半伸出笼外靠近钟，钟槌可以收起或放下，以控制笼鸟的撞击。

训练时，在笼内的钟槌顶端上挖一个小孔，孔径与所喂饲料一般大小，饲料用麻籽或苏子。训练时将饲料放入钟槌的小孔内，让鸟啄食，由于啄食而将钟槌推向前，撞在钟上，发出声响。这时可再奖励一只它喜欢吃的昆虫，再撞再奖励，久而久之，笼鸟就会形成啄食钟槌就有饲料吃的条件反射。平时将钟槌收起来，表演时放下钟槌，笼鸟见后就会立即猛啄钟槌而击响钟。

(10) 升旗　进行升旗这一技艺的训练，首先要设计一个用手表演的专用旗杆。在旗杆的上、下方各安装一个滑轮，用一根绳子穿过上下滑轮并与旗相连。旗杆固定于地面的盒子内。

训练时，必须让鸟处于饥饿状态。在放有旗和绳子的附近地面上撒少量鸟喜爱的食物，当鸟在寻找食物过程中会无意中衔到绳子，应立即喂鸟几粒爱吃的食物以示奖励。经过多次训练便可建立条件反射：只要拉动绳子，就会有喜爱的食物吃。

待这样一种动作已经熟练后，就可继续训练鸟拉动绳子的积极性。但不能马上给饲料奖励，而应在鸟拉动几次绳子后才喂给喜爱的食物作为奖励。直到最后当鸟把旗升到旗杆的顶部时，才给鸟食物以作为奖励。

(11) 荡秋千　荡秋千这一技艺的训练，是在鸟饥饿时，用饲料引诱它在秋千上站立。拿饲料的手要与鸟保持一定的距离，使鸟站在秋千架上不能吃到食物。每次喂饲料时，训练者都要轻轻地摇晃秋千架，手拿着鸟喜爱的食物，引诱鸟前来啄食。

这时，训练者右手指向拿饲料的手，示意鸟啄食饲料，由于鸟正处于饥饿状态，它必然会伸长脖子用力把头伸向训练者有饲料的一边来啄食。这时就会带动秋千摇晃起来。每当秋千摇动时，都要立即给鸟进行食物奖励。

经过不断的训练，鸟就会习惯于这种摇晃。当秋千摇晃起来时，训练者应把饲料置于鸟的另外一边，按同样的方法使鸟把头伸向有饲料的一边来啄食。这样交替把食物分别置于鸟的左右两边，鸟也跟着把头左右摇摆起来，同时带动秋千左右晃动，看起来就好像是鸟在荡秋千。要注意鸟的条件反射。

(12) 训练鸟狩猎　能训练狩猎的鸟，在我国主要有灰伯劳、苍鹰、雀鹰。狩猎鸟均较凶猛、强悍，体质强健，耐饥饿，因而训练时不仅要使其饥饿，还要使其疲劳，故有"熬鹰"之说。一般连续7天不使其休息，并常填喂麻团，以便"刮油"，为防止饥饿过度，每天喂一些用水泡过的瘦肉条（水白肉）。到第7天时，鹰已是无精打采了，又十分饥饿，这时见到猎物会不顾一切地扑去，抓到后也顾不得飞跑，主人喂给一点猎物带血的鲜肉，就又回到主人臂上继续"服役"了。

(13) 手玩鸟训练　手玩鸟是经过训练后能够立于人手或与人玩耍的鸟。一只对环境已完全熟悉的手玩鸟能听懂主人的号令，它可以在手掌上取食，在肩膀上逗留，片刻不离主人左右，所表现出的动作惹人喜爱。

用于训练手玩鸟的种类一般有白腰文鸟、芙蓉鸟、珍珠鸟、虎皮鹦鹉和牡丹鹦鹉等。这些鸟不仅羽色艳丽、体态优美，而且易于繁殖，很适合初学者饲养。对于初学养鸟的人来说，还可以通过训练鸟的手玩，逐步掌握养鸟的规律，提高养鸟的兴趣。

具体训练方法：必须从雏鸟开始，饲养者可以在手上喂养，让它啄食；在进食前后，要有一定的时间与它游戏，一边同它玩一边给它吃的，轻轻地抚摸鸟的脖子，逐渐克服鸟对人的恐惧感，增加与小鸟的感情，与鸟交朋友。

采取食物控制，是驯鸟的较好方法。通常是选择清晨鸟空腹的时候，投些好食料喂它，但一次不要喂得太饱。这样把鸟喜欢吃的食物用手一点点地喂，多次引诱其活动，使其形成条件反射。

应该有规律地放鸟，每天要把小鸟从笼子里放出来1～1.5h，让它运动。即使挤不出长时间，哪怕很短一会儿时间也没有关系，要耐心、细致，决不可性急。这样就可以将鸟逐渐养成功。

白腰文鸟羽色并不十分鲜艳，但容易饲养，又能人工繁殖，而且可以教其技艺，所以非常适合驯养成手玩鸟。驯养方法是将15天左右的雏鸟从巢中取出，将小米面、青菜汁和牡蛎粉加水调和。长大后逐步增加喂食时间间隔，每天从笼子中引出逗玩，使其养成不怕人的习惯。

虎皮鹦鹉是适应室内饲养的一种玩赏鸟，要从小开始进行调教。选用12～13天的雏鸟进行调教（成鸟也可以），可放在手上进行饲喂，同时用食物引诱它们，并辅以吹哨声，时间一长便可形成条件反射。训练熟了，就可以无拘无束地在人的手上或肩上玩耍，还可以在两人之间飞来飞去，表演一些简单的技艺。笼内应设置栖木、吊环、小型游艺设备供鸟玩耍，可训练爬梯子、翻筋斗、钻圈、走钢丝等技艺。

第二节　观赏鸟的鸣唱与说话训练

一、简介

鸣唱是各种鸣禽的本能和天性，但要使鸟的鸣唱更加悠扬，音调和节奏更加条理有序，则必须经过反复的训练才行。

鸣唱通常是在性激素控制下产生的响亮而富于变化的多音节连续旋律。有些种类的鸣唱非常婉转悠扬。繁殖期由雄鸟发出的婉转多变的叫声即是典型的鸣唱。鸣唱是占区鸟类用于划分和保卫领域，宣告此地已被占据，警告同种雄鸟不得进入，并以此吸引雌鸟前来配对的重要方式。

鸟类鸣唱与鸣叫是有所不同的。鸣唱所发出的"歌声"比鸣叫声更复杂多变，大多发生在春夏繁殖期间，通常由雄鸟发出。而鸣叫则不受性激素控制，雌雄两性都能发出，通常是短促单调的声音，鸣叫发出的声音有很多含义，用于个体间的联络和通报危险信息等活动，大致可分为呼唤、警戒、惊叫、恫吓四大类型。

以鸣唱闻名的鸟类很多，如百灵、画眉、芙蓉鸟、云雀、蓝点颏、绣眼等，它们大多体型较小。不同品种鸟的鸣唱也各有不同，有的鸟鸣唱时间很长，可达数分钟，有的则极短，仅几秒钟。而有的鸟鸣声之间的间隔很长。

鸣唱训练最好选择当年羽毛已长齐的雄性幼鸟（老鸟的叫声已定，反应迟钝，无训练价值），采取定时间、定环境的不间断训练。定时间最好是在笼鸟精力充沛的清晨；定环境指在无惊扰的、草繁花茂的安静场所。接受训练的鸟最宜采用单笼饲养，而且要雌雄分养。

训练的方法主要有两种，即带教和遛鸟。

1. 带教

找一个安静的场所和已调教好的鸟或别的动物，采取两笼并悬的办法，在训练时罩上笼衣，已调教好的鸟或别的动物领叫，幼鸟在密罩的笼内洗耳恭听。也可用录音机播放鸣叫声代替调教好的鸟，每天不间断地训练。聪明的鸟1周就可以见效，多数鸟在几周至几个月就能学会多种鸣叫声，并且能有序地连续鸣唱，还能学会一些简单的歌曲。

2. 遛鸟

为了使鸟叫得"冲"，需要遛鸟。鸟越遛会越欢快，鸣唱也就越好。遛鸟指主人每天清晨或傍晚携带鸟笼去室外游逛，到公园、街头绿化地带等处走走。一是让鸟接近清新优美的自然环境，呼吸新鲜空气，激发鸟鸣叫的兴奋欲；二是让鸟"压口"，学别的笼鸟和野鸟的鸣声，增添自己鸣唱的韵味。

遛鸟时应把粪托底板去掉，遛鸟人的步伐要稳，鸟笼尽量减少倾斜，到达某处后将鸟笼挂于幽静处，使其倾听野鸟鸣叫或自己鸣唱。对于每天上班工作无暇遛鸟人来说，则可以先把鸟笼挂在低暗处，待下班后，再挂至高处、亮处，这样也可以刺激鸟的鸣叫欲。

在鸟学鸣叫时，也难免学会一些"脏口"。当鸟有"脏口"时，应及时纠正，其方法是：当鸟鸣叫到"脏口"时，用筷子、手势或声音提醒它，阻止它继续鸣唱这个句子，如此反复进行不间断的纠正，一般都可让鸟忘记"脏口"。

二、观赏鸟不鸣叫的原因

以悦耳声音鸣叫的鸟，突然停止了鸣叫，原因可能有以下几点：

（1）精神紧张　受到猫和老鼠的侵袭，精神受到了极大的威胁。这时应该把笼子覆盖起来，让小鸟能够好好镇定下来。

（2）老化　一般鸟龄在10年以上的小鸟，到最后会停止鸣叫。

（3）疾病　患感冒等疾病的小鸟，会停止鸣叫。最好为它预备一个健康测量用的温度计。

（4）发情休止期　在发情休止期这段时间通常都不鸣叫。

三、训练鸟说话

在动物界中，几乎只有鸟类（尤其是鸣禽）能够模仿同类之间的声音或其它动物叫声，而可以模仿人说话只有少数几种。在能学人语的鸟中，具有学会人语潜能的鸟有八哥、鹩哥及某些鹦鹉。能仿效人语的鸟也并不是每只都能调教出好成绩的。由于个体的差异，常会效果不一，故要对准备教学的鸟进行挑选。

一般要选取当年羽毛已长齐的幼鸟，老鸟因反应迟钝不作教学对象。在教学前要使鸟在笼内或架上能安定地生活，不易受惊并很驯服，愿意接受主人抚摸或靠近，并能直接从主人手上接食。

教时也要选择安静的环境，在每天清晨、空腹时最好，边教边投以少量的食物（先发出要教的声音信号，学上后即给最喜食的食物）。开始时把鸟平时喜欢吃的食物用手拿着喂它，并先给声音信号（呼名、打口哨），达到人一叫，鸟就有反应的程度。

所教的语言应先简后繁，音阶由少至多。开始时最好选"你好"、"再见"等简单的短句，教授时必须口齿清晰、发音缓慢，一句话最少要坚持1周左右，学会后还要巩固3～5天，然后才能开始第二句的学习。比较聪明的鸟在学成一组语言后，还可以教简单的歌谣。鸟开始学第一句话时，很难开口，一旦学会第一句，以后就容易了。

训练鸟说话的方法还有许多。如用录音机反复放一句话，让鸟对着镜子或对着水盆学习，或由会说话的鸟带着学等效果会更好。

目前，市售的训鸟录音带如《金喉玉口》、《鹩哥、八哥学话》等。这些录音带声音好、背景音乐自然优美，不仅可以速成训鸟，而且可以激发成鸟的鸣唱，效果很好。

四、几种观赏鸟的鸣唱与说话训练

1. 百灵鸟的鸣唱技艺训练

百灵鸟是以鸣唱为目的的观赏鸟,养鸟爱好者一般都在 5 月底至 8 月份购买雏鸟。从雏鸟开始喂养的百灵鸟,容易饲养,不怕人,易上口,易驯,性情温顺,适应能力强,学其它鸟叫或压口都比成鸟容易得多。

培养百灵鸟鸣叫是很费工夫的。幼鸟绒羽一掉完,雄鸟喉部就常鼓动,发出细小的"咕咕"声。此时就该让它学叫。用训练成功的老鸟"带"最省事,也可到自然界去"压"或请"教师鸟"。有的用放录音的方法,但有时声音失真,还须到野外或由其它鸟矫正。

百灵鸟的叫口我国讲究"十三套",即会学十三种鸟、兽、虫鸣叫的声音。但这"十三套"的内容先后排列却因地而异。南方笼养百灵鸟允许有画眉的叫口,而北方却忌讳。北方笼养百灵鸟的基本叫口要有红仔的鸣叫声,南方则不要求。

口灵的百灵鸟可将各种声音模仿得惟妙惟肖,如麻雀噪林、家燕迎春、喜报三元、红殿金榜乐、吹哨列队、山喜鹊叫、小车轴声、母鸡报蛋、猫叫、鸢鸣、画眉叫、蝈蝈叫、黄雀儿叫等,令人陶醉。

(1) 百灵鸟的挑选

① 百灵鸟的体型选择 一只好的百灵鸟除应具备体型大、健壮、胸宽头大、脖颈粗、腿粗、爪趾有力等主观条件外,还需要经过严格仔细的挑选、精心的饲养管理和调教方能达到。

② 确定鸟的雌雄最为重要 从幼鸟中挑选雄鸟是比较困难的,需要仔细观察、综合判断。如在第一次幼羽时期可选择嘴粗壮、尖端稍钩、嘴裂(角)深、头大额宽、眼睛大有眼神、翅上鳞状斑大而清晰、叫声尖的鸟;第二次幼羽时期已近似成鸟,要着重选择上胸黑色带斑发达、头及身体羽色鲜艳、斑纹清楚、后趾爪长而平直的鸟。一旦选出雄鸟,即分别入笼,进行个别调教。

(2) 百灵鸟的调教

① 站台训练 首先应经常用活虫对雏鸟进行引逗,锻炼鸟的胆量,培养它和人的感情。当雏鸟身上的绒羽一脱完,幼鸟的喉部经常鼓动并发出"咕咕"声,此时就应开始锻炼它鸣叫。要经常在清晨和傍晚,将鸟带到幽静的园林中让它聆听其它各种鸟的鸣叫,或带到村边听鸡和犬的叫声。也可经常放在有叫口百灵鸟的地方,让它学口。与此同时,还可以训练它做各种动作,由易到难。如开始先锻炼它站台,站上台就给一个虫吃,久而久之便可站台鸣叫。然后再锻炼它登台起舞,即站在台上扇动两翅左右旋转,或站在台上频频点头,或给手势即鸣叫等。

② 压口训练

a. 模仿 喜鸣唱、好模仿是百灵鸟的特性,因此在饲养中,人们利用这个特性对它进行压口,即利用别的鸣禽和动物的叫声训练百灵鸟鸣唱。虽然这种方法效果较好,但很费事。

b. 带鸣 另外一种办法是使用师鸟(具备很好套口的百灵鸟)带鸣。利用有叫口的百灵鸟来带鸣，这种效果也不错，但能叫出十三套或多套的鸟很不容易找到。

　　c. 磁带压口　　把录好有套口百灵鸟的磁带反复播放，循序渐进，一叫口一叫口地教鸣。这种办法比较好，套路固定，随时可以压口，想压多长时间都可以。但应注意磁带音必须清晰，无杂音，效果逼真。录制压口录音带的方法，可以采取把能叫十三套百灵鸟的叫口直接录下来，也可以对每种叫口进行零录，然后剪辑拼凑成十三套。另外，也可以直接到田野、山林、池塘边，录下虫、鸟或其它动物的叫声，如喜鹊、麻雀、伯劳、鸡、犬、蟋蟀等的叫声及人的口技模拟声（如水梢声、小车轴声、小孩哭等），其效果很理想。在录制压口磁带时，叫口与叫口之间要有 3~5 s 的间歇。压口时，最好在每天清晨和傍晚，压口时环境要清静，在无杂音的情况下进行。

　　幼鸟初学时，耳聪脑灵，听到外界声音模仿能力很强，很容易上口。应特别注意的是，在调教的头一年一定要防止外界杂音干扰，如果长时间有一种音响不断刺激，幼鸟就会叫出该声响，如汽车发动机声、吹口哨声等。

　　③ 遛鸟　　为获得套口的百灵鸟需下大工夫，这对饲养鸟的人来说要付出很大的辛苦，每天要起早贪黑。早上在没有其它噪声之前，天刚亮就要遛鸟，还要注意回避画眉鸟的叫声。北方人养百灵鸟最忌讳有画眉鸟的叫声，带画眉口的鸟为脏口，其它杂音也为脏口，只有十三套百灵鸟才为正鸣叫口。

　　在训练百灵鸟时还应注意经常遛鸟，尽管百灵鸟对遛鸟的要求比画眉鸟稍低，不一定每天都要遛鸟，可有时遛有时不遛。但是实践经验说明，遛总比不遛好，勤遛比少遛好。遛鸟可使百灵鸟多听一些其它鸟叫，呼吸新鲜空气。养鸟者在遛鸟时可将鸟笼来回晃动，能使鸟的脚、爪和肌肉也都得到锻炼。而且勤遛的鸟见多识广，胆大不怕声响，不怕陌生事物，这比关在家里的鸟要好得多。

　　④ 百灵鸟的登台训练　　一只好的百灵鸟，要求大声鸣叫时能上台，在台上能歌能舞，如张开两翅像"蝴蝶开"，或边飞边叫地飞鸣，或伫立高台，左一下、右一下地拍打双翅，伴着自己的歌唱翩翩起舞。因此，在调教时必须一开始就着手教百灵鸟登台。

　　训练百灵鸟登台的常用方法有两种：

　　一是在鸣台四周围一圈硬纸板，比笼子底圈略高，可用夹粪棍捅其脚，迫使它上台，每次上台后喂它喜食的活虫，使之逐渐形成登台有吃的条件反射，养成登台习惯。

　　二是抬高食罐，在食罐下放一块木头，必须让鸟登上木头才能吃到食，待其习惯登台吃食后，再将木块移至台中央，它也会不断登台，过一段时间后，将木块撤去，换上鸣台。

　　训练百灵鸟登台是个渐进的过程，不能操之过急。鸣台要逐渐增高，每次增加高度以 1cm 左右为最好。每个高度让其熟练一段时间后，再增加一个新的高度。并注意观察百灵鸟的适应程度，如跳不上亦飞不上，不如把高度降下来，否则几次上台不成可能会使百灵鸟从此"废台"。另外，鸣台要牢固，有足够的强度支持百灵鸟的登台动作。

　　(3) 百灵鸟的价值及套口

　　① 百灵鸟的价值　　百灵鸟饲养依目的要求有如下 3 种：

　　其一是不要求套口，只要能鸣叫，叫口越多越好，叫声模仿得越逼真越好，适合一般饲养者的心理要求。有的养鸟者要求能鸣叫就行，不求规矩，对老年爱好者来说，主要是精神的寄托，遛鸟起早，锻炼筋骨，成了日常生活的一项内容。

　　其二是摸索养鸟技能，调教百灵鸟能边鸣边舞，从鸟的舞蹈和鸣叫中获得乐趣。

其三是规矩驯养，严格对鸟进行筛选调教，使之成为可鸣叫成套的套口百灵鸟。这是三种要求中最有水平的驯养，要求鸟除具有套口鸣叫技艺外，还能使百灵鸟舞蹈、舞鸣、笼内托手叫，这种百灵鸟的价值最大。

评价一只好的百灵鸟，从体型上看应该是体大健壮，头大、顶平、腿粗、趾短，全身匀称，身条呈流线形。从羽色上看，通体羽色鲜艳富有光泽。从眼睛上看，眼球明亮、突出，颜色乌黑。从胆量上看，不怕人，不怕活动的物体晃动，不怕任何颜色，不怕噪声，不择环境，入群、单亮都能鸣叫。从叫口上看，鸣声洪亮、清脆，叫口模拟逼真，花样多，叫声持久，鸣唱期长。这样的百灵鸟视为上品。

上品百灵鸟应具备以下特点：

一是优秀的百灵鸟首先应能单独鸣唱，也能入群鸣唱，不管在任何地方都能鸣唱；

二是鸣唱时膛音宽、洪亮；

三是每个套口之间要有 3~5 s 的间歇，句后有蹲腔；

四是叫口多而不杂，始鸣、终鸣有规律，不丢口；

五是鸣唱多轮不乱章法，套与套之间清晰不乱，并能反复鸣唱。

② 百灵鸟套口　对上品百灵鸟的驯养要有规律，每年 3~4 月间是鸟的发情期，这时鸣叫最频繁，鸣声最优美，此时称"大性期"，即使在晚上掌灯后也鸣叫不断，可延续到 6 月底。7 月份开始换羽，啭鸣减弱。10 月份百灵鸟换羽完成，又开始啭鸣，称"小性期"，可啭鸣至"大性期"而不间断。上品的百灵鸟套叫 3 轮就要罩笼衣，再打开笼衣又可连套叫 3 轮，第三个 3 轮套叫后就一定要让鸟歇息，不然就会使鸟神经质地不断鸣叫而伤其身，失其语，因而有"三套一罩，三罩一歇"的说法。

百灵鸟能唱出美妙动听的歌声和展示优美的舞姿，这与饲养者的饲养功夫密切相关。日常的严格管理、驯养调教是百灵鸟鸣叫出好成绩的关键。

2. 八哥与鹩哥的说唱训练

在众多的观赏鸟中，八哥与鹩哥以其善鸣、学舌和善表演的特点，备受人们的喜爱。八哥羽衣不华丽，歌喉也不很美，但不怕人、聪明、善仿人言。有人习惯养八哥为的是让它跟人玩，但多数人是为听其"说话"。对八哥的雌雄选择不严格，关键是要以幼鸟开始饲养。但有人认为，八哥雌鸟比雄鸟更善于模仿。根据经验认为，嘴呈玉白色、脚橙黄色的比嘴灰褐色、脚黄褐色的八哥更"聪明"。训练鹩哥学"说话"的方法与教八哥的方法相同，相比之下，鹩哥学语快、声音逼真、好听。八哥则相形见绌，有些"大舌头"。

(1) 八哥的调教　八哥的调教包括两方面的内容：一是学说人语和其它鸟的鸣叫或兽叫声；二是出笼玩养。

① 选择八哥，要注意以下几点：

第一，八哥雏鸟的选择

a. 当年头窝、早出窝雏鸟的选择　一般来说，当年的头窝（4~6 只）雏鸟，均是由体质健壮的雄雌成鸟交配、产卵所孵出的，而且以头窝中最早出窝的雏鸟质量最优，因此，有经验的养鸟者在雏鸟刚上市时即去购买，或在此时到八哥窝中捕捉这种雏鸟，注意最好是选刚齐毛的幼鸟。因齐毛幼鸟的体质比雏鸟更强壮，容易人工饲养，成活率高。

b. 雏鸟的选择　根据经验，质量上乘的雏鸟应具备"五白"特征，即翅膀上白色羽斑明显为"一白",尾羽上的白色羽斑多而明显为"二白",两腿胯之间肚(腹)部羽毛呈灰白色为"三白",两胯间灰白色羽斑向胸前延伸为"四白",头顶、两眼上方两侧有浅灰白色羽斑为"五白"。但这"五白"齐全的雏鸟往往是很难得的。

c. 优质鸟窝雏鸟的选择　八哥的窝址有两类:其一是树窝(或以喜鹊旧窝做窝);其二是洞窝,如在岩洞、树洞、旧屋檐等处做的窝。一般选择在树上做窝的成年鸟,大多是体格健壮的优质成年鸟,它们表现为筑巢能力强,精力充沛,活泼有神,鸣声高昂多变,抗争能力也强,有时它们为争夺鸟窝双双奋起与喜鹊争斗。它们在高树上做的鸟窝较精细,且孵化出的雏鸟品质较好,但捉取比较困难。而在岩洞、树洞等处做窝的成年鸟,做窝能力比较差,精力与鸣声都不如在树上做窝的成年鸟,抗争力也差。

d. 雏鸟性别的选择　一般来说,雄雏鸟活泼好动,精力充沛,在繁殖季节勤于鸣叫和仿讲人语,叫声响亮,且鸣叫和仿讲人语的频率高于雌雏鸟。从外形看,雄鸟体较大,头较大、略扁,颈粗而长;全身羽毛球浅黑色,身上的"五白"特征明显等。而雌雏鸟则比较文静,能学会人语,叫声低沉,学人语的套路比雄雏鸟少,不太会模仿其它鸟鸣叫和动物的叫声。从外形看,雌鸟头较宽而圆,嘴较细而短;全身羽毛球黑色,白色羽斑部分不太明显等。

第二,成年八哥的选择

a. 仿讲人语套路　上等的成年八哥,不但能模仿许多套人语,而且能进行简单的对话,或会几句简单的英语。此外,它还能模仿犬、猫和其它鸟的叫声。

b. 成鸟的体质、外貌　由先天素质优良的雏鸟经培育而成,个体较大,身体修长,矫健有神,"五白"特征明显,加上火红朱砂色的眼、玉白色的嘴,则为上品。

c. 成年鸟的品格　良好品格主要指身体外形结构完美无缺,行为上无恶癖等。否则,品格上有缺陷者,将会影响种鸟的整体品质和形象,往往给饲养的主人带来遗憾。齐毛幼鸟经过亲鸟哺育到长齐羽毛,身体比较健壮,食欲也好,对温度要求不高,具有一定的活动能力。

第三,上品八哥　全身羽毛带有黑色金属光泽,紧贴而不蓬松,尾羽不散开,短而自然下垂,尾羽腹侧的端部有清晰白点;嘴浅黄略带白玉色,眼浅黄色;两翼腹侧的"八"字形白斑洁白而明显;站立时昂首挺胸,精神饱满。

鸟市上常有已经驯教会说几句话的成年八哥出售,如喜欢,可直接从市场购买,这样可节省驯化的时间,直接享受鸟的演技和学说人语的乐趣,这的确是玩赏八哥的捷径。但购买前要多观察,多听鸟的鸣唱和说话,不要急于购买,以免买回说脏话、会骂人的鸟。

最好选择口腔较大且舌多肉、柔软而呈短圆形的八哥,这些被选择的鸟应同时具备性情温顺易驯、不羞涩的特点。

② 八哥调教的过程:

a. 教学前的准备　在教学前要使八哥在笼内或架上能安定地生活,不易受惊并很驯服,愿意接近人。八哥要驯服到人的手能抚摸它的头或前背,放开脚链它也不飞走,达到这样程度的八哥教学效果最好。

b. 捻舌　捻舌又称为修舌,是训练八哥说话的主要技术措施。捻舌的意思就是将鸟舌用剪刀修剔成圆形。八哥的舌头较硬,外面附有硬壳,捻舌后才能学人语。对于当年的齐毛幼鸟,在笼中过着独立的生活,饱食饮足后站在栖棍上,张着小嘴,小声地变换着音调,

"叽、叽"鸣叫（俗称"小叫"）。开始声音较轻，鸣叫得意时还会逐步提高声调，唱着变化多端的小调。这时说明齐毛幼鸟已经开始学习发音和练习最初期的小叫鸣声。

第一次捻舌的良好时机一般是 7 月中旬左右。这时捻舌比较容易将角质硬膜分离和取下。另外，捻舌后，舌头灵活了，幼鸟小叫的音调变化更加婉转动听。

八哥捻舌的方法大体有三种：一是手指捻动法；二是香灰烙烫法；三是剪刀修理法。但大多是采取手指捻动的方法。一般由两人配合进行，捻舌前准备好草木灰或香灰。一人先将鸟握住，另一人以左手将鸟嘴掰开，同时以右手的拇指和食指沾些草木灰或香灰包裹鸟舌，然后握住鸟舌轻轻捻动，直到舌尖的硬壳即舌壳脱落为止。捻动时注意不要用力过猛，以防损坏鸟喙舌部。舌鞘脱落后，如果舌部有微量血，可涂上点紫药水或云南白药。捻舌 4h 以后，可以喂水喂食，但不宜喂硬料，最好喂黄粉虫或软性混合饲料等。

第一次捻舌后，一般需要经过一个月到一个半月进行第二次捻舌。此后，约经一个半月左右，可进行第三次捻舌，但要视具体情况而定。如果经第一次捻舌后鸟仍体力充沛，神气活泼，相距 20 天即可；如果第一次捻舌后，鸟显得筋疲力尽，体力虚弱，相隔的时间应当长一些，最好待其体力恢复后再进行。

c. 训练方法　八哥的人语调训过程，是养鸟人通过各种手段，将鸟原有的鸣叫进行抑制而转变成为以演人语为主的发声方式的过程。其人语调训大致可分为以下三个阶段：

第一阶段，启蒙人语调训阶段。当年八哥幼鸟开始练习发声，即发出"叽、叽"的小声鸣叫时，这时是开始模仿人语的最佳时期。在这个阶段，幼鸟能学讲两个单字人语，例如，学主人接待客人讲的"您好，您好"等。每天至少安排两次，且要持之以恒。经过反复的调训，八哥开始能学会一两套人语（俗称"冒话"）。

第二阶段，初级程度人语调训阶段。这阶段除了反复练习已学会的启蒙人语外，应逐步增加教学新的人语套路。如，三个字的套语，"起来了，不早了"；学习句子长一些的人语套路，如"八哥仔，猫来喽，咪呜，咪呜"等。每当学会新的人语套路，要反复训练，加深记忆，以巩固取得的成绩。

第三阶段，高级程度人语调训阶段。这阶段，不但教它能讲较长的句子，而且要增加学唱歌的内容，即仿人音调唱一两句歌词。还有，它可以接口学话，以及学讲英语。

d. 调教　分以下几步：

第一步，训练八哥学话语须从幼鸟开始。每次放幼鸟出笼 15min 左右，笼的周围放些鸟喜欢吃的食物，这样多次反复训练，目的是形成幼鸟出笼或进笼有美食享受的条件反射。雏鸟由初学习到能飞，这一阶段里条件反射基本巩固，训练成功一大半。以后每次放飞出笼时，注意应减少受惊，也不要长期关在笼内，影响反射巩固成果。出进笼训练成功后，要在笼内放几条昆虫，以便奖励。

第二步，训练时期。训练的适宜时期大致在八哥换毛以后半年左右，在为它洗澡后或空肚子时训练更佳。在一日内，以清晨最好，因鸟的鸣叫在清晨最为活跃，这时鸟尚未饱食，教学效果好。另外，在傍晚太阳落山前的一段时间里，鸟也非常活跃，也是训练的好时机。

第三步，训练环境。要有安静的环境，不能有嘈杂声和谈话声，否则易分散鸟的注意力，也会使鸟学到不应该学的声音。因此，最好选择在安静的室内进行教学。

第四步，教学内容。开始时要选择简单的教学内容。注意发音准确、清晰、缓慢，不用方言，最好用普通话。每天反复教一样的话语，学会后还要巩固。如用录音机播放效果会好些，也比较省力。一般一句话教1周左右，鸟即能学说；能学说后巩固几天，再教第二句。对于反应较灵敏的鸟，还可教以简单的歌谣。鸟的学语有一短暂时间特别敏感，这时对外界的各种声音极易仿效。一旦发现这一敏感期，应及时抓住，好好利用。

第五步，接客训练。待八哥学会简单的人语以后，还可以训练八哥代主人接客。训练时要有两个人配合，一个人与鸟在关着门的房内，另一个人在外边敲门。房内的人对鸟说"进来"，门外的人及时推开门，并对着鸟笼里的鸟讲"你好"，房内的人接着回答"欢迎，欢迎"。敲门是给鸟发出信号，提醒其注意。这样多次反复，让鸟练习，10～20天时间，鸟就可以学会。

第六步，八哥学其它鸟叫训练。八哥一般不具自己特有的音韵，应注意创造条件，使其学习其它鸟的鸣叫声。学习时，应把"教师鸟"笼与八哥笼挂在一起，并把笼衣放下，使鸟看不到外界，能集中精力听、学"教师鸟"的鸣叫。也可以将"教师鸟"笼挂得高些，学鸣鸟笼挂得低些。八哥学其它鸟鸣叫，如学百灵、画眉、沼泽山雀等鸟的鸣叫，一般经2～3个月就可学会。

(2) 鹩哥的调教

① 鹩哥的选择

a. 选择刚出窝的雏鸟　这种鸟野性小，易适应人提供的饲养条件，容易产生对人的依赖性，鸟的可塑性较大，容易驯教。

b. 选择头窝幼鸟　在幼鸟中，头窝幼鸟往往比较聪明，尤其是双亲均是青年鹩哥后代的第一窝鸟。

c. 选择胆大的雏鸟　选鹩哥幼鸟时，可以先惊扰它们，然后看它们的表现，如果惊慌乱撞的，那就是胆小的幼鸟；反之，如果仍然眼睛大睁，昂首挺胸，那一定是胆大的上品鸟。

d. 鹩哥体况的选择　体壮的鹩哥必然羽毛平整有纹，毛色黑亮有光，双眼神采奕奕，体型较大，姿态优美，食欲旺盛。而羽毛不整、无光泽、眼睛半闭、无精打采的，一定是不健康的鸟。

② 鹩哥的训练　由于鹩哥生性胆怯怕惊，不宜外出遛鸟。

训练鹩哥学其它鸟鸣叫，幼鸟可以在3月龄后进行调教。调教时，要严格遵守循序渐进、先易后难的原则。要在保证鸟健康的前提下，适当控制其饮食，使鸟在半饥半饱的情况下进行训练，这样就可以采用奖励食物的办法来建立鸟的条件反射。最好的训练时间是在每天早晨喂食之前开始，到上午10点为止。也可以在傍晚太阳落山之前，这时的鸟最活跃，学习效果最好。学习时，把"教师鸟"的笼子和鹩哥的笼子挂在一起，并把笼衣放下，使鸟集中注意力听、学"教师鸟"的鸣叫。等它学会一种鸟鸣，并巩固以后，再更换另一只"教师鸟"，让它学另一种鸟鸣。

换羽期后，如果鹩哥"去口"，也应让鸟再向原来的"教师鸟"学一段时间，找回"去口"；或将原来在一起学习的"同学鸟"挂在一起，让它们互相交流，恢复记忆。

实践证明，鸟模仿的人语，不一定是主人有意识专门教的，有些是鸟主动模仿的。有时鸟很容易学会主人家庭成员的一些习惯用语。所以，凡是家中养有鹩哥、八哥之类的"学舌"，全家人都要注意，说话要文明，避免鸟学说粗话。

3. 画眉鸟的调教

画眉鸟头脑灵活，很容易上口，能学会十几种叫口。驯养者通过驯养画眉鸟可以获得很多乐趣。

画眉鸟的幼鸟、成鸟均可加以调教，但以雏鸟第一次换羽后开始最为适宜。成鸟要经过2～3年专门饲养调教才能开叫。

调教方法：

（1）用"教师鸟"调教　用叫口好、鸣叫激昂多变的画眉鸟来传教，让小画眉鸟边听边学。调教要耐心，要经常遛鸟，从开口到大叫，需要2～3年时间。而学其它动物叫，需更长时间。

在跟"教师鸟"学叫的时候，周围环境要安静，不要有其它声音。

（2）用录音调教　利用录音机把几个鸣唱动听有叫口鸟的歌声录下来，使磁带中鸟的叫口多样，叫音清晰、无杂音，叫口之间有间歇。每天要定时向画眉鸟放音。

（3）重复调教　画眉鸟的忘性大，时间一久学会的鸣叫也会忘掉，尤其是经过换羽期后，常把学会的发音忘了，需重新学。因此，要不断重复学习，调教。办法是多养几只画眉鸟，常遛鸟，让画眉鸟不断学习各种鸣叫。

（4）亮鸟　画眉鸟是一种善于鸣叫的鸟，但不少百灵鸟爱好者，不愿意把自己的百灵鸟和画眉鸟放在一起鸣叫，他们认为百灵鸟如果叫出画眉鸟口，就不值钱了。然而，把百灵鸟和画眉鸟放在一起鸣叫，对画眉鸟是有利的。因为百灵鸟模拟逼真，用来压画眉鸟口是比较理想的。所以，从调教画眉鸟的角度来说，可以将画眉鸟与百灵鸟放在一起亮鸟。

第三节　观赏鸟的放归训练

观赏鸟放归训练的基础训练大体包括回叉训练、接食训练和叫远训练等内容。

回叉，是指鸟能在鸟架上或鸟棒上停立栖息。

接食训练，也包括接飞食训练。所谓接食，即让受训鸟停在鸟棒上，训练者挑落手中之食物时，鸟能张嘴而食。接飞食，就是当训练者手中之食挑落时，鸟能离棒飞而食之。

鸟的放飞亦称叫远，是指鸟经过回叉、接食、接飞食训练，逐渐熟悉和信任、顺从主人，这时把鸟的颈绳解除，你把它抛向空中，它会飞一圈后又飞回到你手中。

放飞和回归是多种技艺训练的基础，只有在笼鸟放出后不逃逸，仍依恋原来环境的条件下，方可训练各种技艺。训练鸟竞翔是更深层次的放归训练。

一、八哥的放飞训练

八哥的放飞，使其听从主人的口令或手势，主人走到哪里，鸟就跟着飞到哪里，或在主人的指挥下，能在手上、肩头与主人玩耍。八哥放飞训练要从幼鸟开始，大体分三步进行。

第一步，训练八哥上杠与下杠。

从八哥入笼饲养即开始训练，每次喂食之前，主人发出"上杠"、"下杠"的口令，同时配合手势，如果八哥按指令去做，就给食物奖励。这样经过2~3周的训练，每当主人发出口令或手势的指令，即使不给食物它也会完成上杠、下杠的动作。

第二步，训练进笼与出笼。

待八哥初步领会主人上杠、下杠手势的指令后，就要训练八哥进笼与出笼。这种出入笼的训练，开始在室内进行。房子的门窗应事先关闭好，以防八哥不辞而别。主人手持八哥爱吃的虫子或爱吃的食物在笼外引诱，把笼门打开，同时向八哥发出出笼的口令或手势，当它出笼时，就奖励其食物；然后，手持食物转入笼内引诱，同时发出入笼指令，八哥入笼立即给食奖励。用这种方法反复训练，使之听从主人的指令出笼与入笼。

第三步，放飞训练。

待八哥已能熟练地按其主人指令出入笼以后，就可以进行放飞训练了。训练要先室内后院内，先近后远，先在安静人少的地方，后到人多嘈杂的地方。先训练八哥由笼门飞到主人手上，然后令其飞回笼内，或将其放入笼内，使其逐渐习惯主人的指令而飞到手上，飞到手上即奖励虫子等食物。这样反复训练，进而使之建立条件反射，渐渐地让它越飞越远。

放飞时要注意放飞的时间不宜太长，最初放飞以不超过15min为好。如果开始放飞的时间太长，就可能使之因自由游荡而忘记返笼。另外，也可能因鸟在笼外自由惯了，对笼中生活产生厌烦感，不利于今后的饲养。有经验的养鸟者，能根据鸟放飞时"领取"奖励食物的状态，有效地掌握放飞的时间，及时令鸟入笼休息。

二、鸽子的竞翔技艺训练

饲养信鸽的根本目的是为了放飞、竞赛和使用。要想获取理想的信鸽，除了精心选育良种，搞好选种选配与科学饲养管理外，更重要的一条就是科学的训练。"种、养、训、管"相辅相成，缺一不可。训练的基本原理是根据信鸽的生物学特征及行为学特点，经过训练使之形成"条件反射"。训练的根本目的在于通过培养、锻炼提高信鸽的素质，发挥其固有的生物学特征与特长，从而具备完成各种通信和竞翔任务的基本要素及条件。

训练的基本内容一般包括：基本训练、放翔训练、竞翔训练、适应训练和运用训练。训练原则是要从幼鸽开始，由简到繁、由近及远、白天到夜间、基础训练与专业训练相结合进行。

1. 基本训练

训练目的在于培养信鸽对饲养者的服从性和强烈的归巢意识。训练内容包括喝水、亲和、熟悉巢房、熟悉信号等。

（1）喝水训练 幼鸽刚出壳，1~2天内不吃食并无大碍，但不能缺水。因此，首先要教会它们从哪里喝水。方法是用一只手轻轻持鸽，使其喙部接触饮水器水面，如果渴了，自然会大口饮水。如此一只一只轮流调教，直至所有的幼鸽都能喝水为止。如此重复训练多次，它们很快就会懂得站在饮水器旁边把头伸进去喝水。

（2）亲和训练 幼鸽在训练开始之前，必须与饲养者进行亲和。这样，才能解除信鸽对主人的恐惧心理，避免出现"飞离"现象，养成其对主人的服从特性，从而驯服地接受训练。

亲和训练的方法是以食物作诱饵，让幼鸽主动跟随并接近主人，主人利用幼鸽的求食欲接近幼鸽。每日可饲喂幼鸽 2~3 次，但只有最后一次饲喂使其吃饱。开始幼鸽总是害怕陌生人，主人进入鸽舍喂食，给以特定的信号，如呼唤或口哨等，并将少量的食物撒开让幼鸽都能吃到，然后逐渐将食物撒到主人身边，这时如有主动接近的鸽子，就予以奖励。喂食的同时，配以亲切的呼唤并用手抚摸，经过一段时间训练后，就以食物为诱饵，引诱鸽子飞到主人的手上吃食，如此反复，幼鸽就可以飞到主人头上、肩上，这时主人即可任意捉拿某只幼鸽而不使之受惊。这样主人就成了幼鸽完全可以信赖的伙伴，即使在不喂食的时候听到召唤也能招之即来，同时它们的恋巢行为也就得到了进一步的锻炼和加强，从而达到了训练的目的。

（3）熟悉巢房训练　熟悉巢房训练主要包括对舍内和舍外环境以及出入舍门训练。训练采用先舍内，后出入舍门，然后适应舍外环境的步骤。

① 舍内　包括熟悉巢房位置以及饮水器、食槽、散步台和各自巢穴的位置。使鸽子在舍内安详地、不慌不忙地、自由自在地飞上飞下，表现出愉快的表情。此过程一般需要 3~5 天。

② 出入舍门　饲养者用小粒饲料作诱饵，在舍外给予固定的信号，引诱幼鸽从出口门走到舍外。然后将出口门关闭，打开入口门，到舍内给予固定的信号，同时撒一些饲料在入口门附近，使它们在啄食时不知不觉地穿过活动栅进入舍内，这样就可引诱鸽子进出舍门。如此反复多次就可形成条件反射。

③ 熟悉舍外环境　训练的前一天应让鸽子少吃或者不给予喂食。训练时，主人在舍外降落台前发出信号引诱鸽子出舍，同时撒小粒饲料适量让鸽子安静地啄食，不能让人围观并防止其它动物进入。待鸽子都到达舍外后，关闭出口门，打开入口门，让鸽子边吃食边熟悉舍外环境。每隔 15min 左右发一次信号，让鸽子入舍并喂以少量的饲料，接着再发信号呼唤鸽子出舍熟悉环境，经过反复训练即可。此过程约需 5~6 天。

④ 熟悉信号训练　目的是为了使鸽子能领会主人的意图，懂得不同信号含义，从而形成条件反射，按照主人给予的各种信号准确地行动。主人可根据自己的情况自行规定各种不同的信号。但必须做到信号不随意乱改、滥用，以免混淆而失去作用。常用信号一般分为声响（哨子或口哨）、颜色旗两大类。饲养者可以根据自己的情况灵活掌握，几种不同的信号可以结合使用。

2. 放翔训练

目的是为了增强信鸽的翼力、体力，锻炼信鸽的体质，增强其飞翔的耐力，为将来远距离放飞和竞翔训练打下良好的基础。此项训练又可分为基本功训练及归巢训练、诱导训练、四方放飞训练、定向放飞训练、调教训练等几个方面。

（1）基本功训练及归巢训练　幼鸽熟悉鸽舍周围环境后，不久便可以在鸽舍附近作短距离飞翔，这时每天上下午都要将信鸽放出使其任意飞翔。到 3 月龄左右即可开始进行强制飞翔训练，飞翔训练时间要由短到长、距离要由近及远。从 0.5~1h 逐渐延长至 2~4h 连续飞翔。由于基本飞翔训练非常重要，因此每天早上和中午必须迫使它们坚持 1~2h 的基本功训练（不少于 1h），并且要让它们起顶，即高空不着陆飞行，不能擦屋面飞行，也不能时飞时停，这样才能达到训练目的。飞行距离要从1km、2km、4km逐渐增加到至少20km，之后坚持1个多月的训练即可。另外，飞翔训练的方向也要由单一方向到多个方向，并适应各种气候条件。

归巢训练目的是为了让鸽子养成放翔后能够顺利归巢入舍的习惯。方法是在鸽子飞翔训练之后将出口门关闭，打开入口门，飞翔回来就抢先入舍吃食，久而久之，就会养成放翔归巢入舍的习惯。

(2) 诱导训练 根据鸽子固有的群居生活和眷恋旧居等生活习性，进行多方诱导，主要适用于新配偶的鸽子及老幼鸽之间。因新配偶的鸽子，不论是雌鸽还是雄鸽都是新引进的，对地形、环境都不熟悉，这就需要用原来的一只带新引进的一只进行诱导训练，如原饲养的一只雌鸽同新引进的一只雄鸽配对，配对成功后，就可用雌鸽诱导新引进的雄鸽进行飞翔以及归巢等训练。此外，主人还可以利用喂食的机会，以食物作诱饵，进行诱导训练。

(3) 四方放飞训练 此项训练目的是为了提高信鸽的记忆力，能够准确识别方向并顺利归巢。四方放飞训练一般是在基本飞翔训练完成之后进行的。方法是按照训练计划将信鸽用运输笼送往距鸽舍若干千米以外的地方放飞，让它们自己辨别方向返回巢穴，并不断变换方向并延长距离，从而达到放飞训练的目的。

训练时，一定要循序渐进、由近及远，待一个方向熟悉后再改变方向。在训练过程中，从第1次到第2次放飞，应以2~4只为一组同时放飞。这对于那些没有经验的幼鸽，可以互相帮助，从而达到觅途归舍的目的。这种训练不能表现每只信鸽的能力，也不能锻炼它们独立辨认方向的本领。但是等待一段时间后即可开始单羽放飞训练，之后开始训练幼鸽独立觅途归舍能力，并对每只幼鸽起飞后的情况作详细的记录，包括放飞后，观察鸽子在上空盘旋的圈数，据此可初步判断其识别的能力。

(4) 定向放飞训练 四方放飞训练完成之后，幼鸽已到5~6月龄，新羽已基本换齐，身体发育已趋成熟，幼鸽已能从比较远的地方单独飞返鸽舍，对其性能也基本上有所了解。此时的训练要求必须更高一些，但只需从将来要使用的方向延长距离就行，例如延长到80km、100km、200 km、400km等。这个阶段训练的时间可根据鸽子体质状况而定，训练时间也不宜超过3个月。放飞的距离也要根据信鸽的年龄、体重、饲养状况、训练条件等合理确定。一般幼鸽不宜超过600km，1~2岁可增加至800~1000km，2~3岁的信鸽可进行1000km以上的放飞和竞翔训练。此项训练当距离延长到150km时，劣等鸽早已淘汰；到300km时，对未满1周岁的信鸽已达到标准。此后如能在100km以内多次定向飞翔以代替早晨出舍飞翔，但不增加距离，这样可以为第二年做更远距离的放飞训练创造有利条件。60~150km训练每次均以2~4只为一组放飞，200~300km以上放鸽时均以集体放飞。另外，训练幼鸽应注意以后如何使用。如准备训练成单程通讯信鸽，则应在鸽舍四周经常放飞训练。如准备参加竞翔比赛，则应多做短距离定向放飞训练。

(5) 调教训练 为了保持信鸽通过上述训练养成的归巢能力和持久的飞翔力，必须经常在不同的时间、不同的地形以及不同的气象条件下做调教训练。以便随时都能按照主人的意图准确行事。训练方法要因鸽而异，既要注重对原有素质的巩固、提高，又要针对薄弱环节进行调教。例如，对于辨别方向较慢的信鸽，就要多变换方向放飞。

3. 竞翔训练

通过以上几个方面的训练已练好基本功，然后可以根据信鸽的年龄、素质参加春、秋两季的竞翔。一方面可进一步提高信鸽的素质，另一方面可检验自己的训练成果。一般情况下1岁之内的信鸽，只能参加短程竞翔；1.5岁左右的信鸽，参加中程竞翔较恰当；2岁以上，最好是满2.5岁的信鸽，参加远程赛或超远程比赛较为理想。但在信鸽参加竞赛之前，仍要进行一些重要训练，如提高飞翔速度训练、隔夜训练、黎明起飞、傍晚续航训练等。这些训练都有助于使信鸽尽快归巢，取得竞赛胜利。

（1）提高飞翔速度的训练方法

① 诱导法　对"一夫一妻"过着舒适安逸、愉快安静生活的信鸽，参加放飞训练或竞翔时，不要将雌雄信鸽同时放飞，应单独放飞，放一留一，究竟放雌还是放雄，依个人的习惯而定，参加竞翔的信鸽则只能将其配偶留在家里。这样，可以利用鸽子思偶心切，迅速寻路回家"团聚"。

② 饿食法　在放飞或竞赛前不饲喂信鸽，让其饿腹，它会急着回家吃食，但平时一定要喂一些高能物质，比如油菜籽、花生米之类的饲料。因这些饲料含有较丰富的脂肪，一方面可以补充信鸽飞翔时体内能量的消耗，另一方面可以使脂肪在鸽子体内代谢过程中，产生大量代谢水，减轻信鸽的口渴现象。

③ 占巢法　对参加放飞或竞翔的鸽子，在前10天可激发它们的占巢欲。方法是：在放翔或竞翔鸽的舍内趁黑夜偷偷将另外一只鸽子轻轻放入它们的巢内。天亮"主人"见有"不速之客"占据它的巢房，就会拼命地驱逐。这样，几次之后信鸽就会产生一种恐惧心理，惟恐其它信鸽占据了它的巢房。在这种情况下放飞或竞赛，它就会拼命地往回赶，能大大加快其返回速度。

④ 寡居法　将非育雏期间的雌雄信鸽分棚饲养，每天放翔时间也分先后，不让它们互相接触，赛期将近时，才让它们合棚配对。这期间"夫妻"感情格外亲切恩爱，准备生儿育女。为了放飞速归和竞翔获胜，可让其孵假蛋，这时，将雌鸽或雄鸽拿去放飞或竞赛，都会奋力迅速归巢的。如果已有雏，只要饲养好，而且育单只，让其参加放飞或竞赛，也会取得同样的效果。

（2）隔夜训练　训练远距离放飞或竞赛的信鸽不可能当天归巢，途中要夜宿。如果是没有经过训练的信鸽，很容易与沿途的鸽子合群"借宿"被捕捉或被伤害，造成损失。隔夜训练目的就是让信鸽通过体验野外夜宿的生活，学会夜间寻找地方栖身和在野外安全过夜的本领，远程竞赛或放翔时能在途中野外安全过夜。隔夜训练的方法是：傍晚将信鸽带到远离鸽舍的地方放出，因天色已晚，辨认方向困难，不得不在野外就地寻找栖身之所，待天亮归巢；另一方法是利用无月色的夜晚，将信鸽带到郊外轻轻赶出鸽笼，让它就地安静过夜，体验夜宿生活，待第二天早晨归巢。这样训练几次后，信鸽就能学会夜宿本领。

（3）黎明起飞与傍晚续航训练　信鸽习惯于白天活动，但不等于夜间不能飞行。进行这种训练必须让信鸽白天休息，夜间飞行。通过这种训练，信鸽在竞翔或返飞途中，傍晚前并不寻找地方栖息，而是在夜色朦胧之中仍鼓翼奋勇前进。训练时，最好在鸽舍内安装电灯，每晚黄昏时，将信鸽带到几千米外放飞。

通过以上几个方面的训练已练好基本功，然后可以根据信鸽的年龄、素质参加春、秋两季的竞翔。一方面可进一步提高信鸽的素质；另一方面可检验自己的训练成果。但在信鸽参加竞赛之前，仍要进行一些重要训练，如提高飞翔速度训练，隔夜训练，黎明起飞、傍晚续航训练等。这些训练都有助于使信鸽尽快归巢，取得竞赛胜利。

4. 适应训练

目的在于巩固基本训练的成果，为更好地进行训练和竞赛打下基础。主要是进行在不同气象、地形、时间条件下的适应放飞训练，以及防猛禽训练。

(1) 适应不同气象条件训练　为了使信鸽能够适应各种恶劣的气候条件，平时一定要起早摸黑进行训练。不论什么样的恶劣气候条件都要坚持，强迫它们继续飞翔，固定从某一方向在近距离进行训练，使之形成牢固的条件反射。例如，信鸽在雨中飞翔归来入舍就食时，是检查羽毛的好机会，这时可观察每只信鸽的羽毛被雨水打湿的情况，从而察知羽毛的质量。如羽毛上面的粉厚，则羽毛不易打湿，说明这类信鸽更适于在雨中飞行。这样在选择参赛信鸽时就会心中有数。可以按信鸽的使用范围，根据气象预报，加强在各种气象条件下的适应训练，培训出适应性强的信鸽。

(2) 适应不同地形地貌　高山和强磁对信鸽导航有影响；在深山峡谷放飞影响视野，难以辨认方向；平原村庄密集，需要明显目标才能有利于熟悉地形环境；沿海、河流因海洋和大的河流面积广，又容易引起局部的强气流，对信鸽放飞也会增加归巢难度。在适应性训练中，需要分别在各种不同地形条件下进行放飞训练。

(3) 适应不同时间的放飞训练　一天中的上午、中午、下午、黄昏、日落这几段时间，因阳光照射的反射角度不同、地形阴影、倒影等变化，都会给信鸽造成错觉；夜间飞行，如无月光，也会造成迷航或错觉。因此，在适应训练中也应注意不同时间的放飞，以便使信鸽任何时间放飞均能归巢。

(4) 防猛禽训练　鸽子的"天敌"是鹰、隼之类的猛禽，它们对信鸽威胁最大。所以在飞翔训练时，千万不要在鹰、隼经常出没的地方进行，有条件的可以训练信鸽防鹰、隼的本领。经过严格训练的信鸽，会具备特殊的预防鹰、隼的本领，顺利完成通信传递、竞翔任务，因此在适应训练中，防猛禽训练是不可忽视的项目。由于鹰、隼性情凶猛、视力敏锐，足趾上长有锐利的爪，俯冲速度快，因而空中抓捕能力强。但它们也有以下弱点，即翅翼狭窄，飞行时是盘旋上升，速度慢；再就是它们喜欢单独活动捕食，飞行中如果遇到鸽子，追捕 2~3 次还捕捉不到，就会放弃。而信鸽的翼宽，下降阻力大、速度慢，这是弱点。但信鸽能扶摇直上，飞行速度快，这是鹰类所不及的。因此，可以利用这些特点来训练信鸽的自我防护能力。

5. 应用训练

属于比较高等而且复杂的训练，饲养和训练信鸽目的就是提高它们的使用价值并为人类服务。竞赛就是应用训练的一种。另外，通信也是一种重要的应用范围，利用信鸽通信古已有之，它有时可以完成人类较难胜任的工作，特别是交通、通信很不发达的地区。通信训练也叫传递训练，一般分为单程传递、往返传递、移动传递、留置传递和夜间传递几种。

(1) 单程传递训练　每天在喂食前（两次喂食）强制信鸽做持续飞翔训练，每次 1~3h，以提高飞翔能力。利用信鸽的"圆周型辐射视线"开阔视野，使信鸽在复杂的环境和气候条件下,以及不同时间、地点能准确判断鸽舍方位,迅速找到归途。

其原理是:信鸽在空中飞行能够按照飞行点的前、后、左、右的视野角度构成一个圆周型辐射状视线。这与应用训练的范围、距离的远近、熟悉程度密切相关。因此,正确掌握和利用信鸽的圆周型辐射视线,逐步扩大放飞范围,增加放飞距离,是一项重要的训练方法。

训练时应注意的事项:

① 训练时由近及远,近距离多放,以60km的训练放飞代替早晚的舍外飞行运动。

② 对迟归信鸽应在近距离进行多次训练,直到能基本上直线归巢,再延长距离。

③ 训练时还应根据信鸽素质以及地形、气候条件决定放飞范围和距离,坚持从易到难和从熟到生的原则,即训练时先到信鸽熟悉的方向、地形放飞,再到不熟悉的方向、地形放飞。

④ 要集体初次放飞与单只复放相结合。集体初次放飞,就是在新距离、新地段做首次飞行时,以集体放飞为宜;单只复放,就是在集体初次放的基础上,再做一次单只放飞。但应注意,由集体到单放训练,应以后者为重点,以适应正式使用。

⑤ 加强"四向"和"三不同"的放飞训练,即在应用训练中必须加强在"东南西北"4个方向和"不同地形、不同气候、不同时间"3个不同条件下的训练,要有意识地选择恶劣气候近距离训练,由集体到单只,在地形复杂的地方应多次训练,并对训练情况作详细记录。

(2) 往返传递训练 这种训练更为复杂,即饲养于甲地某鸽舍(简称宿舍)的信鸽,经过训练后,每日能飞往乙地某鸽舍(简称食宿)就食,食后仍飞返宿舍栖息,并在此产卵、育雏。如此风雨无阻,天天往返于两舍之间,人们利用其往返之便携带书信,在甲乙两地担负起有规律的通信传递任务,这种训练称之为往返传递训练。往返传递适用于通信设备少的山区、海岛、草原、人员少而又分散的点与点之间的通信联系。

① 训练前的准备工作

a. 训练往返传递鸽至少需要两个鸽舍,先确定双方的传递点,然后分别在甲、乙两地选择固定栖息鸽舍和喂食鸽舍的位置。一般应以原饲养鸽舍作为甲地建立栖息舍,以另一通信地作为乙地建立喂食舍。两地鸽舍的样式最好相同,舍内外所需各种设备均应齐全,但乙舍内没有产卵、育雏的巢房,只有栖架,以备信鸽飞来采食时暂时休息之用。甲地管住不管吃,乙地管吃不管住。鸽舍位置不宜过低或隐蔽,以便信鸽尽快熟悉两处的鸽舍。

b. 如有3个以上的地点需要使用往返传递的信鸽进行通信,则应选择一个中心点作为食舍,其它各地为宿舍,使食舍成为中心站,与其它各地相互联系,从而形成一个通信网。如以宿舍为核心,其它各点则均应设食舍,并以不同颜色的色环装在信鸽脚上,以区别它们来自不同的食舍或宿舍。

c. 需要颜色相同、式样一致的工作服若干件以及运输笼若干个,以便训练时应用。

d. 甲乙两地间的训练距离一般在50km以内为最佳。若两地距离过长,可在甲乙两地之间设中转站,使点与点之间连接成通信网。

e. 训练时坚持"集体初次放"、"单只复习放"、"困难地形多次放"、"目标显著少次放"的原则,使信鸽充分熟悉两地间的情况和归途中的各种标记。

② 训练方法 训练往返信鸽,主要是利用采食和繁殖(栖息)这两种生物学特性来控制和训练信鸽的。把准备训练成往返传递鸽的成年信鸽成对地在宿舍里安居,让每对占一巢

房，经过训练安定鸽舍内的秩序，再和训练幼鸽一样完成各种基本训练。进而训练它们能分别从食舍所在地迅速飞返宿舍栖息。

a. 成年信鸽轮流孵卵习性训练法　首先应进行亲和训练，每日喂食均采用手喂法，让信鸽接近主人，为以后在食舍训练创造条件。正式训练前几天均不要喂饱，约喂日采食量的1/3，训练往返的前一天停止给食。

雄鸽于上午9时进巢房代替雌鸽孵卵，让雌鸽离窝活动；下午5时左右，雌鸽孵卵至翌日上午9时，又由雄鸽接替，如此轮流，天天不变。根据这一习性，早上送雄鸽前往食舍，让它们熟悉食舍周围的环境并熟悉进出口位置，上午8时半唤信鸽进舍，喂食量只是平日食物的2/3，然后打开出口，让信鸽在舍外活动，但不要赶它们起飞，此时关闭进出口。这时已经到了雄鸽孵卵的时间了，它们急着回家，于是赶快起飞向宿舍飞去。雌鸽离窝后，送它们到食舍里去，训练方法同雄鸽。下午4时半喂食，只给日采食量的2/3，然后让它们在舍外活动，它们此时急着回家孵卵，于是飞返宿舍。无论在宿舍还是在食舍均应全天供应清洁干净的饮水，保健砂两边都要有。

具体训练时间安排：

ⅰ. 翌日及第3天重复上述两项训练，训练飞往宿舍。

ⅱ. 第4天一早送雄鸽至食舍附近放飞，然后呼唤它们降落，因前天喂食加起来等于少了1天的定量，训练之前还少喂了一些并停喂了1天，前后合计少吃了几天的定量，信鸽当然饿，加上食舍在信鸽视力以内又听到呼唤，一般会降落下来入舍，自然就有食物可吃。如果不降落并飞返宿舍去接替孵卵，则它们一天均不能得食。紧接着如上所述送雌鸽前往食舍附近训练。

ⅲ. 第5天重复第4天训练，赶它们起飞，宿舍内有它的配偶正在孵卵，当然它们恋这里，但是几天均未饱食，腹中饥饿，加上接连5天均从食舍飞返宿舍，可能已经认识了食舍的位置和环境，同时知道那里有食物，于是飞往食舍。鸽入舍后，喂食至饱，然后放它返回宿舍里孵卵。如果它们还记不清航线，飞后入食舍而不入宿舍，则应再送它们飞回宿舍就行了。

ⅳ. 用同样的方法训练雌鸽，从第7天开始重复第6天的训练，直至信鸽均能从宿舍飞往食舍为止，来往传递信鸽即基本训练成功。

b. 利用亲鸽育雏进行训练　此种训练方法基本同上述的相似。不同点在于训练中必须限定采食量，且只留一只幼雏在巢房里，作为诱饵增加信鸽的恋巢性，一旦训练成功，即应淘汰。其次，停食一天后，翌日早晨即将宿舍内的信鸽无论雌雄均送往食舍，训练它们熟悉食舍的位置和周围环境，并懂得进出食舍，一直到下午4时才慢慢给食（采食量为日粮的2/3）。食后让它们飞返宿舍育雏。一天之内，由于信鸽对环境的适应时间较长，因此可以缩短训练日期。而前者雌雄分批训练，且每天在食舍逗留的时间也较短，所需时间较长。这两种方法各有利弊。

c. 移动宿舍或食舍进行训练　幼鸽先在宿舍内完成亲和等基本训练，然后开始进行在宿舍和食舍之间的往返训练。把一个与宿舍相似的鸽舍作为食舍，放在宿舍对面，让两舍的降落台靠在一起，两舍屋顶均有运动场。宿舍里有巢房，而食舍里有栖架，这是两者唯一的不同之处。训练幼鸽往返于两地之间时，早晨让幼鸽出舍飞翔，然后关闭宿舍的进出口，并打开食舍的进口。鸽降落后只能进食舍进食。喂食少许，然后移动食舍位置，使两舍之间相距达 10m，再把屋顶运动场装好，让幼鸽在屋顶熟悉环境。下午先拿掉饮水器再喂食，食后让它们飞返宿舍饮水。

翌日，放鸽出舍飞翔，并在食舍附近呼唤它们，如果不肯飞来，就让它们进入宿舍饿一天。第 3 天，重复前一天的训练。信鸽进入宿舍后把它们送往食舍，并喂少许食物，移动食舍，使两舍相距达 30m，再让它们在运动场内熟悉新环境。下午喂食给水后，赶它们飞返宿舍。如此反复，并逐渐增加移动食舍的距离，直至宿舍移至目的地为止。这种移动食舍的训练方法，也可用先固定食舍的位置只移动宿舍的方法来进行，重要的是当位置移动后，一定让在舍内的信鸽有机会观察熟悉新的环境。还可以将甲地饲养的单程传递鸽，用轮流移动宿舍或食舍的方法，使其成为乙丙两地往返传递的信鸽。

d. 雌雄幼鸽分别饲养于食舍或宿舍的训练　雄鸽占据一个巢房，雌鸽占据一个食舍，同时对它们进行基本训练。之后再训练雄鸽和雌鸽分别由食舍、宿舍各自飞返饲养它们的宿舍内住宿，进一步训练它们单独觅途返舍的能力。雏鸽性成熟后，把雌鸽送往宿舍与雄鸽配对，并训练雌鸽认识巢房，并让雌鸽由舍内到屋顶运动场去熟悉鸽舍周围环境，并能随雄鸽飞进巢房。

上述各项训练完成后，在宿舍内停止喂食，次日放鸽出舍，让它们飞翔。雌鸽在宿舍内的日期不多，但还记得食舍，它会向食舍飞去，但是又受到雄鸽牵制；雄鸽恋其配偶，特别在赶蛋期更会追赶雌鸽，可是又恋自己住惯了的宿舍，因此会暂时发生混乱。如果有雄鸽因追赶雌鸽飞往食舍，或者有雌鸽快要产卵而跟着雄鸽在宿舍降落等情况都要作好记录，以便进行相应的处理。飞往食舍的信鸽要奖给食物，对没有去的只能让它在宿舍饿上一天。在食舍里的信鸽吃食后应强行把雌鸽送往宿舍并赶雄鸽离开。此后的训练可以概括为几个字：在宿舍方面是放、赶、送；在食舍方面是喂、放、赶、送。如此反复，直至它们能自动地由宿舍飞往食舍，食后自动返回宿舍，训练便告成功。

e. 分组往返训练　培养出一批往返传递鸽以后，要及时分组进行往返训练。每组 2～4 只，按照雌、雄以及素质的好坏合理搭配，并用不同的颜色环加以区别。每组的放飞时间应根据季节而定，组与组之间放飞要有间隔，但时间要相对固定，不可突然改变。

往返传递鸽的优越性：

第一，使用单程传递鸽时，必须先用运输笼把信鸽送往某地，暂时把它关在小笼子里饲养，不让它看到周围环境，以避免养熟而不飞归。使用时装上通信筒，然后放回鸽舍，这样，小笼子里就少了一只，如此重复用完之后，又需专人送鸽子前往某地备用，费时又费力，十分不方便。如果能采用往返传递鸽就可以避免这些麻烦。

第二，由于信鸽被关在笼子里缺少运动，经常这样势必影响到信鸽的素质，归巢后需休息几天，以恢复体力；如果采用短期的往返传递鸽，即能每天都进行锻炼，也能避免过于劳累，造成劳逸不均衡。

第三，使用单程传递鸽时，每对之中应留一只静候配偶归巢。因此，单程传递信鸽每次能真正使用的占全部信鸽的一半以下，如果遇上恶劣的气候条件，其传递的效率也会受到影响，而往返传递鸽就可以克服这些缺陷。

第四，已训练成功的往返传递鸽天天来往于甲乙两地，天天受到锻炼。使用的时间越长，它们对两地之间的山川地形就越熟悉，即使遇到恶劣的气候条件，也不会阻止它们的往返传递。

往返传递鸽的局限性：往返传递鸽每日来往于两舍之间，两舍相隔不能太远。以每日飞行 2h 以内较为合适。如果按照信鸽飞行的时速 50km 计算，两舍间的距离不能超过 100km，距离远了，信鸽就不能胜任，这就是它的局限性。而使用单程通信鸽的距离就不受上述条件的限制，这是往返传递鸽所不及的。因此，它们是相辅相成的，使用时应相互配合。

(3) 移动传递训练　目的在于培训出能够准确认识鸽舍（移动）和信号，不受地形、自然环境限制可以在鸽舍一定范围内迁移后仍然能够准确识别鸽舍的信鸽。这种信鸽在军事、地质勘探、草原放牧以及航海等方面都具有较高的应用价值。要培育出素质较好的移动传递鸽，应从刚出巢的幼鸽中挑选并进行严格的训练。

训练前的准备工作：把制作好的移动鸽舍安装在移动车上，然后把幼鸽从固定鸽舍移到移动的鸽舍内，先进行亲和、舍内熟悉、出入舍门、熟悉移动车、熟悉信号等基本训练，再按照不同距离和方位进行移动传递训练。

第一位置：就地采取三角形移动或其它形式的移动，做辨认不同方向的方位训练。一般训练 3 天左右。

第二位置：向不同方向做小移动方位训练，移动距离在 50m 以内，训练 2 天。

第三位置：在 50m 以外的新位置训练，时间为 1 天。

第四位置：在 200m 范围内做不同方位的移动训练，训练 2 天左右。

第五位置：在 3km 的范围内做三角形方位移动训练，时间为 4 天左右。

第六位置：在 3～5km 范围内传递训练，时间为 3 天左右。

第七位置：做 500～5000m 范围内的综合移置训练，训练 6 天左右。

结合担负移动传递任务的信鸽做带飞训练，这也是诱导训练的一种方法，要求与正式执行任务的信鸽一样。

(4) 留置传递训练　留置传递就是将甲地饲养的信鸽送往乙地长期留置使用，一旦需要就能马上进行传递使用，使单程传递鸽能够发挥出更大的作用。

① 留置传递鸽应具备的素质

a. 具备在黑暗和不易被人发现的条件下饲养，在 1 个月到半年以上时间里仍不丧失飞翔力的特殊体格。

b. 具备在黑暗处关养既能正常吃食饮水，又不会乱叫或扇翅的素质。

c. 具有耐粗饲、适应恶劣环境、定向好、归巢心强，无论任何时间、地点、气候条件下放飞均能顺利归巢的特性。

信鸽在乙方关养时，不能让它们看到周围的环境，这是极为重要的一点。信鸽在甲地生活时，能天天在广阔的天空中飞翔，能和其子女天天同处。然后禁闭于乙地，除了吃喝外，差不多什么都得不到。在这种条件下生活，时间越长，对它的情绪和归巢性的影响就越大。管理员要了解每只鸽子的性能，如训练成绩、使用情况以及健康、配偶、育雏等情况，在使用时才能灵活选择，让更健康、更能出成绩的信鸽多闲置些时日，先使用那些体质较差、成绩一般者。

② 留置传递鸽的训练　留置传递鸽的基本训练、应用训练和适应训练是在单程传递鸽的基础上进行的特殊训练。也可将单程传递鸽直接实施"留置训练"培训成留置传递鸽。训练科目及要求应按留置传递鸽具备的素质安排实施训练计划。训练在舍区以外进行，离舍区的距离及关养时间应由近及远，由短到长，由白天到黑夜，条件由简到繁。培训留置通信鸽

要严格进行挑选,侧重于对改变饲养环境条件的适应性训练。

(5) 夜间传递鸽的训练　目的在于培训具有夜间飞行和传递本领的夜航信鸽。训练距离在 50km 左右,实际使用距离 50km 以内,应用方法与单程传递相同。

① 训练前的准备工作　此项训练与前面提到的夜间飞行训练有相似之处。先把鸽舍顶和降落台刷上白色涂料,以便鸽群夜间识别。舍内要安装光线较弱的电灯,以不刺眼能看到喂食为宜。舍外安装红、绿、白三种颜色的彩灯作夜间训练的指挥信号。夜航信鸽的生活习性要完全改变,白天应用黑布遮拦鸽舍,让信鸽休息,黑夜训练。关养夜航鸽的降落台要宽,使信鸽起降方便。同时,鸽舍周围灯光要少,以防与指挥灯信号混淆。再就是鸽舍附近不要有电线杆、树林等障碍物,以防撞伤鸽群。

② 舍内及网内训练　上午用遮光的办法在舍内进行亲和、舍内熟悉、出入舍门等基本训练。拂晓和傍晚在网内进行熟悉周围环境及降落台的训练。每天训练 3~5 天,到改变生活习性、适应夜间飞行为止。这段时间大约需 1 个月左右。

(6) 飞翔和放飞训练　先在拂晓到日出前这段时间训练,然后变为傍晚练习。飞翔时间逐渐由每次 10min 延长到 1 天。这一科目的训练要到鸽群能集体在夜间自由飞翔为止。大约需 20 天左右。放飞训练时,先作近距离的"四方"放飞,然后再一个方向一个方向作应用放飞。距离逐渐延长,开始在明月下放飞,然后在有微弱月光的条件下放飞,最后在黑夜放飞。

6. 训练及竞翔中应注意的事项

(1) 建立完整的信鸽记录表　从幼鸽的出生开始就要作好详细的记录,掌握好信鸽的年龄、品种以及放飞训练和竞翔归巢等方面的情况,做到心中有数,并不断提高饲养管理技术水平,对某一个体做到科学选留或淘汰处理。

(2) 幼鸽不要过早放飞　一般情况下,大家都希望使幼鸽早日练就一身好本领,而过早地进行放飞训练,必然会造成不必要的损失。由于幼鸽的发育不成熟、记忆力不强,放飞后会迷失方向。

(3) 为信鸽配制营养全面的日粮并科学饲喂　参加竞翔的信鸽要给予蛋白质和脂肪含量较高的日粮,如油菜籽、豌豆、碎花生米或芝麻粒等,以满足其在长途飞行过程中能量的需要。同时注意在放飞前不要喂得太饱,以免影响其归巢欲。

(4) 为竞翔信鸽选好配偶　为避免信鸽之间争夺巢舍,要及时关闭其巢舍,并防止其配偶与其它信鸽配对,使竞翔鸽保持良好的竞翔状态。

(5) 适当休息　参加竞翔的信鸽,归巢后无论是体力还是精力消耗都很大,需要有一段时间安静休息,以恢复体力。

(6) 减少孵抱幼鸽　对于参赛的信鸽,不能让它孵抱幼雏,或只允许少孵幼雏,以保证信鸽的体质健康。否则因为体质下降会造成体力不足,进而影响竞翔。为避免孵雏过多而影响其体质,可以采取抱假蛋的方法,也可采取白天将雌、雄鸽暂时隔开的办法,这样可以避免雌鸽多产蛋。

(7) 保持原有的鸽窝和配偶　对于参加竞翔的信鸽一定要保持原有的鸽窝和配偶,绝对不能在这个时期挪动或改变鸽窝,也不要将雌、雄鸽拆开,造成它们在精神上的创伤而影响其归巢的速度。

（8）为竞翔信鸽的起落和归巢创造条件　使信鸽起飞时能够扶摇直上，降落时能够方便入舍。

复习思考

1. 驯鸟有哪些基本要求？
2. 驯鸟的主要手段有哪些？
3. 鸟的放飞训练需要有那几步？
4. 驯鸟的主要科目有哪些？
5. 鸟不鸣叫可能由那些因素引起的？
6. 对百灵鸟如何进行压口训练？
7. 简述训练百灵鸟登台的常用方法。
8. 上品百灵鸟应具备哪些特点？
9. 成鸟八哥选择应注意什么？
10. 具体调教八哥时有哪些步骤？
11. 画眉鸟的调教方法是怎样的？
12. 鸽子的基本训练有哪些项目？
13. 提高鸽子飞翔速度的训练方法有哪些？
14. 鸽子单程训练时应注意哪些事项？
15. 鸽子在竞翔与应用训练时应注意哪些事项？

技能训练指导

实训一 健康犬、猫的选择

【实训目的】

熟悉挑选宠物犬、猫的方法、指标。

【实训用品】

犬、猫若干只或到宠物市场进行。

【步骤方法】

1. 看神态

精神状态是神经系统机能状态及犬、猫健康状况的综合反映。健康的动物应是两眼有神、耳尾灵活,当有人接近时反应迅速,表现出主动亲近或避开。如果眼睛无神、精神沉郁等则多有可能患病。

2. 看整体

观察动物的行动是否灵活,步态是否稳健,被毛是否整洁光滑,肌肉是否丰满匀称,四肢是否对称健壮,有无跛行现象。如体表有明显的疤痕、癣皮、脱毛、丘疹(小疙瘩),则说明此犬(猫)患有或曾经患过皮肤病(蚧螨病、蠕形螨病、皮肤真菌病等)。

3. 看眼睛

健康犬(猫)的眼睛明亮而有神,睫毛干净整齐,眼圈微带湿润。许多疾病在眼睛上都有反映。眼结膜(眼皮内侧)充血潮红多是一些传染病、热性疾病的征兆。眼结膜黄染(呈现米黄色)则说明肝脏有可能出现病变。眼结膜苍白多是由各种原因引起贫血。当出现角膜(眼球最外层)浑浊、白斑则有可能是犬瘟热的中后期,或是单纯性的角膜炎;如果角膜出现蓝灰色则多有可能患有传染性肝炎。如果眼屎过多则更要注意,许多患犬瘟热、传染性肝炎的犬都有此现象。

4. 看鼻部

健康犬（猫）的鼻尖和鼻孔周围应是湿润而有凉感。如果鼻部干燥多说明上呼吸道有炎症（多是由传染病、热性病引起）。如鼻孔中流出明显的浆液性、黏液性、脓性鼻涕则是一些传染病的表现。

5. 看下腹部

如肚脐周围、后腹部有明显的球状凸起，则多是患有脐疝、阴囊疝的结果，一般要通过手术才能治疗。

另外还要注意如下几点：

（1）身体是否过瘦。过瘦的原因包括有摄食量不足、患有寄生虫病、患有内科疾病，此外突然环境转变也会令犬只体重下降。

（2）大便是否异于平常。大便的次数、形状、颜色、味道均可反映健康状况。一般下痢的原因是吃得太多，造成消化不良。若大便中沾有血，可能有寄生虫。

（3）尿液是否异常。正常尿液呈淡黄色，若颜色过深或乳白色可能患有肾病。假如无法排尿，可能是尿道闭塞。

实训二　犬亲和关系的训练

【实训目的】

建立犬与驯导员之间的亲密关系，消除犬对驯导员的防御反应和探求反应，培养犬对驯导员的高度依恋性，同时建立对犬名的条件反射。

【实训用品】

犬、犬窝、奖食、犬粮等。

【步骤方法】

犬具有先天易于驯服的特点，也就很容易对驯导员产生依恋性。只要驯导员经常接触犬，通过日常的饲养管理，逐渐消除犬对驯导员的防御反应和探求反应。能使犬对驯导员的气味、声音、动作等产生兴奋并形成条件反射。

一、利用饲养管理建立亲和关系

饲养管理是养犬的中心环节，是对犬建立亲和关系，也是培养犬对驯导员建立依恋性的最重要的途径。

1. 给犬准备一个舒适的窝箱

犬购回后，应将犬放在准备好的室内犬床上，而不应放在院中或牲畜棚中，使犬与驯员建立初步感情。

2. 亲自喂食

在早期培训与调教阶段一定要驯导员亲自喂食，满足犬的第一需要，以增进彼此的信任和情感，使犬的依恋性不会受他人喂食的诱惑而减弱。

3. 多与犬接触

犬购回后，驯导员每天都必须花费一定的时间来陪伴和调教它，不断地设法与犬交谈、游玩、逗乐，使犬感到无穷的乐趣，喜欢与驯导员在一起戏耍，对驯导员产生依恋性，从而确立犬与驯导员的初步感情。

4. 呼叫犬的名字

每条犬都有自己的名字，简单易记的名字往往让犬能愉快地接受并牢牢记住，驯导员必须尽快让犬习惯于呼名。犬在没有习惯呼名前，犬名对犬来说只是一种无关刺激的信号而已。当驯导员多次用温和音调的语气呼唤犬名字时，呼名的声音刺激可以引起犬的注目或侧耳反应，这时驯导员应该进行给犬喂食或带它散步等亲密的活动。通过有规律的反复之后，驯导员对犬的呼名就具有一种指令性的信号作用，犬习惯于呼名。但驯导员也要注意，不要不分场合和时间总把犬的名字挂在嘴边。这样即便每次召唤都给予奖励也易使犬产生抑制而不听召唤。

二、主要刺激的应用

1. "好"的口令和抚拍奖励的应用

呼唤犬名和给犬喂食时，犬听到声音或闻到食物的气味有所反应，驯导员应及时给予"好"的口令，并伴随着抚拍奖励。

2. 食物的应用

对于食物反射强的犬，可采取食物诱导的方法训练。驯导员散放犬时，将手中的食物让犬闻一闻，同时呼唤犬名，犬为了得到食物而注视驯导员时，驯导员应及时用食物奖励。

3. 带犬适当进行运动

带犬适当运动，给其自由活动的机会。可以消除犬的戒备，在跑动中愉快地呼唤犬的名字，并适度地抚拍，可增进犬对驯导员的依恋性，也使犬得到了运动锻炼。

4. 音调的应用

音调可分为普通音调、温和音调、威胁音调三种。在亲和训练期间，驯导员呼唤犬名，或对犬奖励时都要用温和音调，这样能使犬感到亲近，从而消除犬对驯导员的防御反应。

5. 抚拍

抚拍就是抚摸和轻微拍打犬的身体部位，尤其是犬的头部、肩部和胸部。抚拍是使犬感觉舒服的一种非物质刺激奖励手段。通常与"好"的口令结合使用。抚拍的力度不宜过大，否则会使犬产生疼痛感，变成机械性刺激。除了让犬站立接受抚拍外，还可以在犬坐着时进行，驯导员也可以用手握住犬的前爪上下摇晃，使犬觉得舒服，并带有一定的玩耍性，这样就能起到完美的抚拍效果。

三、针对不同类型的犬应区别对待

犬的类型有所不同,在训练中要根据犬的胆量、年龄和神经类型的不同特点,加以区别对待。例如,凶猛的犬和胆小的犬训练方法就有一定区别。对于凶猛性犬的训练,驯导员不要急于求成,应胆大心细,通过喂食和呼唤犬名来逐渐消除犬对驯导员的防御反应,对胆小的犬,驯导员应保持耐心,并经常与犬在一起,用食物诱导的方法使其对驯导员产生依恋性。对于被动防御反射强的犬,驯导员应耐心对待,并多与犬接触,接触时音调要温和,动作要大方,结合食物诱导使犬消除对驯导员的被动防御反应。对于猎取反射强的犬,驯导员应采取衔取物进行调引的方式进行训练,培养犬对驯导员的依恋性。

在亲和训练期间,犬对驯导员产生兴奋反应或对驯导员呼唤犬名有兴奋反应时,犬对驯导员的依恋性就基本形成了。只要驯导员灵活掌握各种训练方法,就能对犬建立巩固的亲和关系。

【注意事项】

(1)驯导员在与犬接触时声音要温和欢快,态度要和蔼,举止要大方。

(2)"亲和"训练期间严禁体罚、打骂犬。严禁用任何恐吓动作,以免使犬产生抑制,从而会使它感到沮丧,甚至产生敌意。

(3)安静的环境使得犬只能把注意力集中在驯导员身上,使犬只对驯导员产生信任和依赖。

(4)"亲和"训练期间严禁随意放开牵引带让犬自由活动。

(5)"亲和"训练期间,严禁使用威胁音调口令。

(6)犬对驯导员的依恋性形成后,也不能盲目地刺激犬。

实训三 犬良好饮食和排泄的训练

【实训目的】

通过训练使犬能建立起良好的饮食和排泄习惯。

【实训用品】

犬、奖食、犬粮、食盆、报纸、纸盒、杂草等。

【方法步骤】

一、良好饮食习惯的培养

1. 定时采食

饲喂犬时，每天不管是喂 1 次还是 2 次，最好都在相对固定的时间内喂食。定时饲喂可以使犬每到喂食时间胃液分泌和胃肠蠕动就有规律地加强，饥饿感加剧，使食欲大增，对采食及消化吸收大有益处。如果不定时饲喂，则将破坏这一规律，不但影响采食和消化，还易患消化道疾病。

犬采食后离开食盆时，要将食盆拿走，这样做既方便饲养管理，又有利于定时采食习惯的养成。

2. 定量采食

每天饲喂量应相对稳定，不可随意给食，防止犬吃不饱或暴饮暴食。随着犬的生长，应及时调整饲喂量以满足犬的生长需要，驯导员可根据犬采食时和采食后的行为来判断喂量是否合适。犬如果在很短时间内采食结束，且仍有食欲，表明饲喂量可能不足，需要适量添加；如果犬在采食过程中时而走动，时而进食，则表明饲喂量可能过多。

二、良好排泄习惯的培养

培养犬定点排便是使犬有良好行为习惯的重要手段之一，特别适用于家庭养犬。驯导员可以通过对犬的训练培养，使其到固定地点排便。仔犬一旦会爬行就离开犬窝排便。犬喜欢嗅找从前排便过的地方。如果犬住在房间外或能自由进出犬舍，会自己选择排大小便的时间、地点，此时只要在犬常活动的地方放些泥土或乱草，很快犬就会选择这一地方作为"厕所"。为了防止犬外出时随意排便而污染环境，在这一阶段要加强定时定点排便训练。室内养犬时，一般可放在走廊或阳台、浴室的角落，放有旧报纸或硬纸板并铺上一层塑料薄膜作为简易的厕所，也可训练犬到移动厕所排便。

1. 充分利用犬吃食后想排便的机会加以调教

犬吃完食后，驯导员立刻将犬引导到为其准备排便的盒子里，在盒子的底部铺一些草，最好是花园里的草坪。如果盒子里带有犬的大、小便气味则更好，以诱发犬的排便行为。当犬排便后，驯导员要立即用"好"的口令和抚拍进行奖励。如此训练，犬便会养成定点排便的习惯。

2. 关注犬排便前的举动

排便训练的关键一点就是要掌握犬在排便之前有何特殊的举动。不同的犬会有不同的举动，有的犬大便前会来回转个不停，有的则是忽然地蹲下来。发现犬有排便的预兆，如出现不安、转圈、嗅寻、翘尾、下蹲、抬腿等动作时，立即将犬抱到专门准备的盒子内让其排便。由于盒子内附有它的粪便气味，所以犬很容易产生排便行为。当犬顺利地排便后，驯导员要立即用"好"的口令和抚拍进行奖励，这样犬不仅在生理上得到了强化，也从驯导员身上得到了奖励。经过 5~7 天，犬一般就会自己主动到自己的厕所或固定地点排便。

3. 正确奖励方法

在掌握了犬排便前的举动后，当出现这些征兆时，立即把它带到事先选择好的排便地方。直到排便结束，立即进行奖励，可给予美食或抚摸。当犬在一定的时间内排完便后，应充分奖励它，然后再在犬的熟悉环境里游戏、玩耍后，让犬回犬床睡觉。如犬仍然随意大小便，或因发现过晚，犬已开始排便，给予斥责并强行把它带到应去的地方，令其排便，数次重复后，犬就能学会在指定的地点排便。

【注意事项】

（1）把握饲喂时机　可在正常饲喂犬的时间内进行，但必须保证犬处于饥饿状态，这样才能准确把握每次饲喂量。

（2）与不良采食行为的纠正同步训练　在进行定点定时采食训练时，可与犬不良采食行为的纠正同步进行，包括拒绝吃陌生人的食物、不偷食、不随地拣食等。

（3）不能用粗暴的方法惩罚　在犬已排便后训斥是毫无意义的。甚至有人把犬拖到排便物前，按下犬头让它嗅闻，边打边训斥，这种方法是极其错误的，只会给犬造成"被虐待"的坏印象。这种印象一旦形成，会使犬产生上厕所是件可怕的事，即使再带它到厕所里，它也不会排便，甚至会躲避驯导员，事后在一些隐蔽地方排便。

（4）排便地点应固定隐蔽　这样有利于犬形成条件反射。如果经常更换，会给犬造成可在任何地点排便的假象，定点排便也就失去意义。

（5）掌握犬生活规律　定点排便训练前应掌握犬的生活规律，同时还要注意犬的健康、饮食等方面。犬通常在采食后 0.5~1h 及睡觉前后 0.5~1h 排便的可能性较大，应重点关注这两个时间段内犬的举动。如犬能在指定地点排便后，可进行定时排便训练，定时排便训练必须保证饲喂的定时。犬如果患上痢疾，首先要进行治疗，让犬恢复健康后，再进行定点排便训练。

（6）排便时要保持安静　看见犬遗便要保持安静，不可失声喊叫，否则会使犬受惊，影响犬的排便训练。

实训四　犬坐下、站立科目的训练

【实训目的】

通过训练使犬具有在驯导员发出指令后正确执行坐或立的能力。

【实训用品】

犬、牵引带、训练绳、奖食、脖圈、玩具等。

【步骤方法】

一、犬坐的训练

犬的坐下训练主要是加强犬的服从性，训练犬根据驯导员口令、手势的指挥迅速执行动作，为以后训练犬的其它服从性科目打下基础。要求犬能够闻令而动，活泼自然，姿势正确而具有持久性，正确动作应前肢垂直，后肢弯曲跗关节以下着地，尾巴平伸至身体正后方地面。

1. 口令和手势

口令："坐"。

左侧坐手势：左手轻拍左腹部。

正面坐手势：右手臂外展，与肩平行，小臂垂直于大臂，掌心向前，呈"L"形。

2. 建立犬对口令和手势的条件反射

（1）左侧坐的训练方法　首先选择一个相对比较清静平坦的场地让犬游玩，排除大小便并熟悉周围环境，以消除犬的外抑制。驯导员首先让犬靠左侧站好，然后发出"坐"的口令，同时用右手上提脖圈，左手按压犬的腰角。当犬在这种机械刺激的作用下，被迫做出坐的动作后，应立即给予强化。经过这样的多次重复训练，犬就能形成条件反射。在此基础上，再结合手势进行训练，即下达口令的同时，做出侧坐的手势，指挥犬坐下，当犬对侧坐初步形成后，可结合随行继续训练。即在随行途中停步侧坐，而后随行，如此反复训练。

（2）培养犬正面坐的方法　驯导员用左手握住牵引带，将犬引导至自己的对面，右手做出手势，接着发出口令，同时用左手上提牵引带，迫使犬坐下，当犬坐下后，立即给予奖励。经过这样反复训练，犬对指挥正面坐即可形成条件反射。

也可以牵犬在驯导员的正面站好。驯导员拿出事先准备好的美食，举到犬的头上方，同时发出"坐"的口令，犬因想获得食物会顺势坐下，然后待5~10s后以食物奖励犬，这种方法叫食物诱导法。利用食物诱导法形成科目的固定性程度不高，最好能结合机械刺激法，在发出口令和手势的同时，左手拉着犬的脖圈向上轻提，这样训练的效果会好得多。

3. 培养犬坐待延缓的持久性

当犬对口令、手势形成条件反射后，就开始逐渐培养犬坐待延缓的持久性，即建立坐下后的延缓抑制。其方法是：使犬侧坐或正面坐后，驯导员手持牵引绳一端，慢慢地离开犬1~2步远。如犬在驯导员移动时有起立欲动的表现，就立即重复"坐"的口令，并伴以提拉牵引带的刺激，使犬在原来位置上重新坐好。初开始只要求犬能在10s内坐着不动，就应当立即给予奖励，以后再逐渐延长坐待时间，采取边巩固、边提高的方法，达到5min。在培养延缓时间的同时，也要逐渐延伸驯导员与犬的距离，采取由近及远，远近交错，直至离犬20m以外隐蔽起来，犬仍能坐待不动。训练初期可给犬带上训练绳，以备及时纠正犬可能出现的解除抑制，随着训练的进展，再逐渐拖绳或去绳。当犬坐待延缓比较巩固后，才能结合令犬前来的训练，切勿操之过急，以免破坏坐待动作。

4. 环境条件复杂化的锻炼

当犬在清静环境中能顺利地服从指挥做出动作后，就可以使训练的环境逐渐复杂化，以锻炼犬增强抗干扰能力。在环境条件复杂的情况下，犬的动作易受外界动因的影响。因此，要适当地运用强迫手段，使犬逐渐适应。

二、犬立的训练

犬立的训练是为了培养犬根据指挥迅速执行动作，并能保持一定立待延缓的持久性和在一定范围内进行距离指挥的能力，要求犬姿势正确，目视驯导员，四肢伸直并垂直着地，头自然抬起，尾自然放松。

1. 口令和手势

口令："立"。

手势：右臂以肩为轴由下而上直臂前伸至水平位置，五指并拢掌心向上。

2. 建立犬对口令和手势的条件反射

带犬到清静环境，驯导员令犬坐下后，走到犬前1～2步远处，面向犬，左手持牵引带，右手做出立的手势，同时发出"立"的口令和手势，如犬立起，应及时给予奖励。如犬不能在发出口令和手势的同时做出立的动作，则应重复指挥，用左手或左脚伸入犬腹部，轻轻地向上一托，右手牵犬，迫使犬立起后，及时给予奖励。如此反复训练，直至建立对口令和手势的条件反射。

3. 距离指挥立和延缓立

当犬建立基本的立的条件反射后，可以利用训练绳对犬进行距离训练。从1～2步远开始直至更远距离。但是切忌一味追求延长距离，而使犬的动作错误，确实打好基础后，再逐渐延长。还要注意手势和口令的交替。距离指挥立的基础上，要求犬能在较长的时间内延缓立的动作。最初只要求犬能在几秒到十几秒之内立着不动，然后再逐步延长立的延缓时间。采取边巩固边提高的方法，最终能达到5min以上。在训练过程中，距离要远近结合，时间要长短结合，交替使用。

当犬对立的能力有一定的基础之后，可结合随行继续训练，即在随行的途中突然停止，令犬站立，如犬能闻令即止，应及时给予奖励，否则应采取强迫的手段进行纠正。然后再随行，如此反复训练，随行中的站立能力即可形成。

【注意事项】

(1) 在坐的初期训练时，最好选择在早、晚比较清静的环境里进行。同时地面不能有水、热物、草茬等使犬感到不舒服的杂物。

(2) 进行延长指挥距离的训练时，一定要控制好犬只，以防犬逃避训练。如犬逃避训练，驯导员应耐心引导犬回到自己跟前，不能追赶或追打。

(3) 在长距离训练坐（立）延缓中，驯导员每次都要回到犬跟前，进行奖励，不能唤犬前来奖励。

(4) 纠正犬自己解除坐（立）延缓要及时，最好是在犬欲动而未完全动时纠正，同时刺激量也要适当强些。

(5) 要根据犬的神经类型及特点灵活运用训练方法。对食物欲望犬可多用食物诱导；对物品衔取欲高的犬可用物品诱导，对于兴奋性强的犬可用机械刺激进行训练。犬不能准确做出动作时，手和脚尖对犬的刺激部位要准确，强度要适当，防止抑制。

（6）在驯导员和犬之间有一定距离进行犬立的科目训练时，犬易向前移步，所以要进行近距离指挥，以便于及时纠正犬的不正确动作。

实训五　犬卧下、躺下科目的训练

【实训目的】

通过训练使犬具有在驯导员发出指令后正确执行卧下或躺下的能力。

【实训用品】

犬、训练绳、牵引带、奖食、玩具等。

【步骤方法】

一、卧下的训练

犬的卧下训练是为了使犬养成根据指挥迅速地执行动作，并保持卧下延缓静止的持久性，要求犬前肢着地平伸向前，后肢着地，头部自然抬起，尾巴平伸，卧姿正确、兴奋、自然，延缓卧的动作在 3min 以上。

1. 口令和手势

口令："卧下"。

正面卧手势：右手正面上举，然后向前平伸，右手侧面从犬面前向下方挥伸。

2. 建立犬对口令和手势的条件反射

（1）令犬左侧坐下，驯导员取跪下姿势，左手握犬脖圈，发出"卧"的口令，同时左手小臂轻压犬的肩腿，右手拿食物在犬的鼻前引诱作手势。此时驯导员恢复立正姿势，稍待片刻，再发出"起坐"的口令，同时以右手持牵引带略上提（或食物引诱，左手做手势，犬起坐后给予奖励）。或者令犬在正面坐下，驯导员取跪下姿势，以左手持食物做手势，左手拉犬的前肢轻轻前挪，也可双手分别握犬的前肢向前移动并令犬卧下，犬卧下后即给予奖励。稍待片刻再发"起坐"的口令，同时以左手持牵引带略上提，右手做手势或拿食物引诱做手势，犬起坐后，即给予奖励。

（2）犬可能出现的问题

① 犬前肢内收，颈部下沉（伏地）。

② 卧下时臀部倾斜或躺卧。

（3）纠正方法

① 用手扶正，必要时给予机械刺激。

② 令犬起坐重新卧下。

③ 卧下后前肢偏开或交叉在一起,可用手纠正,结合适当刺激和奖励手段。

④ 起坐时全身起立或起半身或起坐后又自行卧下的,在左侧训练时以左手事先着犬的臀部;起半身而不成坐姿的,可再发一次迅速而严肃的口令;等犬起坐后发出"定"的口令,防止犬再卧下。

3. 距离指挥和延缓能力的培养

如近距离内能根据口令、手势顺利做出动作后,就可以逐步过渡到延长距离,解掉牵引带。如果有的犬因解除训练绳后而不能顺利地卧下,则可采用威胁音调重复口令,并使用机械刺激促使犬卧下。以后训练减少口令而用手势指挥,犬养成一定能力之后,可延缓卧下时间。

4. 复杂环境训练

在清静的环境中,犬能顺利地执行动作,应加强环境复杂化训练,可带犬到公路、居民区进行训练。当犬在复杂环境中因外界干扰而不执行动作时,应适当增加强迫性,迫使犬执行动作,然后奖励犬,直至犬在复杂环境中能顺利地执行动作。

二、躺下的训练

1. 口令和手势

口令:"躺"。

手势:右臂直臂外展45°,右手向前下方挥,掌心向前,胳膊微弯。

2. 建立犬对口令和手势的条件反射

将犬带到安静平坦的训练场地,驯导员令犬卧好,发出"躺"口令的同时,用手掌向右击犬的右肩胛部位,迫使犬躺下。犬躺下之后,立即给犬以食物奖励,并发出"好"的奖励,如此反复训练,直至犬能根据口令迅速执行动作。在此基础上,逐步加入手势进行训练,以便犬能准确地对"躺"的口令和手势做出动作。

3. 距离指挥和延缓能力的培养

在犬对口令、手势形成基本条件反射后,驯导员令犬卧下,走到犬前1~2步远处,发出"躺"的口令和手势,如犬能顺利执行动作,应立即回原位奖励。如果犬没有执行动作,立即回原位刺激强迫犬躺下,然后奖励犬,延缓2~5min,令犬游散或坐起。如此反复训练,即可使犬形成条件反射,当犬能在1~2m左右距离迅速执行动作后,可用训练绳控制犬,逐渐延长距离,适当加强使用强迫手段,直至达到30m以上。

【注意事项】

(1) 掌握机械刺激和食物引诱的时机,同时奖励要及时、恰当。

(2) 训练过程中应注意前来训练对延缓训练的破坏,在卧待延缓尚未巩固前,不宜结合前来训练。

(3) 训练初期,口令和手势要结合使用,后期再分开单独使用。

(4) 犬的躺下训练应注意与坐、卧等科目结合使用。

(5) 注意及时纠正犬的小毛病,如躺的动作不到位等。

实训六 犬吠叫、安静科目的训练

【实训目的】

使犬养成根据指挥进行吠叫和安静的服从能力，为以后的警戒和护卫等科目的训练打下基础，要求犬听到命令和看到手势后能迅速做出吠叫和安静动作。

【实训用品】

犬、训练绳、牵引带、奖食、玩具、锣等。

【步骤方法】

一、吠叫训练

1. 口令和手势

吠叫命令："叫"。

吠叫手势：右手食指在胸前轻点。

2. 对于不同类型的犬可采取不同的训练方式。

（1）食物、物品引诱法　对食物反射反应强的犬，当犬处在饥饿状态下，驯导员手持味美的食物在犬的鼻子前让犬嗅闻，犬就会产生强烈的食物反射，急于想吃到食物，这时驯导员趁机发出"叫"的口令，在想吃而又吃不到的情况下，犬即会大声吠叫，训练初期犬只要有吠叫的表示，驯导员就应及时用"好"的口令加以强化，并用少量的食物奖励。随后再令犬吠叫，犬吠叫后即给食物奖励。如此经常训练，逐步减少食物引诱，直到犬能根据口令吠叫。对衔取兴奋性高的犬可以采用物品引诱，训练方法与食物引诱相似。

（2）利用犬的防御反射引诱犬吠叫　此法对防御反射强的犬较为有效。当犬在犬舍内发现有陌生人或者其它犬接近而吠叫时，驯导员可以及时发出口令手势指挥犬吠叫并加以奖励。也可将犬牵到自己身边，助驯员由远而近地接近并逗引犬，在引起犬注意而产生警惕的同时，驯导员对犬发出"叫"的口令，当犬吠叫或者有叫的表现时，立即用好的口令加以奖励强化。助驯员在驯导员奖励之机隐藏起来或停止逗引犬。这样反复经过几次训练就能形成条件反射。随着犬能力的提高可逐步减少或者去掉逗引。此法不能过多利用，以免产生见人乱叫的不良习惯。

（3）利用犬的依恋性引诱犬吠叫　驯导员牵犬到生疏而又清静的环境里，将犬拴在固定的物体上，先逗引犬的兴奋性后，立即离开犬一段距离，边走边回头喊犬的名字，犬由于在生疏的环境看到驯导员离开而急躁不安，此时驯导员对犬发出"叫"的口令，如犬吠叫后立即跑到犬的身边给予抚拍或者食物奖励；如犬不叫可以继续延伸距离，增加逗引，直到犬吠叫为止。这样经过几次训练就能使犬基本形成条件反射，以后可以逐渐缩短离开犬的距离，直到在犬的身边用口令手势指挥犬吠叫。

（4）自由反射法　每次带犬出去训练或者散放前，利用犬急于出犬舍获得自由的机会，驯导员在犬舍外面发出口令手势令犬吠叫，此时由于犬急于出舍，易脱口而叫，如犬吠叫应立即放犬出舍并及时给予奖励。

（5）模仿训练法　找一条对吠叫已形成条件反射的犬，将两条犬关在相邻的两间犬舍，或者同时拴在相近的两棵树上，令犬吠叫，当那条会吠叫犬叫时要给予充分的奖励，由于犬先天具有的模仿学习行为和本能的嫉妒心理，另一条犬势必会大声吠叫，这时驯导员及时给予奖励。

二、安静训练

安静口令："静"。

这一训练是在犬已形成吠叫的条件反射之后进行的，其方法是驯导员带犬到训练场，助驯员以鬼祟的动作由远及近靠近犬，当犬发现欲叫时，驯导员应及时发出"静"的口令，同时轻击犬嘴，禁止犬叫出声来，令其安静。当犬安静后，应立即给予奖励。然后助驯员时隐时现地活动，驯导员根据犬的行为表现，重复口令制止吠叫。经过这样反复训练，使犬对口令形成条件反射。此外，还可在日常管理中，抓住犬表现乱叫的一切机会，进行安静科目的训练。在此基础上，训练犬养成能在强烈音响刺激的环境下安静的能力，可选择在犬舍附近进行。训练时，在距犬舍40~50m处以锣鼓等发出各种声响，初期犬会有胆怯、退缩现象，这时驯导员采用安慰鼓励、游戏、抚拍和食物等引起兴奋反应，分散犬的注意力，使犬习惯于平静地对待各种音响。

【注意事项】

（1）为尽快地使犬对叫的口令和手势建立条件反射，不论对犬的大声或小声吠叫，都应给予奖励。

（2）不能在同一训练时间内使犬连续吠叫次数过多，以免产生抑制。

（3）随着犬吠叫能力的提高，食物奖励次数可适当减少。

（4）不要每次下"叫"的口令前都唤犬名，以免犬对口令产生泛化。

（5）远距离指挥犬吠叫应循序渐进，不能过分强求犬吠叫，以免犬因吠叫所产生抑制而影响其它训练科目。

（6）刺激"静"时要注意强度，以免过于抑制。

实训七　犬前来、延缓科目的训练

【实训目的】

培养犬闻令即来的服从性，在各种环境条件下，凡犬能听到驯导员的口令或看到驯导员的手势，均能迅速兴奋地来到驯导员正前方坐好，并根据"靠"的口令靠坐于驯导员左侧。以便驯导员在日常管理、训练和使用中掌握和指挥。

【实训用品】

犬、训练绳、牵引带、奖食、玩具等。

【步骤方法】

一、前来的训练

1. 口令和手势

口令："来"。

手势：左手向左屈臂，而后向左平伸，随即放下。

2. 游散中前来

驯导员趁犬拖着训练绳游散之际，先呼犬名，引起犬的注意，然后发出"来"的口令，同时边扯拉训练绳边向后退，以促使犬前来。当犬来到驯导员面前，应及时给予奖励。经过反复训练，犬就能根据"来"的口令顺利地回到驯导员跟前。以后的训练，可逐渐由拖绳转为去绳。

3. 延缓中前来

在坐延缓的基础上，用食物和能引起犬兴奋性的物品诱导犬前来，即驯导员发出"来"的口令的同时，手拿食物或物品引诱犬，当犬来到跟前时，及时给予食物或衔物奖励。随着训练的进展，应逐渐减少直到去掉食物、物品的诱导作用，而建立起对口令的条件反射。在左手活动比较方便的情况下，应将手势同时与口令结合运用，使之形成条件反射。

4. 使前来复杂化

此阶段主要包括前来正面坐和左侧坐。训练犬前来正面坐时，驯导员在唤前来之前，双手持物品置于小腹处，或将物品夹放在下巴下，然后唤犬前来。当犬来到驯导员正前方时，立即发出"坐"的口令和手势，待犬坐下目视驯导员时，用准备好的食物对之进行奖励。训练中，也可将食物衔在口中，待犬前来后吐出给犬奖励。训练犬前来侧面坐是在犬能按指挥执行正面坐的基础上进行的。驯导员提拉犬的牵引脖圈，适当往左腿边拉扯或按压犬的腰角部，同时发出"靠"的口令和手势，待犬靠于驯导员的左侧坐好后，及时给犬奖励。随着训练的深入，应减少直至不用强迫手段。

5. 复杂环境中前来能力的培养

驯导员应要视环境的复杂情况而定，通常以带绳、去绳穿插进行训练。初期以带绳为主，当犬由于新异刺激影响出现延误时，立即拉扯训练绳迫使犬前来，以后可逐步去绳训练，同时使环境复杂化，如营造有他人在场、嘈乱混杂的环境，直至犬在类似复杂的环境中，只要听到驯导员的口令就能准确地根据指挥迅速前来。

二、延缓训练

延缓是指犬保持某一动作的持久性，没有驯导员命令不改变动作。

1. 口令

口令："定"。

2. 拴系训练

驯导员令犬侧坐后，避开犬的视线将牵引带固定在犬身后的固定物上，接着发出"坐"的口令和"定"的口令，然后离开犬 1~2 步远。如犬在驯导员离开时有起立欲动的表现时，驯导员要立即下达"坐"的口令，同时，固定在犬身后的牵引带，也会及时给犬造成相应的刺激，使犬重新恢复坐下的动作。待犬坐下后，驯导员要及时给予奖励。

3. 驯导员牵引训练

驯导员令犬侧坐后，手持牵引带一端，下达"坐"的口令和"定"的口令，慢慢离开犬 1~2 步远。如犬在驯导员移动时有起立欲动的表现时，应立即重复"定"的口令，并伴以提拉牵引带的刺激，使犬在原来位置上重新坐好。

4. 助驯员牵引训练

驯导员令犬左侧坐好后，将训练绳置于犬的身后，助驯员站在犬的身后，最好是避开犬的视线，手握训练绳的末端。然后，驯导员下达"坐"的口令和"定"的口令慢慢向前离开，如犬在驯导员离开时有起立欲动的表现时，驯导员立即下达"定"的口令，同时，助驯员握训练绳给予适当向后扯拉的刺激，使犬在原来的位置重新坐好。对于攻击或害怕助驯员给予扯拉刺激的犬，可在犬延缓的地面上固定一个小铁环，将训练绳从铁环穿过再交给助驯员。这些准备工作最好不要当犬的面进行，应在延缓训练前作好准备。

开始只要求犬能在 10s 内坐着不动，就应立即给予奖励，以后再逐渐延长坐的时间，采取边巩固、边提高的方法，达到 5min。在培养延缓时间的同时，也要逐渐延伸驯导员与犬的距离，采取由近及远、远近交替，直至离犬 20m 以外隐蔽起来，犬仍能坐着不动。初期训练可给犬带上训练绳，以备及时纠正犬可能出现的解除抑制，随着训练的进展，再逐渐拖绳或去绳。当犬坐待延缓比较巩固后，才能结合令犬前来的训练，切勿操之过急，以免破坏延缓动作。

当犬在清静的环境中能顺利地服从指挥做出动作后，就可以使训练的环境逐渐复杂化，以锻炼犬抗干扰的能力。在环境条件复杂的情况下，犬的动作易受外界因素的影响。因此，要适当地运用强迫手段，使犬逐渐适应。

【注意事项】

（1）前来训练时，要正确使用训练绳，不得妨碍犬前来的动作。

（2）应防止犬在前来时绕行，在采用机械刺激时要掌握刺激时机和强度。

（3）犬不执行前来命令时，应采用诱导与刺激强迫相结合，不宜追赶犬只。

（4）延缓时间与距离要循序渐进，避免盲目提高，同时注意提高和降低的有效结合。

（5）在长距离坐待延缓中，驯导员每次都要回到犬跟前奖励，不要唤犬前来奖励，以防破坏延缓能力。

实训八 犬随行、游散科目的训练

【实训目的】

通过训练使犬具有在驯导员发出指令后正确执行随行或游散的能力。

【实训用品】

犬、训练绳、牵引带、刺钉脖圈、奖食等。

【步骤方法】

一、随行训练

犬的随行训练主要是培养犬靠近驯导员左侧并排前进的能力，要求犬的前肢与驯导员两腿并齐前行，并能跟随驯导员进行随行中方向和步伐速度的变换，犬可略有超前5~10cm。

1. 口令和手势

口令："靠"、"快"、"慢"。

手势：左手轻拍左腿外侧。

2. 培养犬对"靠"的口令和手势形成基本条件反射

（1）停止间训练　停止间的训练内容包括：驯导员右跨一步、向前一步、后退一步、向左转、向右转、向后转。

训练方法：驯导员带犬进入训练场地前，先使犬游散，排除大小便，然后带犬到环境清静、地面平坦的训练场地。左手握挂牵引带距脖圈约30cm处（便于使用扯拉刺激为宜），其余部分卷好拿于右手，将牵引带放松。比如，训练犬跟随驯导员右跨一步走，在驯导员右跨一步的同时发出"靠"的口令，同时伴以扯拉牵引带的刺激，迫使犬靠于正确位置，然后及时给予奖励。经过反复训练，犬便会根据"靠"的口令自动靠于正确位置。停止间的其它内容也按此方法训练。

（2）行进间训练

① 利用牵引带控制　牵引带的握法与停止间相同。驯导员行进开始的同时下达"靠"的口令，并伴向前扯拉牵引带的刺激，以较快的步伐前进，使犬靠在正确的位置随行。开始训练时，犬易受外界影响，加之不习惯，难免出现偏离正确位置的现象。发现此情况应及时下达"靠"的口令，同时伴以扯拉牵引带的刺激，使犬回到正确位置上来，然后及时给予奖励。

② 利用奖食或物品诱导并结合牵引带控制　左手拿奖食，右手握牵引带，驯导员发出"靠"的口令向前行进，犬为了获得奖食，很容易跟随驯导员的意图行进，保持正确的随行动作。这时，驯导员应把左手的奖食及时奖励给犬，接着再拿出一块奖食继续训练。如犬出

现错误动作时，应及时下"靠"的口令，同时右手持牵引带给予适当的刺激，促使其回到正确的位置，然后及时奖励。

3. 条件反射复杂化阶段

（1）步伐变换和方向变换

步伐变换是指快步、慢步和跑步的相互转化，使犬均能与驯导员同步。同时也要使犬适应行进间的方向变换。方向变换是指在行进中向左转、向右转和向后转。训练时，要注意每当变换步伐或方向时，都应预先发出"靠"的口令和手势，并轻扯牵引带对犬示意，不使犬偏离位置。当步伐和方向变换之后，及时对犬奖励。在这一训练中，"靠"的口令不能使犬分辨出要向哪一方转，或是加快速度或是减慢速度，只能以驯导员的动作节奏变化作犬的信号。人的每一个动作都有前节奏、主节奏、后节奏之分，犬往往是随着驯导员动作的前节奏发生应变的。

（2）脱绳随行　脱绳随行是在牵引随行比较熟练的基础上开始训练的。第一步先把牵引带放松，不使其起控制作用，当犬离开正确位置，用口令、手势指挥归位。如仍不起作用再立即扯拉纠正到正确位置，经过训练，犬如能保持较长距离的正确随行，第二步就可将牵引带拖在地面上令犬随行。经过一段时间训练，犬比较熟练后，第三步就解除牵引带令犬随行。但脱绳的方法不要突然，而是在拖绳随行的过程中，使犬在不知不觉中解开。犬随行正确要及时奖励，犬出现偏离要及时下令纠正，犬如不听指挥，则应立即牵引训练，切勿任其自由行动，当犬能服从指挥正确随行后，再解除牵引训练。如此反复，直到达到要求为止。

4. 环境复杂化锻炼

在复杂环境中训练随行，应视具体情况决定是否牵引控制。当犬受到新异刺激影响延误动作或不执行口令时，即可发出威胁音调的口令，并伴以猛拉牵引带的刺激，迫使犬正确随行。在行人、车辆比较密集的场所，应牵引随行，以防事故。

这一训练除专门进行外，也可结合平时散放和训练其它科目中穿插进行。

二、游散训练

犬的游散训练是使犬养成根据指挥进行自由活动的良好服从性，并以此用来缓和犬因训练或作业引起的神经活动紧张状态。也是驯导员作为奖励的一种手段。

1. 口令和手势

口令："游散"。

手势：右手向让犬去活动的方向一甩。

2. 基本训练

（1）诱导法　驯导员用训练绳牵犬向前跑，待犬兴奋后立即放长训练绳，同时以温和音调发出"游散"的口令并结合手势指挥犬进行游散。当犬跑到前方后，驯导员应放慢速度徐徐停下，使犬自由活动，经过几分钟后，驯导员立即令犬前来，同时扯拉训练绳，犬跑到身前后，加以抚拍或给予食物奖励。按照这一方法，在同一时间内可连续训练2～3次。在训练中，驯导员的态度表情应始终活泼、愉快，经过如此反复训练，犬便可形成条件反射。

（2）利用犬自由反射法　在犬被较长时间禁锢而自由反射表现高涨时，尤其是早上刚出犬舍时，利用它急欲获得自由而表现兴奋之际，及时利用游散口令及手势让犬自由活动，这样会很容易使犬建立游散的基本条件反射。

（3）利用犬的探求反射法　带犬来到一个犬不熟悉的环境，由于犬的探求反射使得它有欲望去认识这一陌生环境。这时驯导员利用这一时机令犬游散，会收到良好效果。

（4）利用犬的排便欲法　利用犬定时排便的习性来完成游散训练。一方面可以建立游散的条件反射，另一方面又可利用游散科目来建立排便的反射。以此来消除犬外抑制，来更好地完成下一科目训练或使用。

3. 脱绳游散

当犬对口令、手势形成条件反射后，即可解去训练绳令犬进行充分的自由活动，驯导员不必尾随前去。在犬游散时，不要让犬跑得过远，一般不要超过20m，以方便驯导员对犬的控制；离得过远时，应立即唤犬前来。为了有效控制犬的行为，防止事故发生，脱绳游散的训练应与"禁止"科目相结合。

【注意事项】

（1）训练随行时，当犬对"靠"的口令和手势还未形成条件反射以前。不要过早地解除牵引带。

（2）随行中驯导员不要踩着犬的脚趾。防止犬产生消极防御反应，给训练增加难度。

（3）随行训练要严格要求与日常管理密切结合，牵引散放犬时，不能让犬放任自流，否则会前功尽弃。

（4）每次训练过程中或训练结束都要给予适当的奖励和休息，让犬高兴地结束训练。

（5）训练初期切勿要求过高，只要犬稍有离开驯导员的表现就应及时奖励，以后再逐渐延长游散距离。

（6）游散应有始有终，不可放任犬自由散漫，以免形成不听指挥的恶习。

实训九　犬拒食科目的训练

【实训目的】

使犬在脱离驯导员管理和监督的情况下，养成不随地拣食、拒绝他人给食或物品的良好习惯，要求犬能根据驯导员的指挥，迅速停止不良采食行为，并对陌生给食或引诱以示威反应，最终达到让犬闻令即止的效果。

【实训用品】

犬、训练绳、牵引带、香肠等引诱食物、奖食、玩具等。

【步骤方法】

拒食训练主要包括培养犬禁止随地拣食和拒绝他人给食训练两方面内容。

一、禁止随地拣食

驯导员选一清静环境，预先将食物分别放在几处明显地方，然后牵犬到这里游散，并逐步靠近放食物的地方，当犬有欲吃的表现时，立即用威胁音调发出"非"的口令，并伴以猛拉牵引带的刺激，予以制止。当犬停止拣食后，应给予抚拍奖励。然后继续带犬游散，再向另一处放食物的地方靠近，采取同上方法训练。以后的训练要经常更换地点。通过如此反复训练，犬就不敢拣食了。在此基础上，可将一些食物分散在比较隐蔽的地方（如矮草丛中）。改用训练绳掌握，驯导员可离犬远一点，仍采取上述方法进行训练，直到除去训练绳，使犬在自由活动中能根据口令立即停止拣食为止。但是，为了彻底纠正犬随地拣食的不良行为，仅依靠布置食物进行专门训练是不行的，必须在日常加强严格管理，随时随地进行经常的训练，一有放松，就会前功尽弃。为了不致使犬对口令的条件反射发生减弱或消退，应经常适当结合机械刺激予以强化。

二、拒绝他人给食

驯导员牵犬到有人活动的场所，助驯员很自然地接近犬，并手持食物给犬吃，如犬表现欲食时，助驯员就巧妙地翻手轻击犬嘴。接着再给犬吃，若犬有吃的表现，再给予较强的刺激。此时，驯导员就发出"叫"的口令，并伴装打助驯员，给犬助威，以激起犬的主动防御反应。当犬对助驯员表示吠叫示威时，助驯员应趁机逃跑，而驯导员则应对犬奖励。经过如此训练，当犬能对给食的助驯员表示示威而不接受食物后，就采取助驯员将食物扔到犬跟前而后离去的训练方法。如犬表现扒取或拣食时，驯导员立即发出"非"的口令，并猛拉牵引带予以刺激，如犬不再拣食，即对犬奖励。当犬有了上述基础后，就可进行使犬脱离监督的拒食训练。其方法是：驯导员先用牵引带把犬拴在一定地点，另外再用训练绳系在犬的脖圈上，将绳的另一端通到驯导员隐蔽的地方，驯导员用手牵绳，隐蔽监视犬的行动。助驯员走近犬后，先试图用手给犬吃食，如犬欲食，则轻击犬嘴。如犬示威，则扔下肉块离去。当犬表示取食，驯导员应在隐蔽处发出"非"的口令，同时猛拉训练绳加以制止。犬如不拣食，驯导员应立即出现给犬奖励。这样在同一时间段内可连续训练2～3次。经反复训练即可达到拒食的目的。

【注意事项】

（1）禁止犬的不良行为应长期不懈地进行，不可一劳永逸，否则会有反复。

（2）因训练"拒食"科目造成犬过分抑制而影响其它科目的训练时，应及时暂停，以缓和犬紧张的神经活动。

（3）机械刺激的强度要把握准确，奖励要充分、及时。

（4）驯导员、助驯员的态度必须认真不能玩笑。

实训十　犬衔取科目的训练

【实训目的】

通过训练使犬养成根据指挥将物品衔来交给驯导员的能力，要求犬的衔取欲望要强，寻找物品积极性要高，并且不破坏被衔取回来的物品。

【实训用品】

犬、训练绳、牵引带、木棒、球、布条、玩具、奖食等。

【步骤方法】

一、诱导法

准备好几种新奇的物品，把犬的牵引带解开，让犬自由活动，突然拿出物品让犬看或嗅闻，犬会因探求反射强、好奇而对物品产生兴趣后跟随驯导员走动。驯导员把物品上系一细绳，逗引犬2～3次，将物品抛向3～5m远的地方，犬会主动去衔物品。当犬欲衔物品时，驯导员发"衔"的口令，然后在犬衔住物品的同时，慢慢拉动物品到自己身边，犬也会跟随着物品来到驯导员面前，让犬在离驯导员正面前30cm处坐下，发出"吐"的口令，驯导员将物品接住，令犬靠在驯导员左侧，充分奖励后，给犬游散。

也可采用以下的诱导训练方法：将犬带到安静的训练场内，选用犬感兴趣又易衔的有驯导员气味的物品（如球、木棒、胶管、布条等），持于右手，接着将所持物品在犬面前摇晃，并重复"衔"的口令，如犬衔往物品时，即用"好"的口令和抚拍予以奖励。让犬衔住片刻后发出"吐"的口令，驯导员将物品接下，对犬奖励。在每次训练中重复2～3遍，当犬能衔吐物品后，应逐渐减去摇晃物品的引诱动作，使犬完全根据口令衔、吐物品。

二、强迫法

让犬坐于驯导员左侧，右手持衔物，发出"衔"的口令，左手轻轻扒开犬嘴，将物品放入犬的口中，再用右手托住犬的下颚。同时发出"衔"和"好"的口令，并用左手抚拍犬的头部，当犬有吐物品的表现时，应重复"衔"的口令并轻托下颚。训练初期，犬能衔住几秒钟，即可发出"吐"的口令，将物品取出，对犬进行抚拍和食物奖励。按上述方法反复训练，当犬能根据口令衔、吐物品，即可转入下一步训练。

上述两种方法各有利弊，犬对诱导方法表现兴奋，但动作不易规范，强迫方法训练的犬虽然动作规范，但犬易产生抑制。所以，应根据犬的具体情况将两者结合使用，取长补短。

三、培养犬衔取抛出和送出物品的能力

1. 抛物衔取

驯导员牵犬坐于左侧，当犬面将物品抛至10m左右的地方，待物品停落并使犬注意后，发出口令和手势，令犬前去衔取。如犬不去则应引犬前往，并重复口令和手势，当犬衔住物品后，即发出"来"的口令奖励，随后令犬吐出物品，再给予抚拍奖励；或者将物品抛至15~20m处，然后驯导员与犬一同跑向物品，令犬衔取，返回原地。在训练过程中，不仅要求犬能兴奋而迅速地衔取物品，还必须能顺利地衔回，靠在驯导员左侧或正面坐，吐出物品，使犬形成根据指挥去衔回物品的条件反射。如果犬出现衔而不来的情况，应采取以下三个方法进行纠正：一是每次衔回物品都要及时奖励，不能急于要回物品；二是用训练绳加以控制；三是用食物或其它物品引诱犬前来后替换衔取物。

2. 送物衔取

先令犬坐待延缓，驯导员将物品送到10m远左右能看见的地面上，再跑步到犬的右侧，指挥犬前去衔取。犬将物品衔回后，令犬坐于左侧，然后发出"吐"的口令，将物品接下，再加以奖励；犬如不去衔物品，应引导犬前去，犬如衔而不来，应采取诱导或用训练绳掌握纠正。本阶段训练中，还要注意培养犬衔取不同物品的能力，为以后鉴别、追踪和搜索的训练奠定基础。

四、培养犬进行鉴别式和隐蔽式衔取能力

1. 犬鉴别式衔取

驯导员事先准备3~4件不附有人体气味的干净物品，将物品摆放在平整而清洁的地面上，然后牵犬到距离物品3~5m处令犬坐下，当着犬面将附有驯导员本人气味的衔取物品放到其它物品中去，然后令犬去衔。当犬能通过逐个嗅认物品后，并将带有驯导员本人气味的物品衔回时，给"好"的口令加以奖励，然后靠驯导员左侧坐下或正面20cm处坐下，吐出物品，驯导员接下物品，再给食物奖励或抛衔取物奖励。如犬错衔物品，应让犬吐掉，再指引犬重新嗅认后，继续去衔，反复训练多次，犬就会形成条件反射，对鉴别形式反应兴奋。对于兴奋性高而嗅认不好的犬，可带绳牵引进行训练。

2. 隐蔽式衔取

驯导员将犬牵引到事先选好的训练场地令犬坐待延缓，驯导员手持衔取物品在犬眼前晃动几下引起犬的注意后，将物品送到30m远处的地方隐藏起来，并用脚踏留下气味，再按原路返回，发出口令和手势，令犬衔取物品。犬如能通过嗅寻衔回物品，则驯导员应令犬坐于正面或侧面吐出物品后给予奖励；如犬找不到物品时，驯导员应引导犬找回物品，然后加以奖励。如此反复多次训练，当犬能顺利地运用嗅觉发现和衔取隐蔽的物品后，则应延长送物距离至50m或更远，以提高其衔取、搜索物品的能力，同时也为以后的追踪训练打下基础。

【注意事项】

（1）为保持和提高犬衔取的兴奋性，应经常更换令犬兴奋的物品，训练不宜过频，次数不宜过多，对犬的每次正确衔取都应给予充分的奖励。

（2）衔取时戏耍物品，乱甩乱咬，不肯回来，应加强对犬的控制，用较硬的物品作衔取物，犬乱咬应发"定"和"非"的口令。

（3）抛物衔取时，抛物距离应先近后远。

（4）为防止犬过早吐出物品，驯导员接物的时机要恰当，不能太突然，食物奖励也不应过早、过多，只能在接物后给予奖励。

（5）为养成犬按驯导员指挥进行衔取的良好服从性，应制止犬随意乱衔取物品的不良习惯。

（6）当衔取训练有一定基础后，应多采取送物衔取的方式，少采用抛物衔取，防止犬养成衔动不衔静的毛病。

实训十一　猫来、打滚和散步科目的训练

【实训目的】

通过训练使猫在驯导员（主人）呼喊时能及时回到主人身边，和主人玩耍打滚以及能和主人一起进行散步。

【实训用品】

猫、食物、零食、颈圈和牵引绳等。

【步骤方法】

一、"来"的训练

先把食物放在固定的地点，呼唤猫的名字并不断发出"来"的口令。如果猫不感兴趣，没有反应，可把食物拿给猫看，然后把食物放回原地，再下达"来"的口令。若猫顺从地走过来，就让它吃，并轻轻抚摸猫的头、背，以示鼓励；如果还不过来，可以先缩短猫和食物之间的距离，并更换猫比较喜食的零食。当猫对"来"的口令形成牢固的条件反射后，可在喊"来"的口令时向猫招手，以后只招手不喊口令，直到猫能根据手势完成"来"的动作。

二、打滚的训练

让猫站在地板上，驯导员在发出"滚"的口令时，轻轻将猫按倒并使其打滚，此时奖给猫少量食物并给予爱抚鼓励，然后如此反复多次直至猫自行打滚为止。以后猫每完成一次动作就给予一次奖励，随着动作熟练程度的不断提高，逐渐减少奖励的次数，如打两个滚给一

次,最后取消奖励。一旦形成条件反射,猫一听到"滚"的口令,就会立即出现打滚的动作。隔一段时间后再给予一些食物奖励,强化条件反射,以避免这种反射消退。

三、散步训练

首先给猫戴上项圈,项圈不能拴得过紧,以能伸入成年人的两个手指为宜。开始时每日给猫戴项圈的时间约 30min 左右,然后逐渐延长时间,直到猫习惯为止。此时可拴上绳子让猫在室内进行散步训练,最初驯导员只作监督,猫可随便活动,一般每日活动 20min 左右,再逐渐延长时间,1周后猫就能熟悉牵绳,这时便可牵着绳子带猫散步。外出散步要选择人稀幽静的场所或道路,距离不要太远(猫走 100m 相当于人走 2000m),初次时间不要过长,以往返 30min 为宜,再根据猫的体质状况逐渐延长时间。散步途中要不断地对猫进行安抚和鼓励。

【注意事项】

(1) 猫不同于狗,它没有听从人类的习惯,因此训练起来比较麻烦,选择性情温和、性格稳重、易与人相处、善解人意、注重感情、反应敏捷、聪明伶俐的品种是成功驯猫的基础。

(2) 驯猫应在 2~3 月龄时开始,这时猫可塑性强,较容易接受非条件刺激[如机械刺激(拍打、抚摸、按压等)和食物刺激]和条件刺激(如口令、手势、哨声和铃声等)而达到训练目的,并为今后的提高打下基础。成年猫其个性已定型,训练起来则比较困难。

(3) 由于驯猫首先要做到唤之即来,所以应尽早给你的爱猫取名,猫名应好听、顺口、悦耳、连贯。猫听觉灵敏,能很快熟记驯导员(主人)的声音,甚至驯导员的脚步声。

(4) 驯猫大多是利用操作式条件反射,为使这一反射被加强和巩固下来,必须采用多种奖励方法,如爱抚、亲昵、食物奖励等。食物奖励是最常用、最实用、效果最好的方法。所以,要准备一些可口的猫食,如烤熟的牛、羊肉,油炸的小鱼等。

(5) 驯猫的最佳时间应在喂食前,因为饥饿的猫比较听话,食物对猫有诱惑力,猫为了得到美味佳肴而能较认真地完成规定动作。但每次驯猫的时间不宜过长,最好在 10min 以内,每天可多进行几次训练。

(6) 驯猫应在安静的环境中进行,避免喧哗、围观、发出巨响。最好采用一对一的方法,不要多人多猫在同一场所训练,以免分散猫的注意力。一次只教一个动作,不要同时进行多项训练。训练某一动作时,不要采用过多的方式,以免猫无所适从。

实训十二　猫使用便盆科目的训练

【实训目的】

通过训练使猫养成在便盆中排泄大小便的良好生活习惯,提高猫的家教,提高家庭养猫的幸福度。

【实训用品】

猫、便盆、猫砂、奖食等。

【步骤方法】

猫习惯于将柔软的地方作便所，并且很多小猫在4~6周时就本能地使用便盆，如果猫发育迟缓就需要人为训练。在小猫进食后，用一片毛巾、棉纸或软布轻擦它的肛门，刺激后迅速把它放在便盆上，并轻轻地把它的前爪放在便盆里动一动，一般猫会很快使用便盆。

如果猫仍然不愿意用便盆，可以将猫圈放在猫栏里，便盆放在其中，通过限制迫使猫在便盆中排便，这种方法也可以用来纠正猫的不良排便习惯。

为了进行巩固训练，还需要将家中其它地方的大小便都清洗干净，去掉残留的气味，防止猫循气味返回。

【注意事项】

（1）猫学会使用便盆后仍会有意外发生，这其中的原因可能有更换地方、体力原因等。无论什么原因，不要过分呵斥它，因为一旦有机会，它会用更错位的行为回报你。

（2）便盆的位置一旦确定，就要减少移动的次数，建议在卫生间或杂物房，并要远离幼儿和犬，特别是在训练初期。

（3）如果猫经常出现排便意外，建议让兽医检查，很可能是生理问题导致的。

实训十三 猫使用抓挠柱科目的训练

【实训目的】

通过训练使猫能够只使用抓挠柱进行磨爪和锻炼肌肉，而不再抓挠沙发、窗帘和被单等家具。

【实训用品】

猫、食物、零食、抓挠柱等。

【步骤方法】

1. 将抓挠柱放在猫容易够到的地方,或是猫常磨爪子的地方。
2. 将猫带到柱子前,举起它的前爪轻轻放在抓挠柱的缠绕绳上,如果猫开始磨爪,可以在其结束后抚摸它,并给予食物作为奖励;如果猫不磨爪,可轻轻按它的爪子并使之展开,钩住绳子,并稍稍提供食物。
3. 对于仍无动于衷的猫,可在柱子上喷一层猫薄荷粉,或在柱子上挂一个玩具或羽毛,并和猫玩耍,引导其抓挠柱子,如果能顺利完成,应给予以一定的食物进行奖励。
4. 猫开始在抓挠柱上磨爪后,一般很少再去抓挠其它家具,如果发现应当及时呵斥,并将其带到抓挠柱前引导其使用抓挠柱。

【注意事项】

(1) 磨爪是猫的一种天性,既能保持爪子的锋利,也能锻炼肌肉,同时也是标记势力范围的一种方式,故应当引导猫利用正确的材料进行磨爪。

(2) 市场上有各种各样的抓挠柱,但如果抓挠柱不够粗,猫会不乐意使用。也可以使用粗细合适的原木代替,柔软而潮湿的外皮可防止爪子发生断裂。

(3) 猫薄荷粉对猫有一定的诱导作用,是用干燥的绿色植物制成。如果是白色的或变黑,可能表明已经过期了。

实训十四 猫跳环和衔物科目的训练

【实训目的】

通过训练使猫能够按照驯导员(主人)的命令进行跳环和衔取物品。

【实训用品】

猫、食物、零食、颈圈和牵引绳等。

【步骤方法】

一、跳环训练

先将一铁环(或其它环状物体)立着放在地板上,驯导员站在铁环的一侧,猫站在另一侧，在不断发出"跳"的口令时向猫招手，当猫偶尔走过铁环时要立即给予食物奖励，但猫绕过铁环走过来，则应轻声地训斥。在食物的引诱下，猫便会在驯导员发出"跳"的口令之后，走过铁环。每走过一次，就要奖励一次。如此反复训练后，在没有食物奖励的情况下，猫也会在"跳"的口令声中走过铁环。然后逐渐升高铁环，刚开始，驯导员要用食物在铁环内引诱猫，并不断发出"跳"的口令，每跳过一次即给予食物奖励，若从铁环下面走过来，则要加以训斥。最终的训练要达到，在没有食物奖励的情况下，猫也能跳过离地面 30～60cm 高的铁环。

二、衔物训练

分两步进行。

首先是基本训练，即先给猫戴项圈，以控制猫的行动，可参照猫的散步训练。训练时，一只手牵住牵引绳，另一只手拿着让猫衔叼的物品如棒、绒球等，一边发出"衔"的口令，一边在猫的面前晃动物品，然后，强行将物品塞入猫的口腔内，当猫衔住物品时立即给予爱抚。接着发出"吐"的口令，当猫吐出物品后，喂点食物给予奖励。经过多次训练后，当驯导员发出"衔"或"吐"的口令后，猫就会做出相应的衔叼或吐出物品的动作。

第二步是整套动作的训练，驯导员将猫能衔叼或吐出的物品在猫面前晃动，然后将此物品抛至几米远的地方，再用手指向物品，对猫发出"衔"的口令，令猫前去衔取。若猫不去，则应牵引猫前去，并重复"衔"的口令，指向物品。猫衔住物品后即发出"来"的口令，当猫回到驯导员身边时，发出"吐"的口令，猫吐出物品后，立即给予食物奖励。如此反复训练，猫就能叼回驯导员抛出去的物品。

【注意事项】

（1）跳环训练时，起初铁环应适当做得大一些，在猫能根据命令自然穿过铁环后，可适当减小铁环的直径。

（2）跳环训练时，跳环升高应当缓慢，特别是跳环刚开始离地的初期。跳环的最终高度要根据猫的体型、弹跳力和自身的性格等因素决定，不能过分追求高。

（3）衔物训练时，物品首先可以挑猫自己的玩具进行，在猫能基本完成命令的情况下，可以换其它的物品进行。但不能用一些不希望猫在家会碰触的物品或类似的物品进行训练。

（4）衔物训练对猫来讲比较复杂，驯导员要有耐心，循序渐进地进行驯导。

参 考 文 献

[1] 萨利·富兰克林. 驯猫 50 法. 卢华译. 济南：山东科学技术出版社，2001.
[2] 李世安. 应用动物行为学. 哈尔滨：黑龙江人民出版社，1985.
[3] 王更生. 训犬指南. 北京：中国农业出版社，2001.
[4] 于会文，王殿奎. 宠物行为与训练学. 哈尔滨：东北林业大学出版社，2007.
[5] 李凤刚，王殿奎. 宠物行为与训练. 北京：中国农业出版社，2008.
[6] 纪婕. 犬建立条件反射诸因素试析. 中国养犬杂志，1998，9：30-31.
[7] 邓展明. 从现代神经生理学理论探索巴甫洛夫学说条件反射原理. 广西农业生物科学，1999，18：229-232.
[8] 李明庆，于斌，余春. 古典式和操作式条件反射在工作犬训练中的应用. 养犬，2005，58：30-31.
[9] 方绍勤，张团娅，黎立光. 经典条件和操作性条件作用理论对训犬的启示. 中国工作犬业，2005，5：39-41.
[10] 程会昌. 动物生理学. 郑州：河南科学技术出版社，2008.
[11] 田辉. 养狗·驯狗与狗病防治. 北京：中国画报出版社，2009.
[12] 何欣. 图说狗言狗语. 上海：上海科学技术出版社，2010.
[13] 鹿萌. 图说猫言猫语. 上海：上海科学技术出版社，2010.
[14] 韩联宪，杨亚非. 中国观鸟指南. 昆明：云南教育出版社，2004.
[15] 尚玉昌. 动物行为学. 北京：北京大学出版社，2005.
[16] 孟庆轩. 宠物养护常识. 北京：中国社会出版社，2008.
[17] 殷名称. 鱼类生态学. 北京：中国农业出版社，1995.
[18] 李承林. 鱼类学教程. 北京：中国农业出版社，2004.